Telekolleg II

Analysis
Integralrechnung

Wolfgang Fraunholz
Ferdinand Weber

TR-Verlagsunion München

TELEKOLLEG II

wird im Medienverbund von den *Kultusministerien* der Bundesländer Baden-Württemberg, Bayern, Nordrhein-Westfalen, Rheinland-Pfalz und Saarland (in Nordrhein-Westfalen und im Saarland in Zusammenarbeit mit den Einrichtungen der Weiterbildung) sowie den *Rundfunkanstalten* Bayerischer Rundfunk, Südwestfunk (für den Sendebereich Südwest 3) und Westdeutscher Rundfunk durchgeführt.

Dieser Band enthält das Arbeitsmaterial zu den 1981 bzw. 1985 vom Südwestfunk produzierten Lehrsendungen Telekolleg II/Analysis – Integralrechnung (Lektion 1–10).

Autor der Lektionen 1, 2, 5, 6 und 8: Wolfgang Fraunholz
Autor der Lektionen 3, 4, 7, 9 und 10: Ferdinand Weber

2. durchgesehene Auflage 1987

Entwurf des Einbandes: Beate C. Eberle, München
Gesamtherstellung: Gebr. Bremberger, München
ISBN 3-8058-1717-7

Inhaltsverzeichnis

Liebe Teilnehmer am Telekolleg,

mit diesem Buch haben Sie den Abschlußband für die Infinitesimalrechnung in der Hand; er führt Sie in die Integralrechnung ein. Die Integralrechnung dient u. a. zur Inhaltsbestimmung von nicht geradlinig begrenzten Flächen und wird auch zur Lösung vieler Probleme aus der Physik gebraucht. Sie werden in diesem Buch mehr die Berechnung von Integralen und ihre Anwendung finden als allgemeine mathematische Entwicklungen und Beweise. Wo beim Aufbau der grundlegenden Ideen der Integralrechnung auf allgemeine Beweise verzichtet wurde, ist dies angemerkt. Sie werden sich also mehr mit den Verfahren bei der Verwendung der Integrale auseinandersetzen. Auch dies bedarf natürlich Ihrer intensiven Mitarbeit. Bitte beachten Sie daher:

1. Im Text jeder Lektion sind Aufgaben eingestreut, die Sie lösen sollten. Die roten Pfeile mit den Nummern im Kreis zeigen Ihnen, wo Sie die Lösung finden. In diesem Band sind alle Lösungen am Ende des Buches zusammengefaßt. Zum Beispiel ⟶ ④ bedeutet: Die Lösung steht bei den Lösungen zur jeweiligen Lektion unter der Nummer 4 . Zur Erarbeitung und zur Übung ist es wichtig, daß Sie diese Aufgaben im Text möglichst selbständig lösen. Falls Sie die Lösung einmal nicht finden, schlagen Sie nach und überlegen bitte, warum die Lösung so lauten muß.

2. Die einzelnen Lektionen bieten Ihnen unterschiedlich viel Übungs- und Wiederholungsaufgaben an. Dies liegt daran, daß in den Lektionen verschiedene Schwerpunkte gesetzt sind. Natürlich müssen Sie nicht immer alle Aufgaben lösen; wählen Sie selbst aus. Der Stern * zeigt Ihnen wieder, welche Aufgaben für eine weitere Wiederholung gedacht sind. Aufgaben, bei denen die Nummer in eckigen Klammern [ ] steht, sind schwieriger und gehören zum nicht verbindlichen Zusatzstoff.

3. Die Lektionen sind in einzelne Unterabschnitte gegliedert. Diese Gliederung können Sie zu einer Einteilung Ihrer Arbeitszeit verwenden. Es ist günstiger, sich mehrmals in der Woche mit Mathematik zu beschäftigen als einmal sehr lange. Planen Sie nach Möglichkeit auch eine ständige Wiederholung ein. Dazu können Sie zum Beispiel von den Wiederholungsaufgaben am Ende einer Lektion ausgehen.

4. Manche Texte sind im Kleindruck gesetzt. Es handelt sich dabei um schwierigere Beweise oder um weiterführende Abschnitte. Diese stellen ein Zusatzangebot dar, das Sie auch übergehen können.

5. In diesem Band benötigen Sie für manche Aufgaben einen Taschenrechner. Falls Sie noch keinen besitzen und erst einen kaufen, achten Sie darauf, daß er Tasten für die trigonometrischen Funktionen sin, cos, tan, sowie für die Logarithmus- und Exponentialfunktion und die allgemeine Potenz y^x besitzt.

6. Für manche Aufgaben brauchen Sie auch Formeln aus den Analysis-Bänden Folgen und Grenzwerte und Differentialrechnung. Evtl. müssen Sie in den dortigen Formelsammlungen nachschlagen.

Wir wünschen Ihnen eine erfolgreiche Arbeit mit der Integralrechnung.

Die Verfasser

1. Einführung in die Integralrechnung

Vor der Sendung

Diese Lektion wird für Sie den ersten Schritt zur Integralrechnung darstellen. Einen Zugang dazu finden Sie über das Problem der Bestimmung von Flächeninhalten. Daher sollten Sie sich die Formeln zur Berechnung von geometrischen Figuren ins Gedächtnis zurückrufen. Bei der Bestimmung des Inhalts der Kreisfläche wurden bereits Methoden der Analysis verwendet. Ein Blick in die Lektion 7 des Bandes Analysis, Folgen und Grenzwerte (vgl. Seite 81 ff.), bringt Ihnen dies wieder in Erinnerung.

Die eigentliche Schwierigkeit bei der Flächenmessung stellen die krummlinig begrenzten Figuren dar. Die Begrenzungslinien können Graphen von Funktionen sein. Man wird bei der Betrachtung wieder mit den einfachsten Funktionen beginnen: lineare Funktionen $f(x) = mx + c$ und quadratische Funktionen $f(x) = ax^2$. Diese Funktionen kennen Sie bereits aus der Algebra (z. B. TK I, Algebra 2, Lektionen 19 und 20; Algebra 3, Lektion 30) und aus der Differentialrechnung (vgl. TK II, Analysis, Differentialrechnung, Lektionen 2 und 3).

Übersicht

1. Die **Bestimmung von Flächeninhalten** erfolgt für einfache geradlinig begrenzte Figuren mit Hilfe der Flächeninhaltsformeln. Kompliziertere geradlinig begrenzte Figuren kann man in einfache Figuren zerlegen. Bei krummlinig begrenzten Figuren braucht man Methoden der Analysis. Am einfachsten lassen sich dabei Flächen in einem Koordinatensystem unter einem Funktionsgraphen angeben.

2. Zur Bestimmung des Flächeninhalts werden Flächen (unter einem Funktionsgraphen) mit Rechtecken ausgelegt bzw. überdeckt. Wählt man immer schmalere Rechtecke, dann kommt man dem Flächeninhalt immer näher. Die Grenzwertbildung führt zum genauen Flächeninhalt. Führt man dieses Verfahren für **Flächen unter geradlinigen Funktionsgraphen** durch, so kann man das Ergebnis mit den bekannten Flächeninhaltsformeln kontrollieren.

3. Das eben beschriebene Verfahren wird auf eine **Fläche unterhalb der quadratischen Parabel** $y = x^2$ angewendet. Der Inhalt der Fläche unter dieser Parabel von 0 bis zu einem Wert x_0 ergibt sich dabei zu $\frac{1}{3} x_0^3$.

4. Das Verfahren zur Bestimmung von Flächeninhalten wurde im zweiten und dritten Abschnitt für spezielle Funktionen verwendet. Man kann es aber auch für beliebige stetige, positive und monoton wachsende Funktionen anwenden. Die **Voraussetzungen für die Flächeninhaltsbestimmung** sind dann gegeben. Auf die allgemeinen Beweise hierfür wird verzichtet.

1.1 Die Bestimmung von Flächeninhalten

Ein mathematisches Problem, das zur Integralrechnung führt, ist die Bestimmung von Flächeninhalten. Sie können seit langem Flächeninhalte berechnen, wenn es sich um „einfache" Flächen handelt. Solche einfache Flächen sind

das Quadrat, das Rechteck, das Dreieck, das Trapez, das Parallelogramm

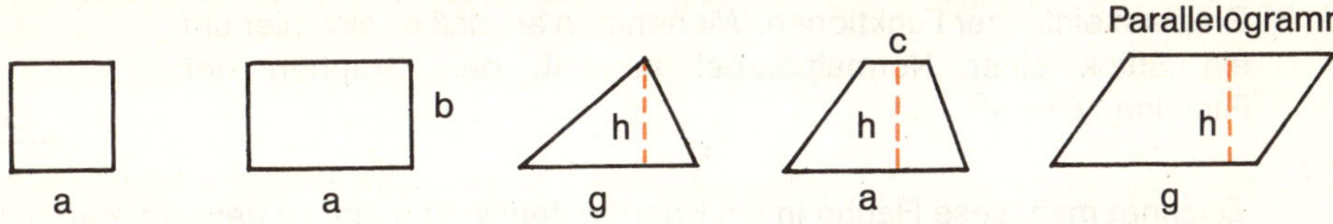

$A_{\square} = a^2$ $\quad A_{\square} = a \cdot b$ $\quad A_{\triangle} = \frac{1}{2} g \cdot h$ $\quad A = \frac{(a+c)}{2} \cdot h$ $\quad A = g \cdot h$

Auch die Flächeninhalte von etwas komplizierteren Flächen lassen sich ohne große Schwierigkeiten berechnen, wenn diese Flächen nur geradlinig begrenzt sind. Diese Flächen kann man nämlich in „einfache" Flächen der oben angegebenen Art zerlegen. Ein Beispiel zeigt die Zeichnung hier rechts.

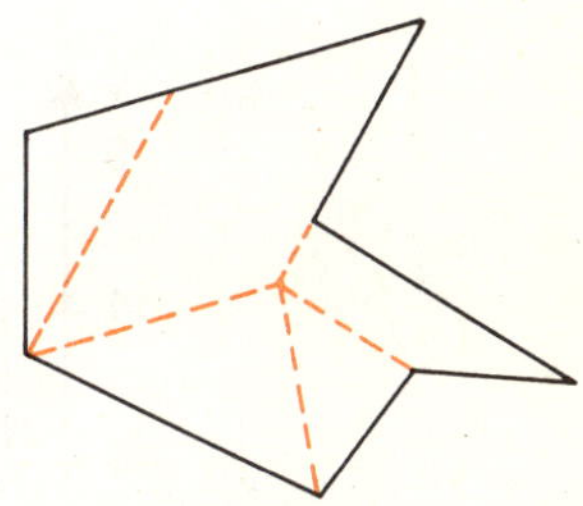

Wie aber berechnet man den Flächeninhalt von Flächen, die nicht nur von geraden Linien begrenzt sind? Auch dafür kennen Sie bereits ein Beispiel: die Kreisfläche. Ein Verfahren zur Berechnung des Kreis-Flächeninhalts haben Sie im Band Analysis, Folgen und Grenzwerte, kennengelernt (Lektion 7, Seite 81 ff.). Man hatte da dem Kreis geradlinig begrenzte Figuren, nämlich regelmäßige Vielecke, einmal einbeschrieben und einmal umbeschrieben und nacheinander Vielecke mit immer mehr Ecken gewählt, so daß sich die Flächeninhalte der Vielecke einmal von unten und einmal von oben immer mehr dem Flächeninhalt des Kreises näherten. Man mußte eine unendliche Folge von einbeschriebenen und eine unendliche Folge von umbeschriebenen Vielecken wählen, die zugehörigen unendlichen Folgen von Flächeninhalten bilden und schließlich zeigen, daß diese Folgen eine Intervallschachtelung bilden. Dann haben die beiden Folgen einen gemeinsamen Grenzwert, der den Flächeninhalt des Kreises angibt.

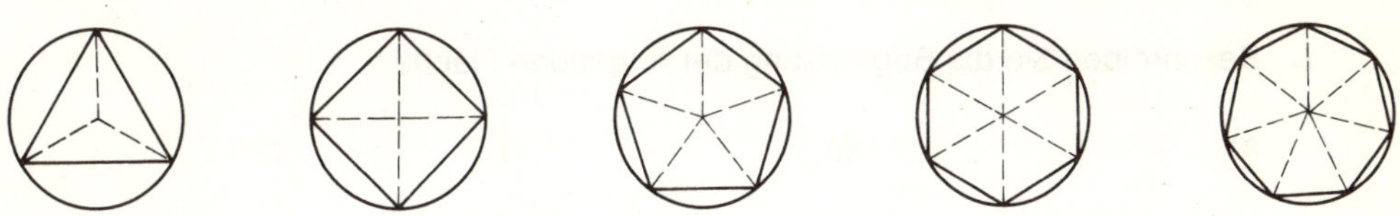

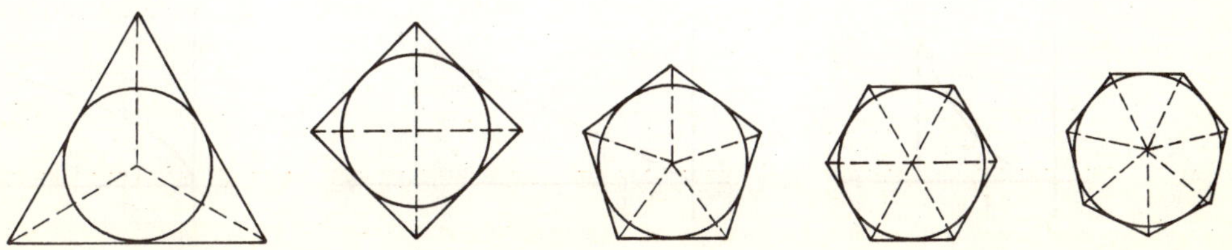

Um den Flächeninhalt des Kreises, also einer krummlinig begrenzten Figur, zu ermitteln, mußten Sie Methoden der Infinitesimalrechnung, der Analysis, verwenden. Daher liegt es nahe, auch bei anderen krummlinig begrenzten Figuren nach solchen Methoden zu suchen. Betrachten Sie die rechts gezeichnete Fläche. Sie besitzt noch zwei geradlinige Begrenzungslinien, die dritte Begrenzung jedoch ist eine gebogene Linie. Solche gebogenen Linien kennen Sie von den Graphen einfacher Funktionen. Wir nehmen an, daß es sich hier um ein Stück einer Normalparabel handelt, des Graphen der Funktion $y = x^2$.

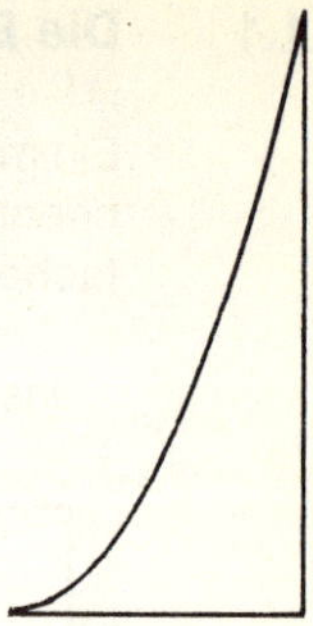

Zeichnet man diese Fläche in ein Koordinatensystem ein, so gewinnt man bereits einen ersten Eindruck von der Größe des Flächeninhalts. Zum Beispiel kann man den Flächeninhalt näherungsweise durch Auszählen der Millimeterquadrate bestimmen. Führen Sie dies bitte durch.

→ ②

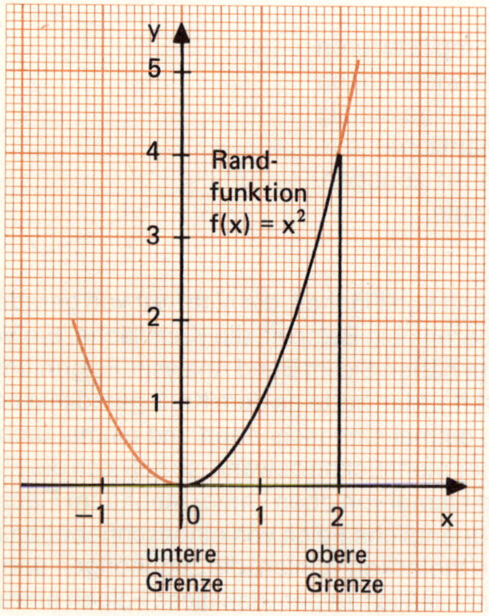

Das Koordinatensystem bietet Ihnen außerdem die Möglichkeit, die Fläche genau zu beschreiben.
Die Fläche wird begrenzt durch
- die x-Achse
- eine Parallele zur y-Achse an der Stelle $x = 2$ und
- den Graphen der Funktion $y = x^2$ für $0 \leqq x \leqq 2$.

Die Funktion, von deren Graph die Fläche begrenzt wird, nennt man **Randfunktion** der Fläche. Die Funktion beschreibt ja einen Teil des Randes.

In dem hier gewählten Beispiel ist
0 die **untere Grenze** und
2 die **obere Grenze**
für die Flächeninhaltsbestimmung.

Aufgaben zu 1.1

1. Beschreiben Sie die Begrenzung der folgenden Flächen.

a)

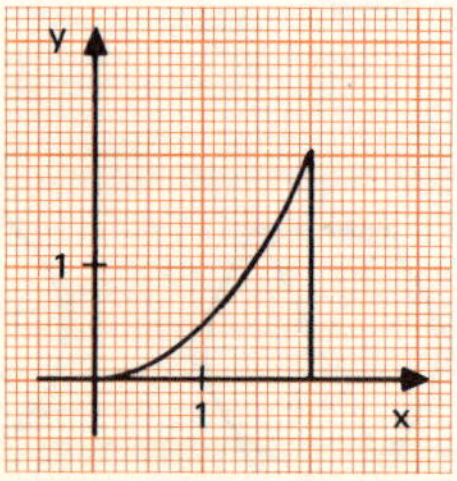

b)

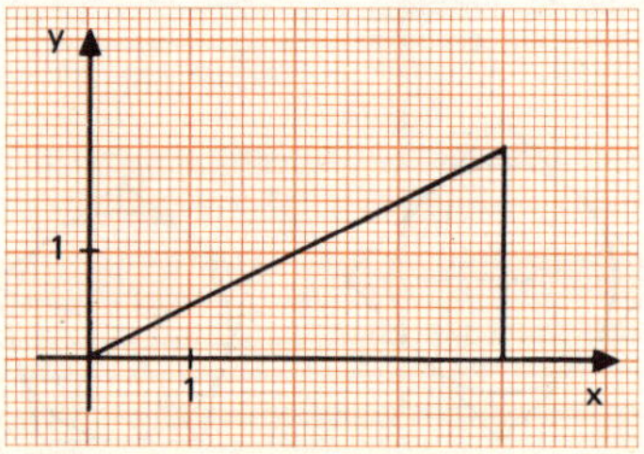

c)

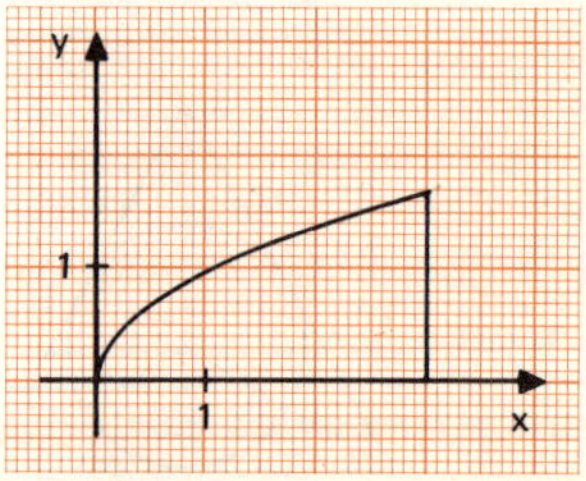

2. Geben Sie die Randfunktion, die untere und die obere Grenze bei den folgenden Flächen an.

a)

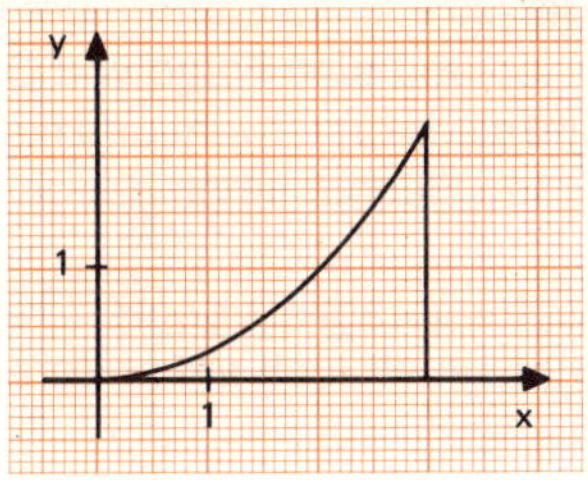

b)

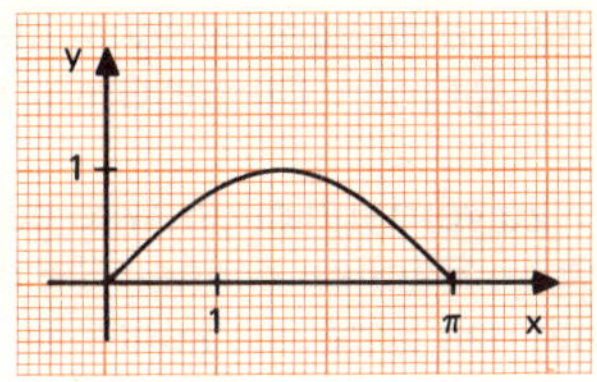

c)

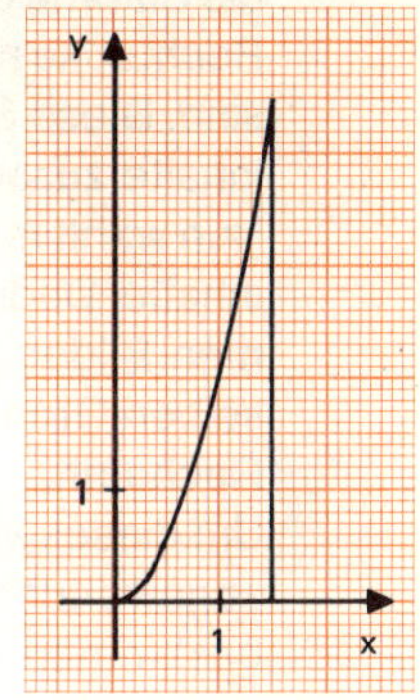

1.2 Flächeninhalte unter geradlinigen Funktionsgraphen

Es sollen jetzt Flächeninhalte bestimmt werden von Flächen, die unter einer Randfunktion $f(x)$ liegen. Dazu werden solche Flächen im Koordinatensystem eingezeichnet und mit Rechtecken ausgelegt. Dadurch erhält man einen Näherungswert für den Flächeninhalt. Nimmt man immer schmalere Rechtecke, so wird der Näherungswert immer besser.

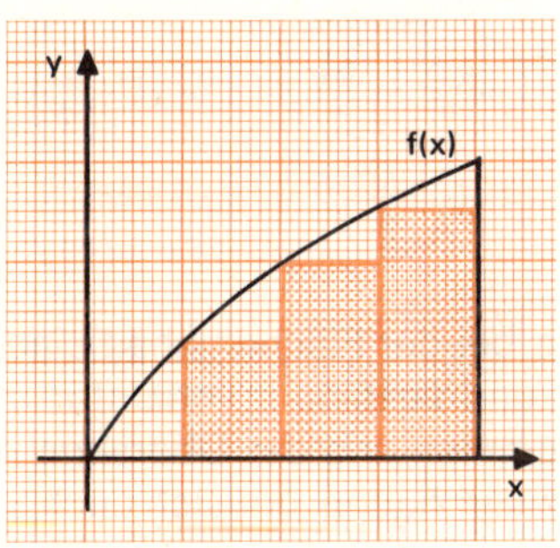

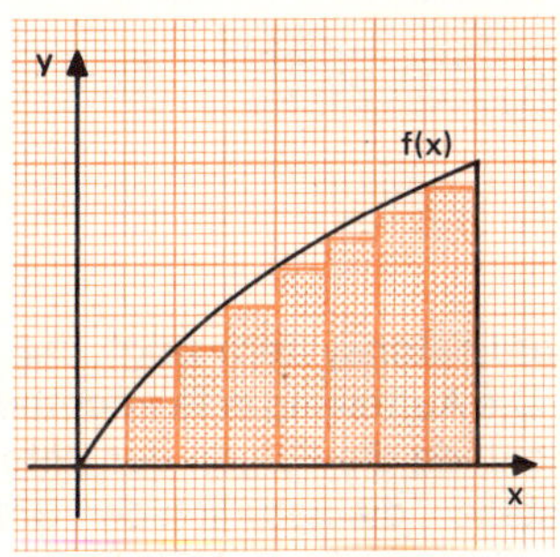

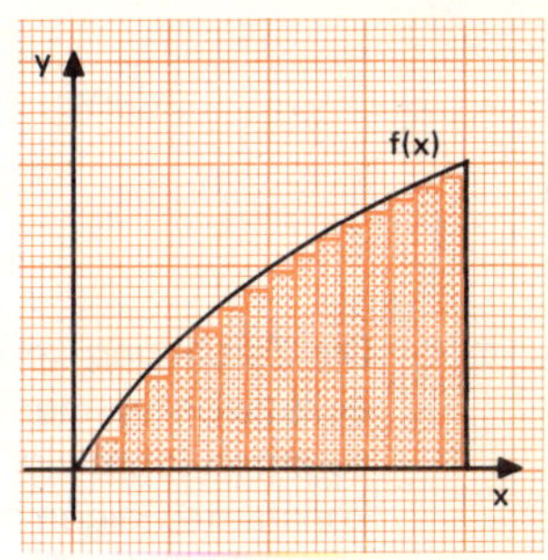

Der durch die oben gezeichneten Rechtecke bestimmte Näherungswert für den Flächeninhalt ist stets kleiner als der tatsächliche Flächeninhalt. Um einen Näherungswert für den Flächeninhalt auch „von oben" her zu bekommen, legt man etwas größere Rechtecke über die Fläche. Dies zeigen die folgenden Zeichnungen.

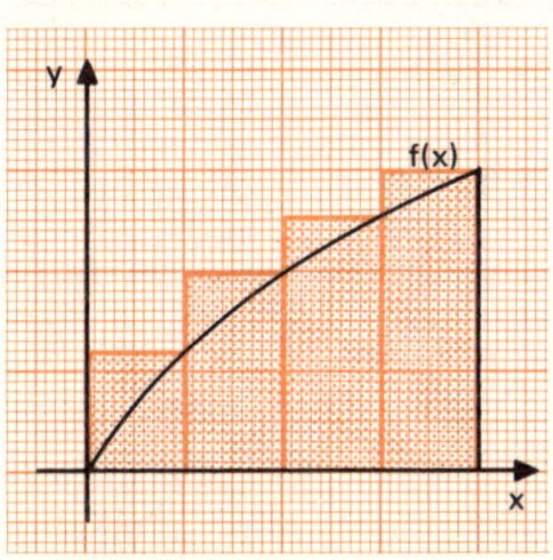

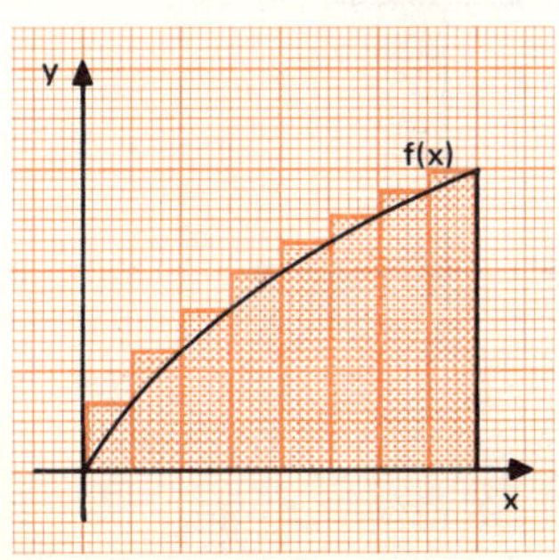

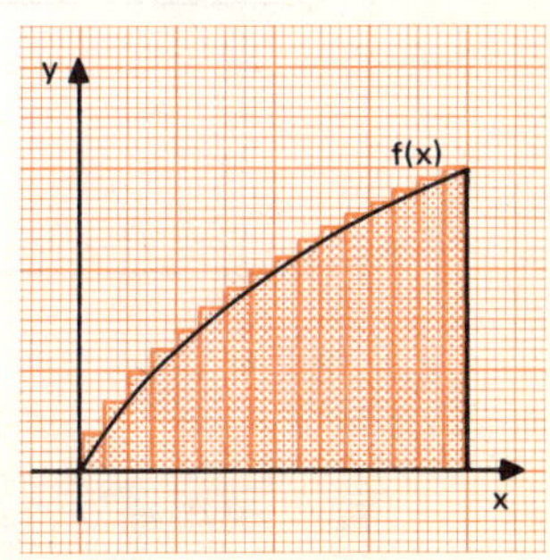

Wie erhält man aber nicht nur Näherungswerte, sondern den genauen Flächeninhalt? Das in den Zeichnungen angedeutete Verfahren legt die Überlegung nahe: Man bildet jeweils die Summe der Rechteckflächeninhalte. Diese Summe heißt **Untersumme,** wenn man die Rechtecke nimmt, deren Flächeninhalte zusammen kleiner als der gesuchte Flächeninhalt sind. Diese Summe heißt **Obersumme,** wenn man die Rechtecke nimmt, deren Flächeninhalte zusammen größer als der gesuchte Flächeninhalt sind.
Nun wählt man die Rechtecke immer schmäler und bildet jeweils die Summe der Flächeninhalte. Dadurch erhält man eine Folge von Untersummen und eine Folge von Obersummen. Bilden diese Folgen eine Intervallschachtelung, sind also konvergent und haben denselben Grenzwert, so sagt man: Dieser Grenzwert gibt den Flächeninhalt der gegebenen Fläche an.
Um dieses Verfahren zu verdeutlichen, wird es zunächst für geradlinig begrenzte Flächen angewendet. Für solche Flächen können Sie den Flächeninhalt auch auf anderem Wege bestimmen und damit das Ergebnis kontrollieren.

1. Beispiel

Die Randfunktion ist eine konstante Funktion: $f(x) = 2$ oder allgemein $f(x) = c$. Es soll der Flächeninhalt der Fläche unter dieser Randfunktion von 0 bis 3 bestimmt werden.

Allgemein: Der Flächeninhalt unter dieser Randfunktion ist von 0 bis x_0 zu bestimmen. Für diesen gesuchten Flächeninhalt schreibt man abgekürzt:

$F_0(3)$ für $f(x) = 2$ bzw. $F_0(x_0)$ für $f(x) = c$

untere Grenze, obere Grenze — untere Grenze, obere Grenze

Die Zeichnung im Koordinatensystem zeigt, daß hierbei der Flächeninhalt eines Rechtecks zu berechnen ist. Die Aufteilung in Teilrechtecke und die Bildung von Unter- und Obersummen lohnt sich nicht, da die Folgen der Untersummen und der Obersummen beide konstante Folgen darstellen, die natürlich den Grenzwert haben, der sich auch so als Flächeninhalt des Rechtecks errechnen läßt.

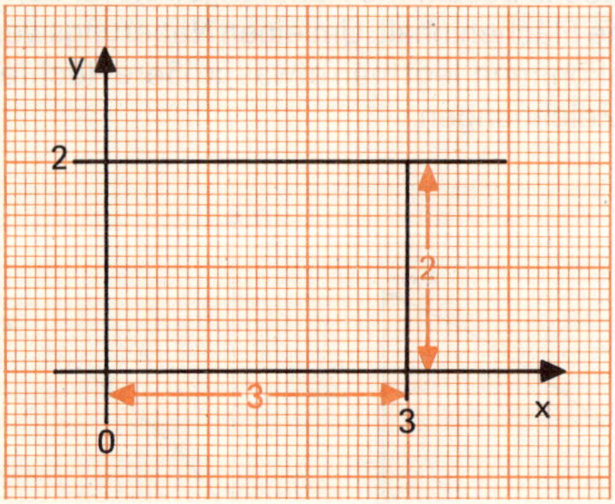

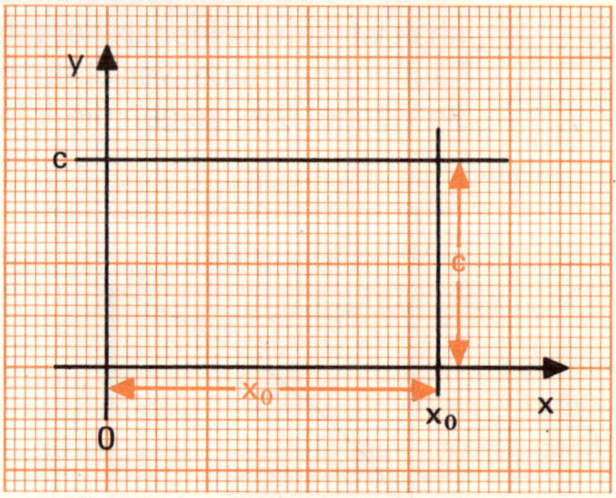

Für $f(x) = 2$ ist $F_0(3) = 2 \cdot 3$.

Für $f(x) = c$ ist $F_0(x_0) = c \cdot x_0$.

Sie erinnern sich sicher an die Fernsehsendung. Dort wurde Ihnen gezeigt, daß der Flächeninhalt auch eine physikalische Bedeutung hat. Hebt man zum Beispiel mit einer konstanten Kraft F eine Last eine Strecke s in die Höhe und zeichnet man in einem Koordinatensystem die Kraft F über dem zurückgelegten Weg s auf, dann stellt der Flächeninhalt unter diesem Graphen die verrichtete Arbeit W dar, denn

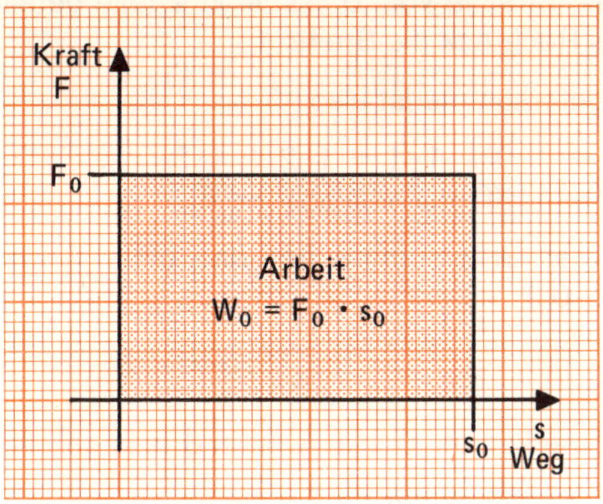

Arbeit = Kraft · Weg $\quad$ $W = F \cdot s$

Um in der Physik eine Arbeit auszurechnen, muß man also auch oft auf die Berechnung eines Flächeninhaltes zurückgreifen. Dies wird dann von Bedeutung, wenn die Kraft längs des zurückgelegten Weges nicht gleichbleibt.

2. Beispiel

Die Randfunktion ist eine lineare Funktion, deren Graph eine Gerade durch den Nullpunkt ist.

Zum Beispiel: $f(x) = x$ oder allgemein $f(x) = m \cdot x$ mit $m > 0$.

Zu bestimmen ist $F_0(4)$ für $f(x) = x$ bzw. $F_0(x_0)$ für $f(x) = mx$.

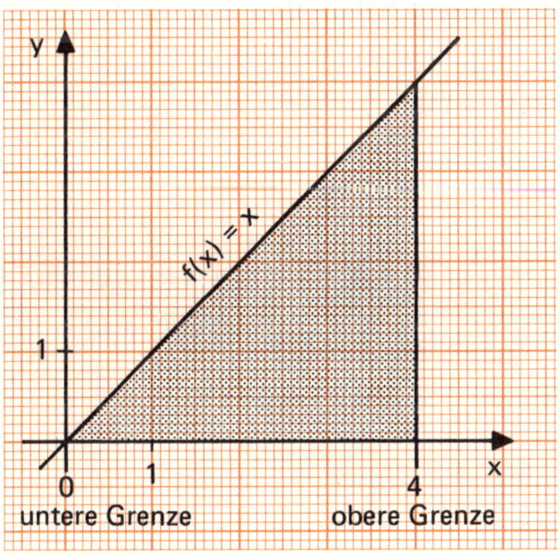

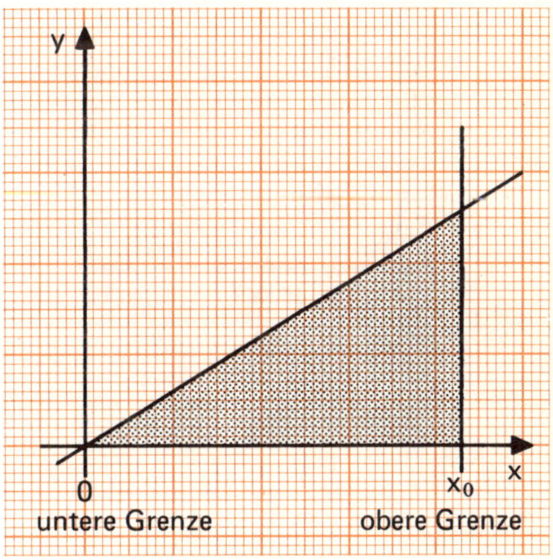

Wir berechnen für $f(x) = x$ zunächst die Folge der Untersummen.

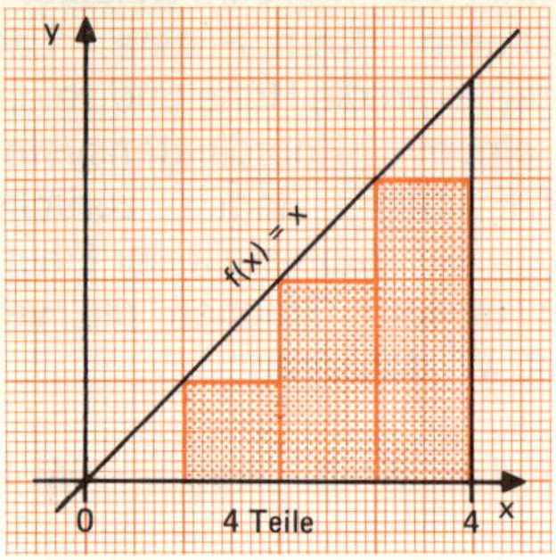

Da die Strecke von 0 bis 4 in 4 Teile geteilt ist, hat jedes Rechteck die Breite 1.

Die Untersumme ist also

$$U_4 = 1 \cdot 0 + 1 \cdot 1 + 1 \cdot 2 + 1 \cdot 3$$

$$U_4 = 1 \cdot (0 + 1 + 2 + 3) = 6$$

(Bei der Untersumme hat das erste Rechteck die Höhe 0.)

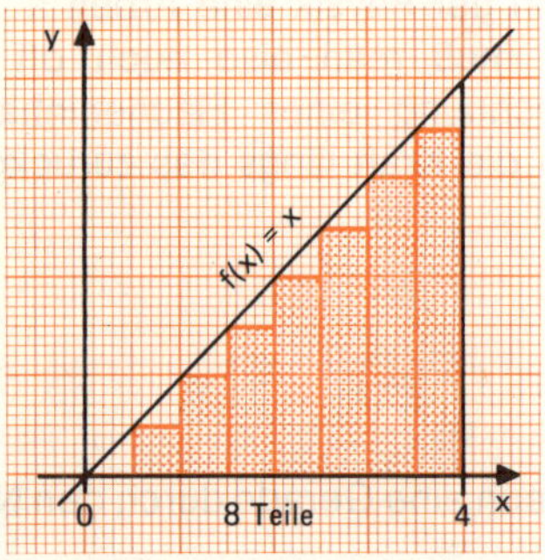

Die Strecke von 0 bis 4 ist in 8 Teile geteilt; jedes Rechteck hat die Breite $\frac{1}{2}$.

$$U_8 = \frac{1}{2} \cdot \left(0 + \frac{1}{2} + 1 + \frac{3}{2} + 2 + \frac{5}{2} + 3 + \frac{7}{2}\right)$$

$$U_8 = \frac{1}{4} \cdot (0 + 1 + 2 + 3 + 4 + 5 + 6 + 7)$$

(Es wurde $\frac{1}{2}$ ausgeklammert.)

$$U_8 = 7$$

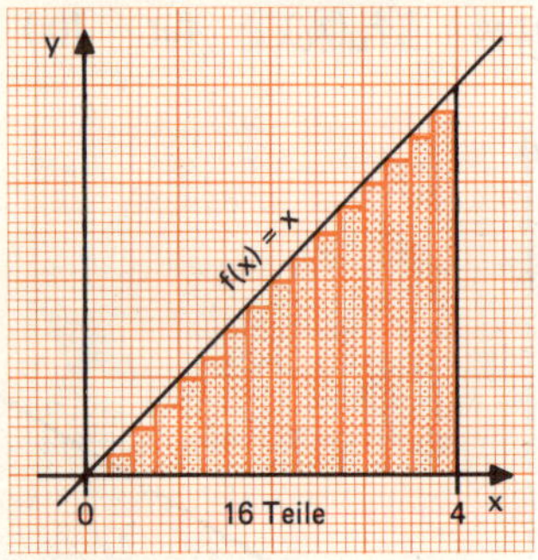

Die Strecke von 0 bis 4 ist in 16 Teile geteilt; jedes Rechteck hat die Breite $4:16 = \frac{1}{4}$.

$$U_{16} = \frac{1}{4} \cdot \left(0 + \frac{1}{4} + \frac{1}{2} + \frac{3}{4} + 1 + 1\frac{1}{4} + 1\frac{1}{2} + 1\frac{3}{4} + 2 + {}\right.$$
$$\left. {} + 2\frac{1}{4} + 2\frac{1}{2} + 2\frac{3}{4} + 3 + 3\frac{1}{4} + 3\frac{1}{2} + 3\frac{3}{4}\right)$$

$$U_{16} = \frac{1}{16} \cdot (0 + 1 + 2 + 3 + 4 + 5 + 6 + 7 + 8 + 9 + {}$$
$${} + 10 + 11 + 12 + 13 + 14 + 15)$$

(Es wurde $\frac{1}{4}$ ausgeklammert.)

$$U_{16} = 7{,}5$$

Teilt man allgemein die Strecke von 0 bis 4 in n gleiche Teile, so ist jeder Teil $\frac{4}{n}$, also hat jedes Rechteck die Breite $\frac{4}{n}$.

Die Untersumme ist dann $$U_n = \frac{16}{n^2}(0 + 1 + 2 + \ldots + (n-2) + (n-1))$$

In der Klammer steht eine arithmetische Reihe, deren Summe Sie mit der Formel aus Analysis, Folgen und Grenzwerte, Lektion 2.4 (Seite 29) bestimmen können.

Damit wird

$$U_n = \frac{16}{n^2} \cdot \frac{n}{2} \cdot (n-1) = 8 \cdot \frac{n-1}{n} = 8 \cdot \left(1 - \frac{1}{n}\right)$$

Prüfen Sie nach, daß diese Formel für $n = 4, 8, 16$ die oben berechneten Werte liefert!

→ (5)

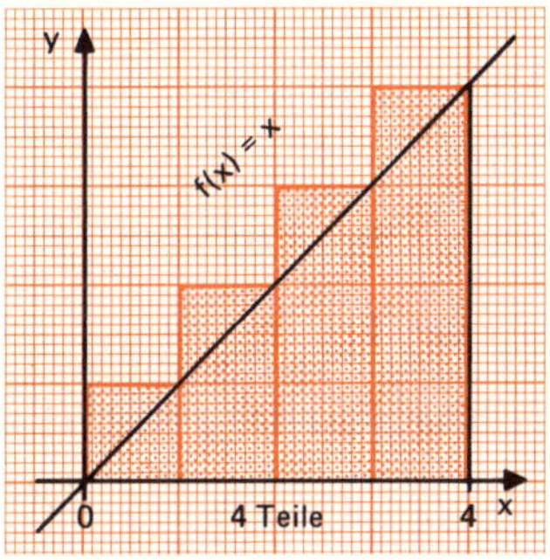

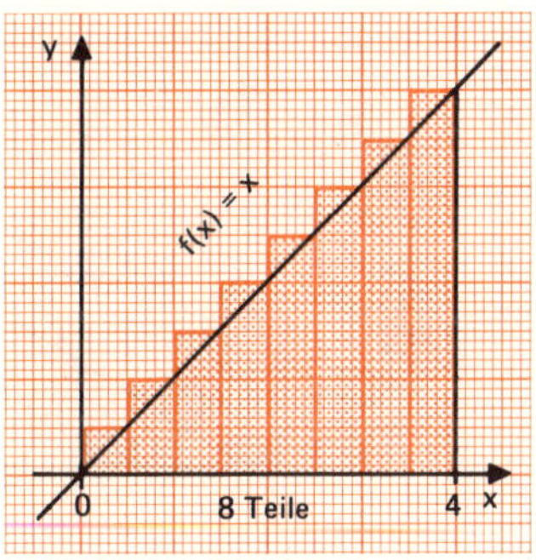

Nun zur Folge der Obersummen.

Teilt man die Strecke von 0 bis 4 in 4 Teile, erhält man

$$O_4 = 1 \cdot (1 + 2 + 3 + 4) = 10$$

Bei der Teilung in 8 Teile ergibt sich

$$O_8 = \frac{1}{2} \cdot \left(\frac{1}{2} + \frac{2}{2} + \frac{3}{2} + \frac{4}{2} + \frac{5}{2} + \frac{6}{2} + \frac{7}{2} + \frac{8}{2}\right)$$

$$O_8 = \frac{1}{4} \cdot (1 + 2 + 3 + 4 + 5 + 6 + 7 + 8) = 9$$

und bei der Teilung in n gleiche Teile

$$O_n = \frac{16}{n^2} \cdot (1 + 2 + 3 + \ldots + (n-1) + n)$$

Mit der Summenformel für arithmetische Reihen ist das

$O_n =$ _________________________

→ (1)

Nun muß man prüfen, ob die Folge der Untersummen und die Folge der Obersummen konvergieren und, falls ja, ob die Grenzwerte gleich sind. Bestimmen Sie daher

$\lim_{n \to \infty} U_n = \lim_{n \to \infty} 8 \cdot \left(1 - \frac{1}{n}\right) =$ ________ und $\lim_{n \to \infty} O_n = \lim_{n \to \infty} 8 \cdot \left(1 + \frac{1}{n}\right) =$ ________

→ (4)

Sie sehen, daß die beiden Grenzwerte gleich sind. Es ist also für $f(x) = x$ $F_0(4) = 8$. Dieses Ergebnis können Sie mit der Flächenformel für das Dreieck nachprüfen.

Das Dreieck hat die Grundseite 4 und die Höhe 4, demnach ist $A_\triangle = \frac{1}{2} \cdot 4 \cdot 4 = 8$.

Das Verfahren hat sich hier als brauchbar erwiesen.

Betrachten Sie jetzt die zweite Teilaufgabe dieses Beispiels: $F_0(x_0)$ für $f(x) = mx$.

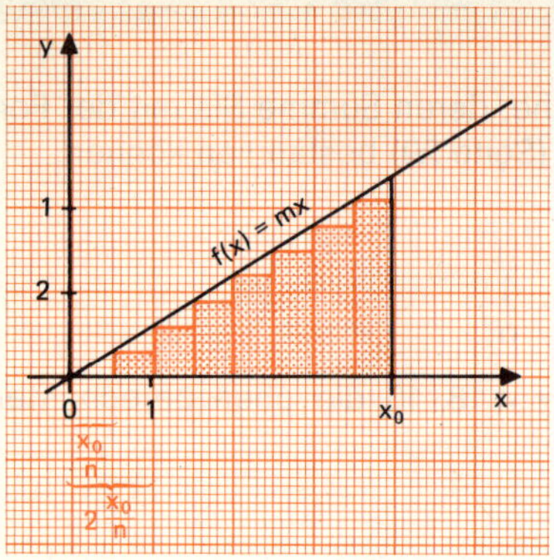

Nehmen Sie gleich n Unterteilungen der Strecke von 0 bis x_0.

Jedes Rechteck hat dann die Breite $\frac{x_0}{n}$.
Die Höhen der Rechtecke sind unterschiedlich, nämlich für die Untersumme

$$0,\ f\left(\frac{x_0}{n}\right),\ f\left(2\cdot\frac{x_0}{n}\right),\ f\left(3\cdot\frac{x_0}{n}\right),\ \ldots,\ f\left((n-1)\frac{x_0}{n}\right)$$

Also gilt

$$U_n = \frac{x_0}{n}\cdot\left[0 + m\cdot\frac{x_0}{n} + 2m\cdot\frac{x_0}{n} + 3m\cdot\frac{x_0}{n} + \ldots + (n-1)m\cdot\frac{x_0}{n}\right]$$

$$U_n = m\cdot\frac{x_0^2}{n^2}\cdot[0+1+2+3+\ldots+(n-2)+(n-1)]$$

und mit der Summenformel für die arithmetische Reihe ergibt sich

$$U_n = m\cdot\frac{x_0^2}{n^2}\cdot\frac{n}{2}\cdot(n-1) = m\cdot\frac{x_0^2}{2}\cdot\frac{n-1}{n} = m\cdot\frac{x_0^2}{2}\cdot\left(1-\frac{1}{n}\right)$$

Für die Obersumme sind die Rechteckshöhen

$$f\left(\frac{x_0}{n}\right),\ f\left(2\cdot\frac{x_0}{n}\right),\ f\left(3\cdot\frac{x_0}{n}\right),\ \ldots,\ f\left((n-1)\cdot\frac{x_0}{n}\right),\ f\left(n\cdot\frac{x_0}{n}\right)$$

$$O_n = \frac{x_0}{n}\cdot\left[m\cdot\frac{x_0}{n} + 2m\cdot\frac{x_0}{n} + 3m\cdot\frac{x_0}{n} + (n-1)m\cdot\frac{x_0}{n} + nm\cdot\frac{x_0}{n}\right]$$

$$O_n = m\cdot\frac{x_0^2}{n^2}\cdot[1+2+3+\ldots+(n-1)+n]$$

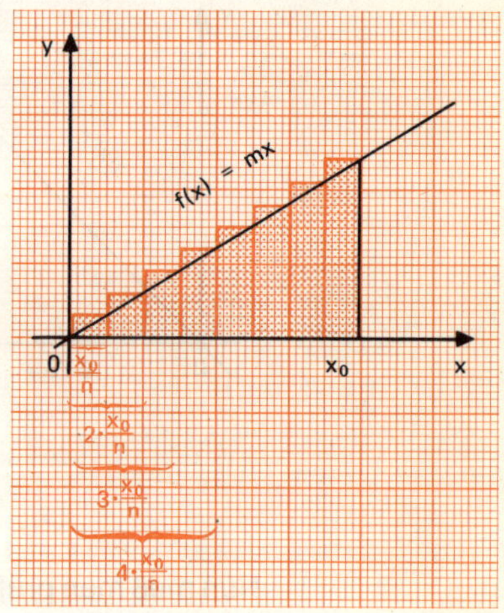

Mit der Summenformel der arithmetischen Reihe ergibt sich

$$O_n = m\cdot\frac{x_0^2}{n^2}\cdot\frac{n}{2}\cdot(n+1) = m\cdot\frac{x_0^2}{2}\cdot\frac{n+1}{n} = m\cdot\frac{x_0^2}{2}\cdot\left(1+\frac{1}{n}\right)$$

Die Grenzwertbestimmung für $n \to \infty$ liefert

$$\lim_{n\to\infty} U_n = \lim_{n\to\infty} m\cdot\frac{x_0^2}{2}\cdot\left(1-\frac{1}{n}\right) = m\cdot\frac{x_0^2}{2} \qquad \lim_{n\to\infty} O_n = \lim_{n\to\infty} m\cdot\frac{x_0^2}{2}\cdot\left(1+\frac{1}{n}\right) = m\cdot\frac{x_0^2}{2}$$

Es ist also für $f(x) = mx$ $F_0(x_0) = m\cdot\frac{x_0^2}{2}$

Prüfen Sie mit der Flächenformel für das Dreieck dieses Ergebnis nach! → (3)

In der Fernsehsendung kamen Sie zu einer solchen Dreiecksfläche bei dem Versuch, eine Schraubenfeder auszudehnen. Mit der Dehnung der Feder wurde die erforderliche Kraft immer größer. Der Flächeninhalt des Dreiecks gibt die verrichtete Arbeit bei der Dehnung der Feder an.

Die Beispiele zeigen noch etwas anderes:

Es ergab sich

für $f(x) = c \qquad F_0(x_0) = c \cdot x_0$,

für $f(x) = mx \qquad F_0(x_0) = m \cdot \frac{x_0^2}{2}$.

In beiden Fällen sehen Sie:

$F_0(x_0)$ ist eine Funktion von x_0.

Diese Tatsache ist natürlich nicht verwunderlich, denn schon aus der Anschauung entnehmen Sie, daß der Flächeninhalt unter einer Randfunktion sich ändert, wenn sich die obere Grenze ändert.

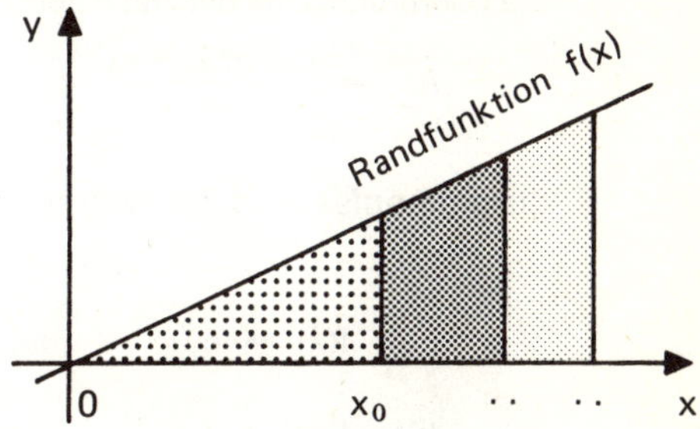

3. Beispiel

Bestimmen Sie $F_0(x_0)$ für $f(x) = mx + c$.

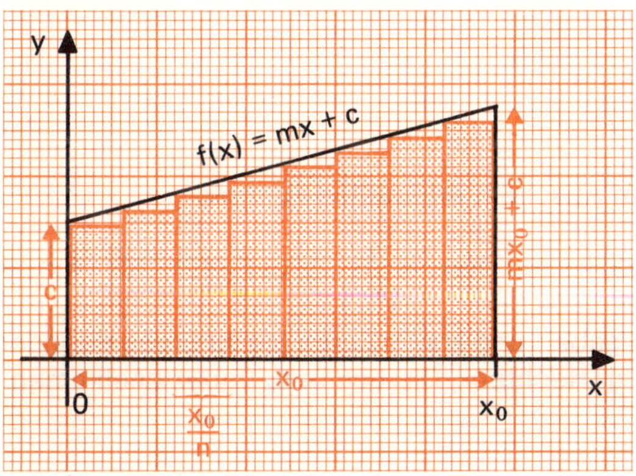

Der Graph der Randfunktion ist eine Gerade, die die y-Achse bei $y = c$ schneidet. Nehmen Sie gleich eine Unterteilung in n gleiche Teile vor. Die Breite der Rechtecke ist dann wieder $\frac{x_0}{n}$.

Die Höhe der Rechtecke ergibt sich aus den Funktionswerten an den Stellen

$0;\ \frac{x_0}{n};\ 2 \cdot \frac{x_0}{n};\ 3 \cdot \frac{x_0}{n};\ \ldots$.

$$f(0) = m \cdot 0 + c = c$$

$$f\left(\frac{x_0}{n}\right) = m \cdot \frac{x_0}{n} + c$$

$$f\left(2\frac{x_0}{n}\right) = m \cdot 2\frac{x_0}{n} + c \qquad \text{usw.}$$

Die Untersumme ist also

$$U_n = \frac{x_0}{n} \cdot \left[\left(m \cdot 0 + c\right) + \left(m \cdot \frac{x_0}{n} + c\right) + \left(m \cdot 2\frac{x_0}{n} + c\right) + \ldots + \left(m \cdot \left(n-1\right)\frac{x_0}{n} + c\right)\right]$$

$$U_n = \frac{x_0}{n} \cdot \left[\left(m \cdot 0 + m \cdot \frac{x_0}{n} + m \cdot 2\frac{x_0}{n} + \ldots + m \cdot (n-1)\frac{x_0}{n}\right) + \underbrace{\left(c + c + c + \ldots + c\right)}_{\text{n Summanden c}}\right]$$

$$U_n = \frac{x_0}{n} \cdot m \cdot \frac{x_0}{n}\,[0 + 1 + 2 + \ldots + (n-1)] + \frac{x_0}{n} \cdot nc$$

$$U_n = \frac{x_0^2}{n^2} \cdot m[0 + 1 + 2 + \ldots + (n-1)] + x_0 c$$

$$U_n = m \cdot \frac{x_0^2}{n^2} \cdot \frac{n}{2} \cdot (n-1) + x_0 c$$
$$U_n = m \cdot \frac{x_0^2}{2} \cdot \left(1 - \frac{1}{n}\right) + x_0 c$$

$$\lim_{n \to \infty} U_n = m \cdot \frac{x_0^2}{2} + c x_0$$

Bestimmen Sie entsprechend O_n und $\lim\limits_{n \to \infty} O_n$. → 6

Auch hier ergibt sich $\lim\limits_{n \to \infty} U_n = \lim\limits_{n \to \infty} O_n$.

Die Überprüfung mit der Trapezformel verläuft so:

$$A_{\triangle} = \frac{c + (mx_0 + c)}{2} \cdot x_0 = m \cdot \frac{x_0^2}{2} + c x_0$$

Zusammenfassend läßt sich festhalten (für $c \neq 0$ und $m \neq 0$):

Für $f(x) = c$	ist $F_0(x_0) = c x_0$,
für $f(x) = x$	ist $F_0(x_0) = \frac{1}{2} x_0^2$,
für $f(x) = mx$	ist $F_0(x_0) = m \cdot \frac{x_0^2}{2}$,
für $f(x) = mx + c$	ist $F_0(x_0) = m \cdot \frac{x_0^2}{2} + c x_0$.

Aufgaben zu 1.2

1. Bestimmen Sie mit den in diesem Abschnitt ermittelten Formeln

a) $F_0(5)$ für $f(x) = 7$ b) $F_0(3{,}5)$ für $f(x) = \frac{1}{2}x$ c) $F_0(12)$ für $f(x) = \frac{1}{4}x + 1$

***2.** Zeichnen Sie die Flächen aus Aufgabe 1 und kontrollieren Sie Ihr Ergebnis, indem Sie die Flächeninhalte mit den Formeln für Rechteck, Dreieck bzw. Trapez bestimmen.

1.3 Flächeninhalt unter der quadratischen Parabel $y = x^2$

Das Verfahren der Flächeninhaltsberechnung, das Sie in Abschnitt 1.2 kennengelernt haben, gewinnt seine eigentliche Bedeutung bei der Berechnung von Flächeninhalten unter nicht geradlinigen Randfunktionen.

Eine der einfachsten dieser Funktionen ist die quadratische Funktion $f(x) = x^2$, die auch bei der Differentialrechnung als erste betrachtet wurde. Die Aufgabe lautet jetzt:

Wie groß ist der Inhalt der Fläche unter dem Graphen der Funktion $f(x) = x^2$ von 0 bis x_0?

Oder kürzer geschrieben:

Es ist $F_0(x_0)$ für $f(x) = x^2$

zu bestimmen.

Das Verfahren ist Ihnen bereits bekannt. Es müssen die Unterrechtecke und die Oberrechtecke eingezeichnet werden. Es sind Untersumme und Obersumme zu bilden. Man muß die Grenzwerte der Folge der Untersummen und der Folge der Obersummen bestimmen und feststellen, ob diese gleich sind. Ist dies der Fall, dann heißt dieser Grenzwert der Flächeninhalt der angegebenen Fläche.

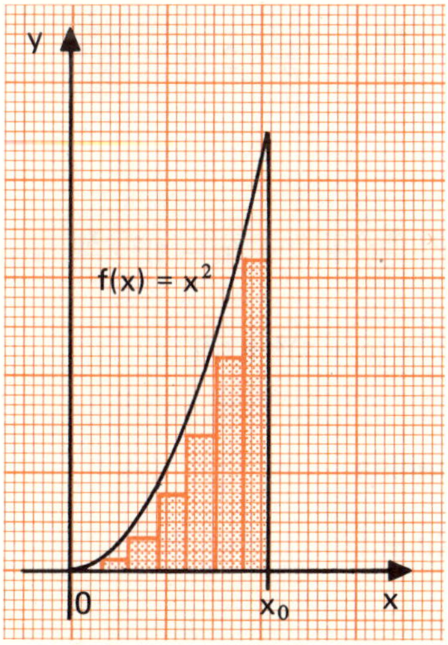

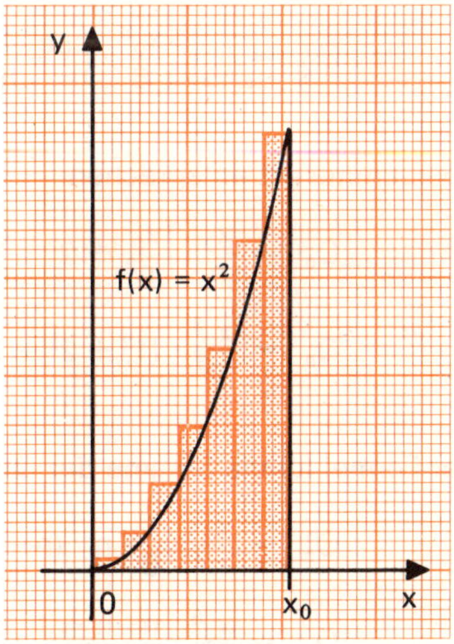

Man teilt die Strecke von 0 bis x_0 in n gleiche Teile.

Die Breite der Rechtecke ist dann $\frac{x_0}{n}$.

Die Höhe der Rechtecke ergibt sich wieder durch die Funktionswerte

$$f(0) = 0^2 = 0$$

$$f\left(\frac{x_0}{n}\right) = \left(\frac{x_0}{n}\right)^2 = \frac{x_0^2}{n^2}$$

$$f\left(2\frac{x_0}{n}\right) = \left(2\frac{x_0}{n}\right)^2 = 2^2 \cdot \frac{x_0^2}{n^2}$$

usw.

Die Untersumme ist $U_n = \frac{x_0}{n} \cdot \left[0^2 + \frac{x_0^2}{n^2} + 2^2 \cdot \frac{x_0^2}{n^2} + 3^2 \cdot \frac{x_0^2}{n^2} + \ldots + (n-1)^2 \cdot \frac{x_0^2}{n^2}\right]$

$$U_n = \frac{x_0^3}{n^3} \cdot [0^2 + 1^2 + 2^2 + 3^2 + \ldots + (n-1)^2]$$

In Analysis, Folgen und Grenzwerte, Aufgaben zu 3.2 (Seite 41) haben Sie die Formel für die ersten n Quadratzahlen kennengelernt (vgl. auch Formelsammlung):

$$1^2 + 2^2 + 3^2 + \ldots + n^2 = \frac{1}{6} n(n+1)(2n+1)$$

Wenden Sie diese Formel statt für n für $n - 1$ an, so können Sie U_n zusammenfassend schreiben:

$$U_n = \frac{x_0^3}{n^3} \cdot \frac{1}{6} (n-1) \cdot n \cdot (2n-1)$$

$$U_n = \frac{x_0^3}{6} \cdot \frac{n-1}{n} \cdot \frac{n}{n} \cdot \frac{2n-1}{n}$$

$$U_n = \frac{x_0^3}{6} \cdot \left(1 - \frac{1}{n}\right) \cdot 1 \cdot \left(2 - \frac{1}{n}\right)$$

und es ist $\lim\limits_{n \to \infty} U_n = \lim\limits_{n \to \infty} \left[\frac{x_0^3}{6} \cdot \left(1 - \frac{1}{n}\right) \cdot \left(2 - \frac{1}{n}\right)\right] = \frac{x_0^3}{6} \cdot 2 = \frac{x_0^3}{3}$

Für die Obersumme gilt entsprechend

$$O_n = \frac{x_0}{n} \cdot \left[\frac{x_0^2}{n^2} + 2^2 \cdot \frac{x_0^2}{n^2} + 3^2 \cdot \frac{x_0^2}{n^2} + \ldots + (n-1)^2 \cdot \frac{x_0^2}{n^2} + n^2 \cdot \frac{x_0^2}{n^2}\right]$$

$$O_n = \frac{x_0^3}{n^3} \cdot [1^2 + 2^2 + 3^2 + \ldots + (n-1)^2 + n^2]$$

und mit der Formel für die Summe der Quadratzahlen

$$O_n = \frac{x_0^3}{n^3} \cdot \frac{1}{6} \cdot n \cdot (n+1) \cdot (2n+1)$$

$$O_n = \frac{x_0^3}{6} \cdot \frac{n}{n} \cdot \frac{n+1}{n} \cdot \frac{2n+1}{n}$$

$$O_n = \frac{x_0^3}{6} \cdot 1 \cdot \left(1 + \frac{1}{n}\right) \cdot \left(2 + \frac{1}{n}\right)$$

und schließlich ist

$$\lim_{n\to\infty} O_n = \lim_{n\to\infty}\left[\frac{x_0^3}{6}\cdot\left(1+\frac{1}{n}\right)\cdot\left(2+\frac{1}{n}\right)\right] = \frac{x_0^3}{6}\cdot 2 = \frac{x_0^3}{3}$$

Da die Grenzwerte $\lim\limits_{n\to\infty} U_n$ und $\lim\limits_{n\to\infty} O_n$ gleich sind, ist das gestellte Problem gelöst:

$$\text{Für } f(x) = x^2 \text{ ist } F_0(x_0) = \frac{1}{3}x_0^3 .$$

Zum Beispiel hat die in Abschnitt 1.1 gezeichnete Fläche unter der Randfunktion $f(x) = x^2$ den Flächeninhalt $F_0(2) = \frac{2^3}{3} = \frac{8}{3} = 2\frac{2}{3}$. Dieses Ergebnis haben Sie näherungsweise dort durch Auszählen der Millimeterquadrate erhalten.

Aufgaben zu 1.3

1. Berechnen Sie mit der gefundenen Formel für den Flächeninhalt von Flächen unter der quadratischen Parabel $f(x) = x^2$:

a) $F_0(1)$ b) $F_0(10)$ *c) $F_0(3,3)$

2. Bestimmen Sie mit dem Verfahren aus diesem Abschnitt

a) $F_0(x_0)$ für $f(x) = ax^2$ [b)] $F_0(x_0)$ für $f(x) = x^3$

1.4 Voraussetzungen für die Flächeninhaltsbestimmung

Für die Flächen unter den bisher betrachteten Randfunktionen wurden Flächeninhalte berechnet. Diese Randfunktionen waren in dem betrachteten Bereich stetig, positiv und monoton steigend. Die untere Grenze war 0 und die obere Grenze eine positive Zahl. Unter diesen Voraussetzungen führte das gezeigte Verfahren stets zu einem Ergebnis. Damit steht natürlich keineswegs schon fest, daß auch für beliebige andere Funktionen die Bestimmung eines Flächeninhaltes in derselben Weise möglich ist. Stetige, positive und monoton fallende Funktionen sind Spiegelbilder von monoton steigenden Funktionen. Daher läßt sich für sie in gleicher Weise eine Bestimmung des Inhalts von Flächen unter ihren Graphen durchführen. In den weiteren Lektionen muß aber noch untersucht werden, ob zum Beispiel auch für nicht monotone Funktionen, für Funktionen mit negativen Werten und schließlich für beliebige stetige Funktionen das Verfahren mit der Reckteckbildung (Unterrechtecke und Oberrechtecke), der Summenbildung (Untersumme und Obersumme) und der Grenzwertbildung zur Festlegung eines Flächeninhaltes für Flächen unter den Funktionsgraphen führt.

Es wurde in dieser Lektion auch nicht gezeigt, daß für alle stetigen, positiven und monotonen Funktionen für beliebige Folgen $n \to \infty$ $\lim\limits_{n\to\infty} U_n$ und $\lim\limits_{n\to\infty} O_n$ stets existieren und gleich sind.
Ein solcher Beweis ist möglich; es wird aber auf ihn verzichtet.

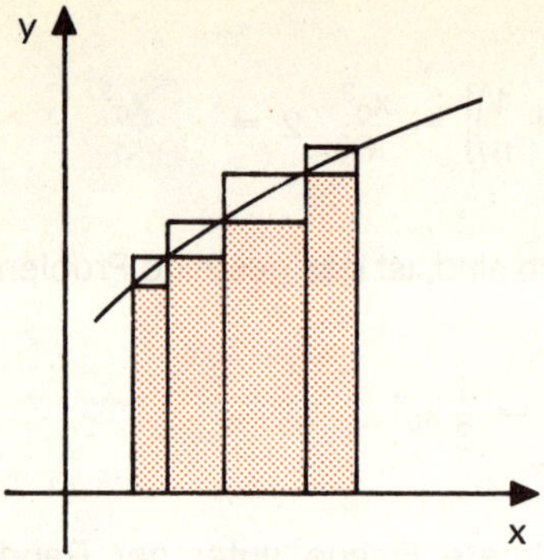

Bei der Rechteckbildung wurden lauter Rechtecke mit der gleichen Breite gewählt. Dies ist nicht unbedingt erforderlich. Man kann auch Rechtecke mit verschiedener Breite wählen, wenn nur für $n \to \infty$ die Breite auch des breitesten Rechtecks gegen Null strebt. Auch dieser Beweis wird hier übergangen, weil Sie fast immer mit dem einfacheren Verfahren auskommen.

Wiederholungsaufgaben

1. Bestimmen Sie die Inhalte der Flächen unter den angegebenen Randfunktionen:

a) $F_0(4)$ für $f(x) = 0{,}3x + 1{,}2$ b) $F_0(2{,}2)$ für $f(x) = 3x^2$

c) $F_0(0{,}5)$ für $f(x) = 0{,}5x^2 + 5$ *d) $F_0(25)$ für $f(x) = x^2 + x$

2. Bestimmen Sie a) $F_0(x_0)$ für $f(x) = ax^2 + c$ *b) $F_0(x_0)$ für $f(x) = ax^3$

***3.** Zeigen Sie, daß die quadratische Parabel $f(x) = x^2$ das Rechteck mit den Eckpunkten $(0|0)$, $(2|0)$, $(2|4)$ und $(0|4)$ im Verhältnis 2:1 teilt.

[4.] Die quadratische Parabel $f(x) = x^2$ und die Gerade $y = x$ schneiden sich in den Punkten $(0|0)$ und $(1|1)$. Welchen Inhalt hat das Flächenstück, das von der Parabel und der Geraden eingeschlossen wird?

2. Die Integralfunktion

Vor der Sendung

Auch in dieser Lektion geht es wieder um die Inhaltsbestimmung von Flächen unter Randfunktionen. Wichtige Fragen werden sein: Wie geht die Inhaltsbestimmung, wenn die Flächen nicht von 0 an bestimmt werden sollen? Kann man bei der Inhaltsbestimmung Flächen „zusammensetzen"? Worauf ist zu achten, wenn die Flächen unterhalb der x-Achse liegen? Wie ändern sich die Flächeninhalte, wenn sich die obere Grenze ändert? Diese Überlegungen werden zu einer Verallgemeinerung der in der letzten Lektion vorgestellten Flächeninhaltsfunktion führen: zur Integralfunktion.

Übersicht

1. Flächeninhalte lassen sich „stückweise" berechnen. Dem entspricht die **Intervalladditivität** der Flächeninhaltsfunktion: $F_a(c) = F_a(b) + F_b(c)$.

2. Der Flächeninhalt für Flächen unter der x-Achse wird negativ angegeben. Man spricht vom orientierten Flächeninhalt. $F_a(x_0)$ ist also eine **orientierte Flächeninhaltsfunktion**. Dies entspricht ihrer Verwendung für viele Fragestellungen aus der Physik. Will man die (nicht orientierten) Flächeninhalte bestimmen, muß man $F_a(b)$ getrennt für die Flächen über und unter der x-Achse berechnen und die Beträge addieren.

3. Für den Flächeninhalt $F_a(b)$ schreibt man auch $\int_a^b f(x)\,dx$. $\int_a^b f(x)\,dx$ heißt das Integral von a bis b über f(x). Betrachtet man die Flächeninhaltsfunktion als Funktion der oberen Grenze, so spricht man von der **Integralfunktion** $\int_a^x f(t)\,dt$.

   Zu einer Randfunktion gibt es mehrere Integralfunktionen. Wenn zu einer Funktion eine Integralfunktion existiert, so heißt die Funktion integrierbar. Jede stetige Funktion ist integrierbar.

2.1 Die Intervalladditivität der Flächeninhaltsfunktion

In der Lektion 1 haben Sie Flächeninhalte für Flächen unter den Graphen linearer und quadratischer Funktionen bestimmt. Das Verfahren lief stets in der gleichen Weise ab:

- Rechtecksbildung (Unterrechtecke und Oberrechtecke),
- Summenbildung (Untersumme und Obersumme),
- Grenzwertbildung (Verfeinerung der Unterteilung, Grenzwert der Folgen der Untersummen und der Obersummen).

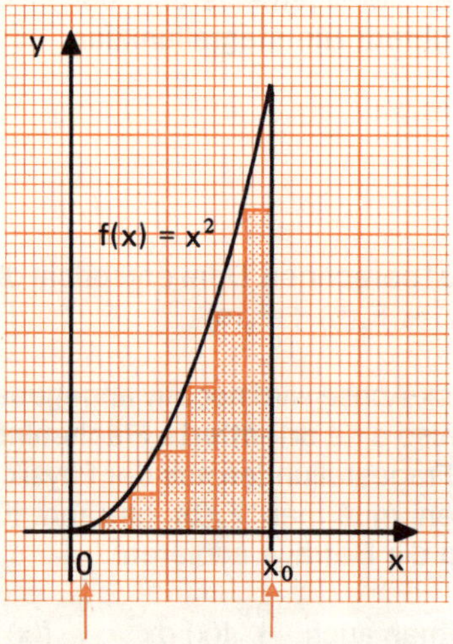

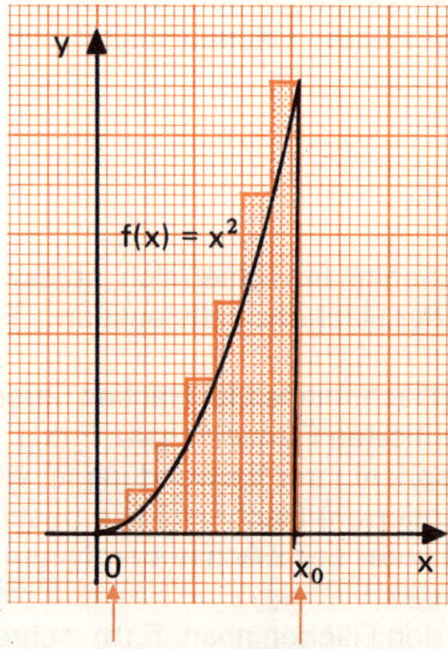

Bei der Bestimmung der Flächeninhalte lag die untere Grenze stets bei 0, die obere Grenze war x_0 genannt worden.

Sie hatten unter anderen die folgenden Ergebnisse erhalten:

Für	$f(x) = c$	ist	$F_0(x_0) = c \cdot x_0$,
für	$f(x) = x$	ist	$F_0(x_0) = \frac{1}{2} x_0^2$,
für	$f(x) = x^2$	ist	$F_0(x_0) = \frac{1}{3} x_0^3$.

Wie aber bestimmt man den Flächeninhalt unter einem Funktionsgraphen nicht von der Stelle 0 an, sondern von irgend einem anderen Wert a an? ($a \geqq 0$). Wie erhält man $\mathbf{F_a(x_0)}$?

Denken Sie dabei zum Beispiel an den Inhalt der Fläche unter der Randfunktion $f(x) = x$ oder $f(x) = x^2$ von der Stelle 2 bis zur Stelle 5, also an die Bestimmung von $F_2(5)$.

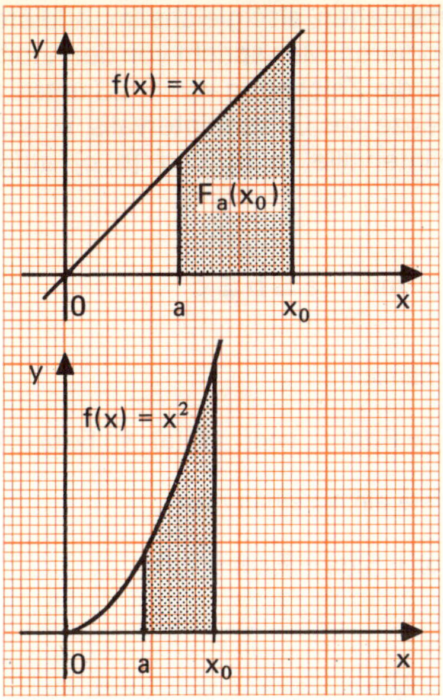

Dafür braucht man nicht das ausführliche Verfahren zu wiederholen. Aus den Abbildungen links sehen Sie für $f(x) = x$ und für $f(x) = x^2$, daß man $F_a(x_0)$ als Differenz zweier Flächeninhalte erhält, die Sie bereits berechnen können.

Es gilt stets

$$F_a(x_0) = F_0(x_0) - F_0(a)$$

Für $f(x) = x$ erhält man

$$F_a(x_0) = \frac{1}{2}x_0^2 - \frac{1}{2}a^2$$

Für $f(x) = x^2$ ergibt sich

$$F_a(x_0) = \frac{1}{3}x_0^3 - \frac{1}{3}a^3$$

Wenden Sie diese Ergebnisse an, indem Sie nun für $f(x) = x$ und für $f(x) = x^2$ jeweils $F_2(5)$ berechnen!

→ 3

Was bedeutet $F_2(5)$ für die Funktion $f(x) = x^2$? Es bezeichnet den Flächeninhalt zwischen der quadratischen Parabel und der x-Achse von der Stelle $x = 2$ bis zur Stelle $x = 5$.

Was also bedeutet $F_a(b)$ für eine Funktion $f(x)$? Es handelt sich dabei um den Flächeninhalt zwischen dem Graphen der Funktion $f(x)$ und der x-Achse von der Stelle $x = a$ bis zur Stelle $x = b$.

Allgemein kann man diese Überlegungen folgendermaßen zusammenfassen:

Ist die Randfunktion f auf dem Intervall $[a; b]$ mit $0 \leqq a \leqq b$ definiert, stetig und ist dort $f(x) \geqq 0$, dann entspricht $F_a(b)$ für f dem Inhalt der Fläche zwischen dem Graphen von f und der x-Achse im Intervall $[a; b]$.

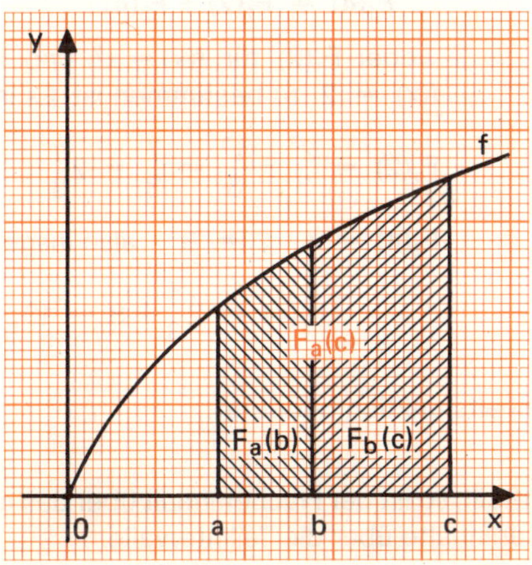

Sie haben gesehen, es gilt

$$F_a(b) = F_0(b) - F_0(a)$$

Formt man diese Gleichung so um, daß $F_0(b)$ auf der linken Seite allein steht, so erhält man

$$F_0(b) = F_0(a) + F_a(b)$$

So wie man die benachbarten Flächen zusammenlegen, also gleichsam „addieren“ kann, kann man auch die Flächeninhaltsfunktionen addieren. Man spricht von der Additivität der Flächeninhaltsfunktion über Teilintervallen. Wie die Zeichnung von S. 23 unten zeigt, gilt diese Additivität nicht nur, wenn die untere Grenze des Gesamtintervalls 0 ist, sondern auch dann, wenn das Intervall [a; c] in die Teilintervalle [a; b] und [b; c] aufgeteilt ist. Das kann man so aufschreiben:

$$F_a(c) = F_a(b) + F_b(c) \quad \text{mit} \quad a \leqq b \leqq c$$

Durch Nachrechnen läßt sich dies beweisen. Es ist nämlich

$$F_a(c) = F_0(c) - F_0(a) \quad \text{und} \quad F_0(c) = F_0(b) + F_b(c) \quad \text{und} \quad F_0(a) = F_0(b) - F_a(b)\,.$$

Setzt man die zweite und dritte Beziehung in die erste ein, so erhält man

$$F_a(c) = F_0(b) + F_b(c) - [F_0(b) - F_a(b)] = F_0(b) + F_b(c) - F_0(b) + F_a(b)\,,$$

also $\quad F_a(c) = F_a(b) + F_b(c)\,.$

Sie können sich diese Beziehung aber auch direkt an den Flächeninhalten verdeutlichen:

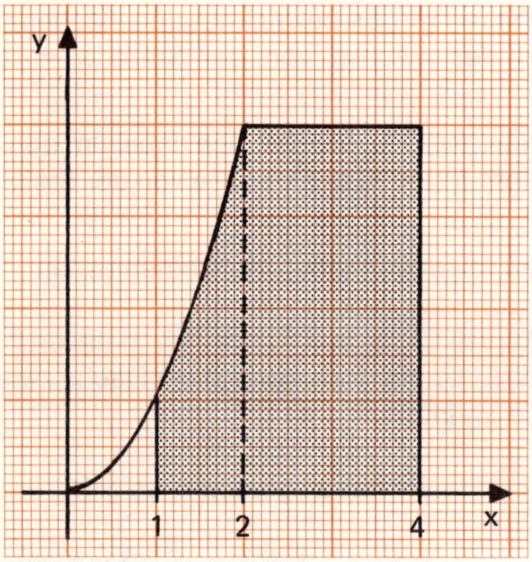

Es soll der Flächeninhalt der Fläche unter der Randfunktion f im Intervall [1; 4] bestimmt werden.
Die Randfunktion ist gegeben durch

$$f(x) = \begin{cases} x^2 & \text{für } 0 \leqq x \leqq 2 \\ 4 & \text{für } 2 < x \end{cases}$$

Um den Flächeninhalt berechnen zu können, muß man das Intervall [1; 4] teilen in die beiden Intervalle [1; 2] und [2; 4]. Es gilt dann

$$F_1(4) = F_1(2) + F_2(4)\,,$$

wobei $F_1(2)$ für $f(x) = x^2$ und $F_2(4)$ für $f(x) = 2$ zu bestimmen ist. Es ist

$$F_1(2) = \frac{2^3}{3} - \frac{1^3}{3} = \frac{7}{3} = 2\frac{1}{3}$$

$F_2(4) = 4 \cdot 2 = 8 \quad$ also insgesamt

$$F_1(4) = 2\frac{1}{3} + 8 = 10\frac{1}{3}$$

Die **Intervalladditivität** für die Flächeninhaltsfunktion bedeutet:

Wird ein Intervall in Teilintervalle aufgeteilt, so ist der Flächeninhalt über das ganze Intervall gleich der Summe der Flächeninhalte über die Teilintervalle.

Aus der Fernsehsendung kennen Sie das folgende Beispiel:

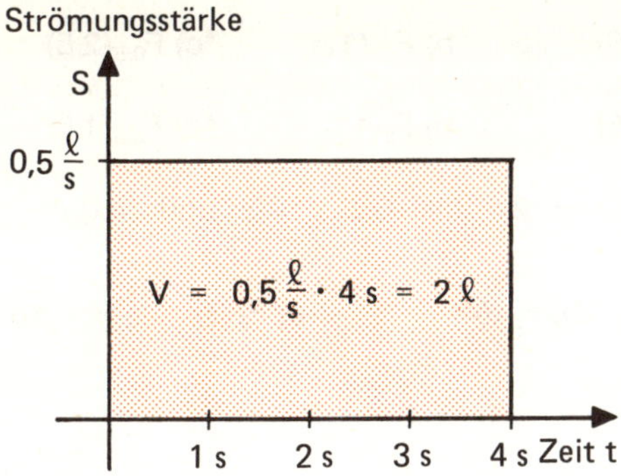

Durch eine Pumpe wird ein Behälter mit Wasser gefüllt. Die **Strömungsstärke** wird mit einem Meßgerät gemessen. Trägt man in einem Koordinatensystem die Strömungsstärke S über der Zeitdauer t der Strömung auf, dann ist der Flächeninhalt unter der entstehenden Kurve ein Maß für das eingefüllte Volumen.

Ist die Strömungsstärke zum Beispiel $0{,}5\,\frac{l}{s}$ (Liter pro Sekunde) und strömt das Wasser 4 Sekunden lang, dann ist ein Volumen von $V = 0{,}5\,\frac{l}{s} \cdot 4\,s = 2\,l$ eingefüllt worden.

Bei dem Versuch, den Sie gesehen haben, stieg die Strömungsstärke zuerst allmählich, blieb dann auf einem konstanten Wert und nahm beim Abschalten der Pumpe allmählich wieder ab.

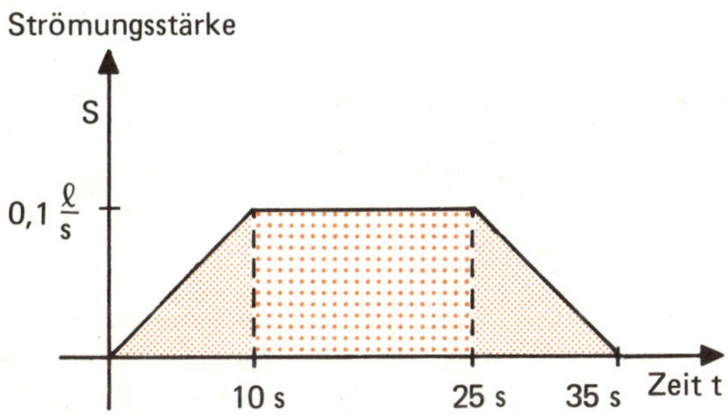

Die zugehörige Kurve im Koordinatensystem ist hier aufgezeichnet. Es ist ein linearer Anstieg, dann eine konstante Strömung und schließlich ein linearer Abfall.
Entnehmen Sie die Zahlenwerte aus der Zeichnung. Um das gesamte eingeströmte Volumen zu berechnen, muß man das Intervall in drei Teilintervalle aufteilen und die entsprechenden Flächeninhalte bestimmen.

Berechnen Sie $F_0(10) + F_{10}(25) + F_{25}(35)$.

→ ①

Nun noch ein Sonderfall bei der Flächeninhaltsfunktion. Wie groß ist $\mathbf{F_a(a)}$?

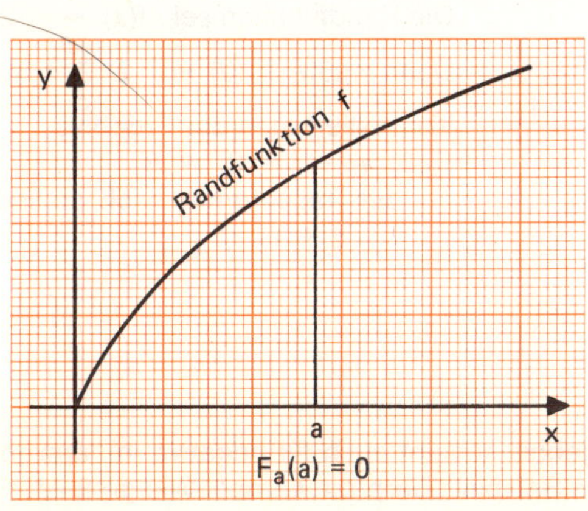

Hier ist die untere Grenze a und die obere Grenze ist derselbe Wert a . Zwischen diesen beiden Grenzen kann gar keine Fläche liegen; der Flächeninhalt muß also Null sein. Das finden Sie auch aus der Rechnung heraus.

$$F_a(a) = F_0(a) - F_0(a) = 0$$

Für jede Randfunktion f ist $F_a(a) = 0$.

Aufgaben zu 2.1

1. Berechnen Sie für $f(x) = 1$ a) $F_0(3)$ b) $F_2(12)$ *c) $F_{1,2}(9{,}8)$

2. Berechnen Sie für $f(x) = x$ a) $F_1(6)$ b) $F_{12}(12)$ *c) $F_{0,5}(2{,}5)$

3. Berechnen Sie für $f(x) = x^2$ a) $F_1(6)$ b) $F_6(11)$ *c) $F_{0,5}(1{,}5)$

4. Die Funktion f ist gegeben durch $f(x) = 2x$ für $0 \leqq x \leqq 2$ und $f(x) = x^2$ für $2 < x$.

   Bestimmen Sie a) $F_1(3)$ b) $F_{0,5}(4)$ c) $F_3(3)$ *d) $F_{1,5}(2{,}5)$

2.2 Flächen unter Randfunktionen mit negativen Werten

In Lektion 1 haben Sie errechnet: Ist die Randfunktion $f(x) = mx + c$, dann ist

$$F_0(x_0) = m \cdot \frac{x_0^2}{2} + cx_0 .$$

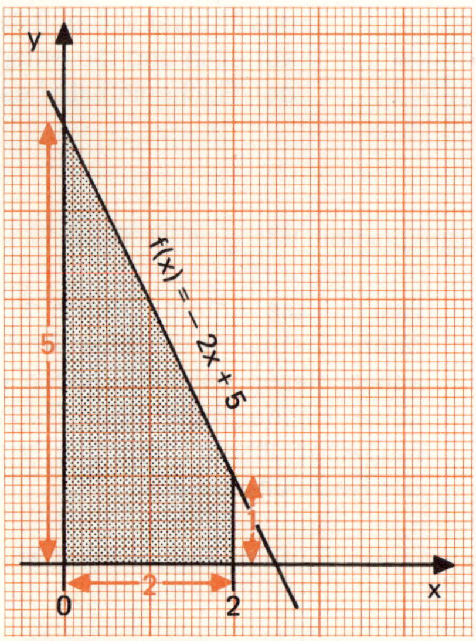

Dies war für positives m ermittelt worden, das heißt für die monoton steigende lineare Funktion f(x). Gilt diese Formel auch für negatives m?

Machen Sie sich dies bitte an einem Beispiel klar.

Die Randfunktion sei $f(x) = -2x + 5$.

Dann müßte $F_0(2) = -2 \cdot \frac{2^2}{2} + 5 \cdot 2$ sein.

Kontrolliert man das Ergebnis
$F_0(2) = -4 + 10 = 6$
mit der Trapezformel nach, so findet man

$$A_{\triangle} = \frac{5+1}{2} \cdot 2 = 6 .$$

Das für positive m festgestellte Ergebnis scheint auch für negative m anwendbar zu sein. Dies soll noch an einem zweiten Beispiel überprüft werden. Wie groß ist $F_0(4)$?

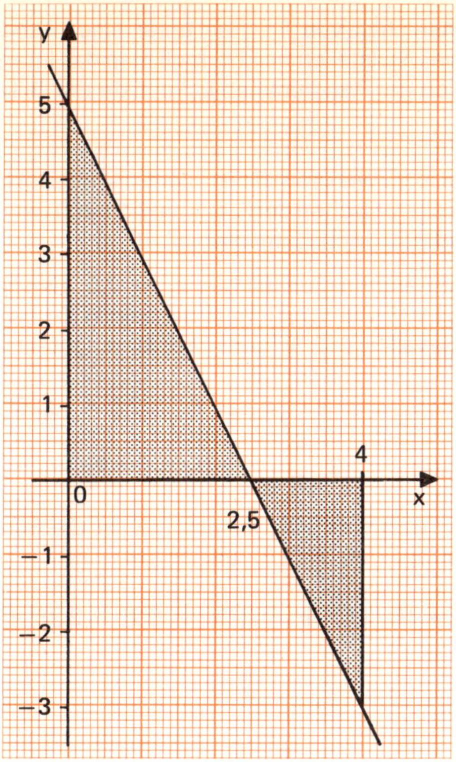

$F_0(4) = -2 \cdot \frac{4^2}{2} + 5 \cdot 4 = -16 + 20 = 4\,.$

Der Flächeninhalt sollte jetzt kleiner sein als bei dem ersten Beispiel. Das kann aber nicht sein. Aus der Zeichnung ersieht man, daß der Flächeninhalt in diesem Fall größer sein muß als der Flächeninhalt über dem Intervall [0; 2] .

2

Allerdings liegt der Flächeninhalt in zwei Teilen vor und einer dieser Teile liegt unterhalb der x-Achse.

Der scheinbare Widerspruch löst sich, wenn Sie sich den Sachverhalt mit dem Beispiel der Wasserpumpe aus der Fernsehsendung klarmachen. Die Funktion $f(x) = -2x + 5$ nimmt von $x = 2{,}5$ an negative Werte an.

Das bedeutet: Von der Zeit 2,5 an wird nicht Wasser in das Gefäß hineingepumpt, sondern aus dem Gefäß herausgepumpt. Das Volumen in dem Gefäß nimmt also wieder ab. Flächeninhalte von Flächen, die unterhalb der x-Achse liegen, sozusagen im Negativen liegen, müssen negativ gerechnet werden. Mit der Flächenformel für das Dreieck läßt sich jetzt nachrechnen:

$$A_1 = \frac{1}{2} \cdot 2{,}5 \cdot 5 = 6{,}25\,; \qquad A_2 = \frac{1}{2} \cdot 1{,}5 \cdot 3 = 2{,}25\,; \qquad A_1 - A_2 = 4$$

Für die Flächenfunktion $F_a(x_0)$ heißt das, $F_a(x_0)$ ergibt sich als Summe der Inhalte der Teilflächen über der x-Achse minus Summe der Teilflächen unter der x-Achse.

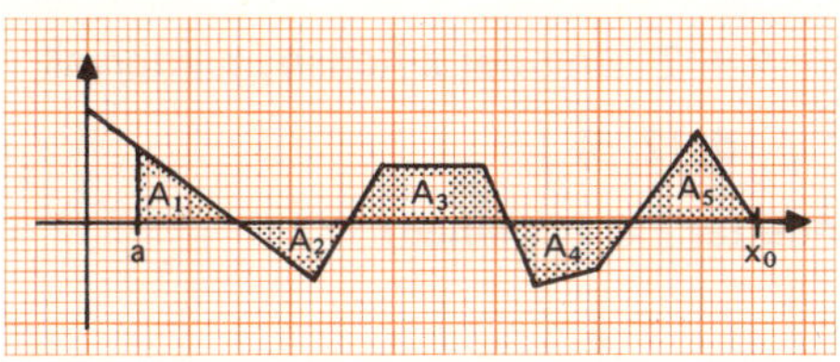

Zum Beispiel:

$$F_a(x_0) = (A_1 + A_3 + A_5) - (A_2 + A_4)$$

Diese Festlegung trifft man, weil sich dadurch in vielen praktischen Anwendungen (zum Beispiel aus der Physik) durch die Flächenfunktion $F_a(x_0)$ die gesuchte physikalische Größe sofort richtig bestimmen läßt.

$F_a(x_0)$ kann also positive oder negative Werte annehmen, je nachdem ob die zugehörigen Flächen oberhalb oder unterhalb der x-Achse gelegen sind. Man spricht bei $F_a(x_0)$ deshalb von der **orientierten Flächeninhaltsfunktion**.

Will man den (nicht-orientierten) Flächeninhalt von Flächen unter einer Randfunktion bestimmen, die im vorgegebenen Intervall Nullstellen besitzt, muß man das Intervall so in Teilintervalle aufteilen, daß alle Nullstellen der Randfunktion Eckpunkte der Teilintervalle sind.

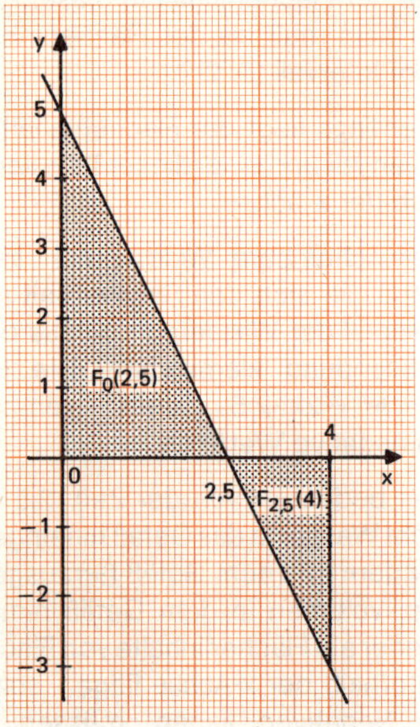

Beispiel: Wie groß ist der (nicht-orientierte) Inhalt der Fläche zwischen der Randfunktion $f(x) = -2x + 5$ und der x-Achse im Intervall $[0; 4]$?

Die Randfunktion hat bei $x_1 = 2,5$ eine Nullstelle. Das Intervall $[0 ;4]$ muß deshalb in die beiden Teilintervalle $[0; 2,5]$ und $[2,5; 4]$ aufgeteilt werden.

$$F_0(2,5) = -2 \cdot \frac{1}{2} \cdot 2,5^2 + 5 \cdot 2,5 = 6,25$$

$$F_{2,5}(4) = -2 \cdot \frac{1}{2} \cdot 4^2 + 5 \cdot 4 - 6,25 = -2,25$$

Der gesuchte Flächeninhalt A ist die Summe der Beträge von $F_0(2,5)$ und $F_{2,5}(4)$.

$$A = |F_0(2,5)| + |F_{2,5}(4)| = 6,25 + 2,25 = 8,5$$

Aufgaben zu 2.2

1. Berechnen Sie $F_1(4)$ für folgende Randfunktionen:

a) $f(x) = -x$ b) $f(x) = -x + 2$ c) $f(x) = -x^2$

2. Bestimmen Sie für $f(x) = -x^2 + 4$ a) $F_0(4)$ b) $F_1(3)$ c) $F_1(5)$ d) $F_2(4)$

3. Wie groß ist der Inhalt der von $f(x) = -x + 2$ und der x-Achse im Intervall

a) $[0; 4]$ b) $[1; 3]$ c) $[1; 4]$ d) $[2; 5]$

eingeschlossenen Fläche? (nicht-orientierter Flächeninhalt)

4. Die Strömungsstärke einer Wasserpumpe ist durch nebenstehenden Graphen beschrieben. Wieviel Wasser ist nach 50 Sekunden in dem angeschlossenen Gefäß?

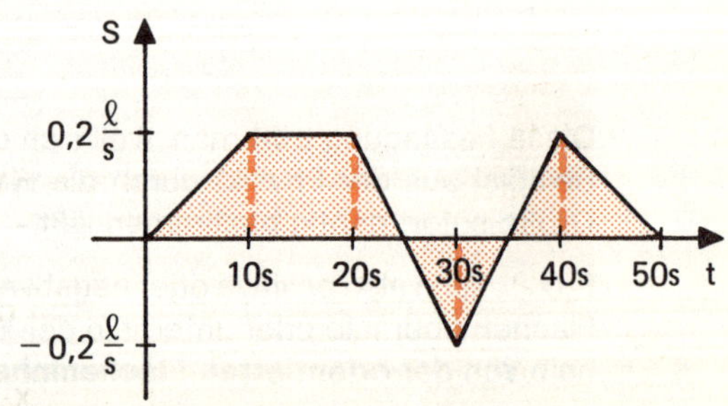

2.3 Die Integralfunktion $F_a(x) = \int_a^x f(t)\,dt$

Die Flächeninhaltsfunktion wurde bisher stets als $F_a(b)$ geschrieben. Aus dieser Schreibweise konnten Sie die untere und die obere Grenze für die Fläche ersehen. Die Randfunktion $f(x)$ geht aus dieser Schreibweise jedoch nicht hervor und mußte daher eigens dazugeschrieben werden. Mehr Information bietet die sogenannte Integralschreibweise für $F_a(b)$.

2

$$F_a(b) = \int_a^b f(x)\,dx$$

Das Zeichen $\int$ nennt man Integralzeichen. Die Intervallgrenzen a und b stehen am Integralzeichen unten bzw. oben (untere und obere Grenze). $f(x)$ bezeichnet die Randfunktion und das Zeichen dx gibt die sogenannte Integrationsvariable an.

$\int_a^b f(x)\,dx$ spricht man: Integral von a bis b über f von x dx

Im Augenblick ist diese Schreibweise für Sie nur ein anderes Zeichen für $F_a(b)$, ein Zeichen, das allerdings eine Reihe von Vorteilen hat, nämlich

1. Es werden untere und obere Grenze angegeben.
2. Es werden Randfunktion und Integrationsvariable bezeichnet.
3. Das $\int$ ist ein langgezogenes S und soll an Summe erinnern.

Die Flächeninhaltsfunktion bestimmt man ja über eine Summenbildung. Zu Beginn dieser Lektion haben Sie nochmals gesehen, wie man über Summenbildung zur Bestimmung des Flächeninhalts kommt. Eine ausführliche Darstellung dieser Summenbildung finden Sie weiter unten im Kleindruck. Die weitere Bedeutung der neuen Schreibweise werden Sie in Lektion 3 kennenlernen, wenn die Beziehung zwischen Integral- und Differentialrechnung dargelegt wird.

Die bisher gelösten Aufgaben lassen sich auch mit der neuen Schreibweise stellen: Bestimmen Sie $F_2(4)$ für $f(x) = x^2$ heißt nun: Bestimmen Sie $\int_2^4 x^2\,dx$.

Bei beiden Schreibweisen können Sie untere und obere Grenze und die Randfunktion ablesen.

Es ist also $\int_2^4 x^2\,dx =$ ____________________ → (2)

Legt man für die obere Grenze keinen Wert fest, sondern schreibt dafür eine Variable x_0 – wie zum Beispiel schon in Lektion 1 –, so ergibt sich

$$\int_a^{x_0} x^2\,dx = \frac{1}{3}x_0^3 - \frac{1}{3}a^3$$

Dies ist ein Term in einer Variablen x_0, er stellt daher eine Funktion von x_0 dar.

$F_a(x_0)$, das Integral von a bis x_0, ist eine Funktion der oberen Grenze x_0. Dies hatten Sie auch bereits in Lektion 1 kennengelernt: Der Flächeninhalt hängt von der oberen Grenze ab.

Ist also die untere Grenze ein fester Wert $a \in \mathbb{R}$ und die obere Grenze eine Variable x_0, so kann man allgemein schreiben:

> Die Funktion $F_a(x_0) = \int_a^{x_0} f(x)\,dx$ heißt eine Integralfunktion von $f(x)$.

Da man die Integralfunktion lieber mit der Variablen x (statt mit der Variablen x_0) schreiben möchte, muß man dann, um Verwechslungen zu vermeiden, die Randfunktion mit einer anderen Variablen schreiben. Meistens wählt man als Variable für die Randfunktion t. Diese Variable heißt **Integrationsvariable**.

> Die Funktion $F(x) = \int_a^{x} f(t)\,dt$ heißt eine Integralfunktion von $f(t)$.

Da man für a beliebige Werte wählen kann, gibt es zu einer Randfunktion $f(t)$ beliebig viele Integralfunktionen $F(x)$.

Beispiele:

$$F_0(x) = \int_0^x t\,dt = \frac{x^2}{2}; \quad F_1(x) = \int_1^x t\,dt = \frac{x^2}{2} - \frac{1}{2}; \quad F_2(x) = \int_2^x t\,dt = \frac{x^2}{2} - 2$$

sind Integralfunktionen ein und derselben Randfunktion $f(t) = t$.

Bisher wurde für a kein negativer Wert gewählt. Diese Einschränkung kann man jetzt fallenlassen. Es gilt zum Beispiel

$$\int_{-2}^{x} t^2\,dt = \frac{x^3}{3} - \frac{(-2)^3}{3} = \frac{x^3}{3} + \frac{8}{3}$$

An den bisherigen Beispielen haben Sie gesehen, wie man zu einer Randfunktion eine Integralfunktion bestimmt. Dies geschieht mit dem gleichen Verfahren, das zur Flächeninhaltsfunktion führt. Kann man zu jeder Funktion (als Randfunktion) eine Integralfunktion finden?

In der ersten Lektion waren für die Randfunktion $f(t)$ einige einschränkende Bedingungen genannt worden: $f(t)$ mußte stetig, positiv und monoton sein. Nach dem Kenntnisstand aus dieser Lektion kann man einige dieser Einschränkungen aufgeben.

Trotzdem muß es nicht zu jeder beliebigen Funktion eine Integralfunktion geben. Dies ist Anlaß den Begriff der Integrierbarkeit festzulegen.

> Gibt es zu einer Randfunktion $f(t)$ eine Integralfunktion, so heißt $f(t)$ integrierbar.

Da für die Integralfunktion die Intervalladditivität gilt – in der neuen Schreibweise heißt das

$$\int_a^x f(t)\,dt = \int_a^b f(t)\,dt + \int_b^x f(t)\,dt \quad (a \leqq b \leqq x) \quad -,$$

genügt es, wenn das Integrationsintervall [a; x] sich so in Teilintervalle zerlegen läßt, daß f(t) in jedem Teilintervall monoton ist; das heißt:

2

Die Randfunktion f(t) muß abschnittweise monoton sein.

Aus Abschnitt 2.2 hat sich ergeben, daß die Randfunktion auch negative Werte annehmen darf. Die ursprüngliche Einschränkung $f(t) \geqq 0$ ist also ebenfalls weggefallen.

Da die stetigen Funktionen abschnittweise monoton sind, läßt sich feststellen:

Stetigkeit einer Funktion ist eine hinreichende Bedingung für die Integrierbarkeit.

Aus der Differentialrechnung wissen Sie, daß eine differenzierbare Funktion stetig ist.
Folglich gilt:

Aus der Differenzierbarkeit folgt die Stetigkeit.
Aus der Stetigkeit folgt die Integrierbarkeit.

Jede differenzierbare Funktion ist erst recht integrierbar.

Wie weiter oben bereits angemerkt, soll nun nochmals das Verfahren der Flächeninhaltsmessung und zwar in allgemeiner Form dargestellt werden.

Die Methode der Flächeninhaltsmessung für eine Fläche unter dem Graphen einer Randfunktion besteht aus dem Dreischritt: 1. Rechtecksbildung, 2. Summenbildung, 3. Grenzwertbildung. Für die Fläche im Intervall [a; b] läuft das Verfahren so:

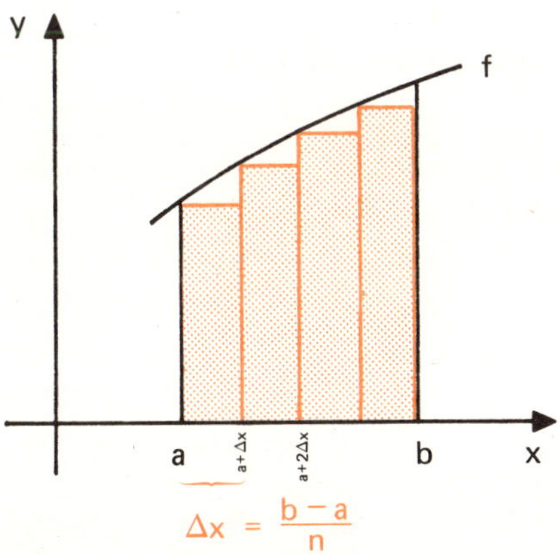

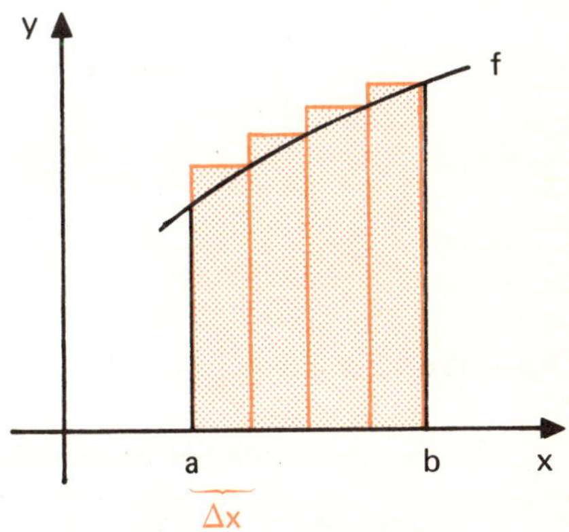

Es werden Unterrechtecke bzw. Oberrechtecke eingezeichnet. Wählt man n Rechtecke, so ist die Breite eines jeden Rechtecks $\frac{b-a}{n}$.

Läßt man zur Grenzwertbildung $n \to \infty$ streben, so wird die Rechtecksbreite $\frac{b-a}{n}$ gegen 0 streben. Kleine Strecken auf der x-Achse, die bei der Grenzwertbildung gegen 0 gehen, wurden bei der Differentialrechnung mit Δx bezeichnet. Daher liegt es nahe, auch hier die Rechtecksbreite kurz mit Δx zu bezeichnen.

$$\frac{b-a}{n} = \Delta x$$

Die Rechteckshöhen sind durch die Funktionswerte der Randfunktion f an den Stellen a, $a + \Delta x$, $a + 2 \cdot \Delta x$, $a + 3 \cdot \Delta x$, ..., $a + (n-1) \cdot \Delta x$, $a + n \cdot \Delta x = b$ gegeben:

$f(a)$, $f(a + \Delta x)$, $f(a + 2 \cdot \Delta x)$, ..., $f(a + (n-1) \cdot \Delta x)$, $f(b)$

Untersumme und Obersumme schreiben sich dann als

$$U_n = f(a) \cdot \Delta x + f(a + \Delta x) \cdot \Delta x + f(a + 2 \cdot \Delta x) \cdot \Delta x + \ldots + f(a + (n-1) \cdot \Delta x) \cdot \Delta x$$
$$U_n = [f(a) + f(a + \Delta x) + f(a + 2 \cdot \Delta x) + \ldots + f(a + (n-1) \cdot \Delta x)] \cdot \Delta x$$
$$O_n = f(a + \Delta x) \cdot \Delta x + f(a + 2 \cdot \Delta x) \cdot \Delta x + f(a + 3 \cdot \Delta x) \cdot \Delta x + \ldots + f(a + n \cdot \Delta x) \cdot \Delta x$$
$$O_n = [f(a + \Delta x) + f(a + 2 \cdot \Delta x) + f(a + 3 \cdot \Delta x) + \ldots + f(a + n \cdot \Delta x)] \cdot \Delta x$$

Bei der Grenzwertbildung kann man statt $n \to \infty$ jetzt auch $\Delta x \to 0$ schreiben:

$$\lim_{n \to \infty} U_n = \lim_{\Delta x \to 0} [(f(a) + \ldots + f(a + (n-1) \cdot \Delta x)) \cdot \Delta x]$$
$$\lim_{n \to \infty} O_n = \lim_{\Delta x \to 0} [(f(a + \Delta x) + \ldots + f(b)) \cdot \Delta x]$$

Der Grenzwert, das heißt $F_a(b)$ oder in der neuen Integralschreibweise $\int_a^b f(x)\,dx$, entsteht jeweils aus einem Ausdruck, der aus einer **Summe** von Funktionswerten f(x) multipliziert mit einem Δx (das gegen Null geht) besteht. Auch dies ist ein Grund für die Integralschreibweise

$$F_a(b) = \int_a^b f(x)\,dx$$

Summe von Werten f(x) multipliziert mit Δx ($\to 0$)

Aufgaben zu 2.3

1. Geben Sie die Werte folgender Integrale an:

a) $\int_0^5 3\,dt$ b) $\int_1^7 t\,dt$ c) $\int_0^3 t^2\,dt$ d) $\int_{1,5}^3 t\,dt$ e) $\int_2^3 (t + 5)\,dt$

f) $\int_0^3 (-t + 1)\,dt$ *g) $\int_5^5 t^2\,dt$ *h) $\int_1^2 (t^2 - 1)\,dt$ *i) $\int_0^4 (-t^2 - 1)\,dt$

2. Geben Sie zur Funktion $f(t) = t^2$ mindestens drei Integralfunktionen an.

3. Zu welcher Funktion $f(t)$ ist $F(x)$ eine Integralfunktion?

a) $F(x) = \frac{x^2}{2} - 1$ b) $F(x) = x$ *c) $F(x) = \frac{1}{3}x^3$ *d) $F(x) = \frac{1}{3}x^3 - \frac{1}{3}a^3$

2

Wiederholungsaufgaben

1. Berechnen Sie

a) $\int_2^4 \frac{1}{2}x^2\,dx$ *b) $\int_1^5 (-x^2 + 4)\,dx$ c) $\int_2^{2,5} (x - 1)\,dx$ *d) $\int_1^{1,5} (-2x)\,dx$

[2.] Sind die folgenden Funktionen integrierbar? (Sie brauchen keine Integralfunktion anzugeben.)

a) $f(x) = x^4 - x^2$ b) $f(x) = \frac{1}{x}$ $(x > 0)$ c) $f(x) = \sin x$

*d) $f(x) = (x - 2)^2$ *e) $f(x) = \frac{x}{x + 1}$ $(x > 0)$

3. Geben Sie eine Integralfunktion an zu a) $f(t) = t - 1$ b) $f(t) = 5$ *c) $f(t) = -t^2$

[4.] Welche der folgenden Aussagen sind wahr, welche falsch?

a) Die Integrierbarkeit einer Funktion ist eine notwendige Bedingung für die Stetigkeit.
b) Ist eine Funktion stetig, dann ist sie auch integrierbar.
c) Eine integrierbare Funktion ist auch stetig.
*d) Differenzierbarkeit ist notwendig für Integrierbarkeit.

5. Bestimmen Sie den Inhalt der Fläche unter der Randfunktion $f(t)$ über dem Intervall $[a; b]$.

a) $f(t) = -\frac{1}{2}t + 1$ $a = 1;\ b = 3$ *b) $f(t) = 3 - t^2$ $a = 0,5;\ b = 3,5$

3. Hauptsatz der Differential- und Integralrechnung

Vor der Sendung

In Lektion 1 haben Sie gelernt, wie man die Fläche unter dem Graphen einer Funktion bestimmt, wenn der Graph keine Gerade ist. Das Verfahren mit Ober- und Untersummen ist sehr aufwendig; Sie haben es am Beispiel $f(x) = x^2$ erfahren. In dieser Lektion wird ein Satz erarbeitet, mit dessen Hilfe man relativ einfach zu einer gegebenen Randfunktion die Integralfunktion bestimmen kann.

Der Satz zeigt einen Zusammenhang zwischen Integrieren und Differenzieren auf. Als Vorbereitung auf die Sendung empfehlen wir Ihnen deshalb, die Grundbegriffe der Differentialrechnung zu wiederholen. Insbesondere sollten Sie den „Differenzenquotienten" und den „Differentialquotienten" für eine Funktion f angeben und geometrisch interpretieren können (vgl. TK II, Analysis – Differentialrechnung, Lektion 4, Seite 47).

Übersicht

1. Anhand eines Beispiels aus der Fernsehsendung, bei dem es um Strömungsstärke und Volumen ging, wird verdeutlicht, daß das Differenzieren die Umkehrung des Integrierens ist.
2. Für stetige Randfunktionen f wird gezeigt, daß die Integralfunktion $F_a(x) = \int_a^x f(t)\,dt$ differenzierbar ist mit f als Ableitung: $F_a' = f$.
3. Aus 2. ergibt sich ein Verfahren, mit dem man Integralfunktionen $F_a(x) = \int_a^x f(t)\,dt$ bestimmen kann.
4. Bei Anwendung dieses Verfahrens muß man das Differenzieren umkehren; man muß eine sog. Stammfunktion suchen.

3.1 Die Umkehrung des Integrierens

Wir wollen die Umkehrung des Integrierens, wie in der Sendung, am Beispiel des Wasserpumpens verdeutlichen. Aus Lektion 2 wissen Sie:

Wenn die Strömungsstärke $f(x)$ (Volumen durch Zeit) gegeben ist, dann erhält man das Volumen des bis zum Zeitpunkt x zu- oder abgepumpten Wassers durch Integration.

$$F_0(x) = \int_0^x f(t)\,dt$$

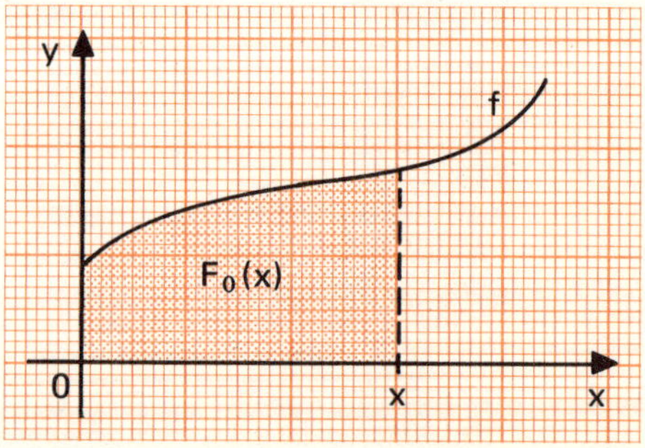

In der Sendung zu dieser Lektion ging es um die umgekehrte Frage: Durch welche mathematische Operation kann man die Strömungsstärke f(x) bestimmen, wenn das Volumen $F_0(x)$ bekannt ist?

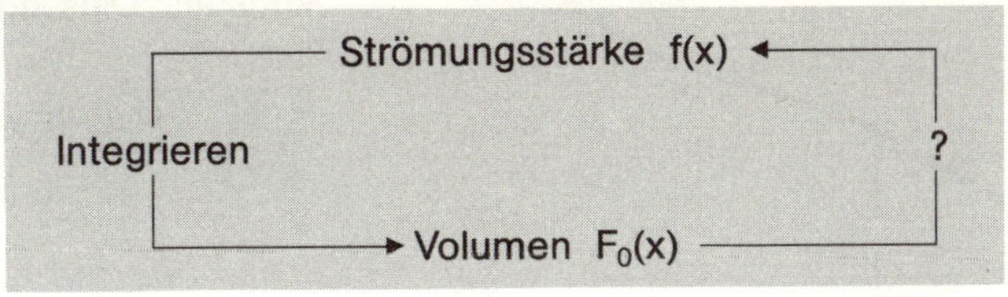

Die Strömungsstärke wurde im **1. Beispiel** als konstant vorausgesetzt: $f(x) = k$. Um sie zu bestimmen, wurde das Volumen $F_0(x)$ zu zwei verschiedenen Zeitpunkten x, nämlich nach 10 s und nach 30 s gemessen. Es ergab sich: $F_0(10) = 0{,}23\,l$, $F_0(30) = 0{,}68\,l$.

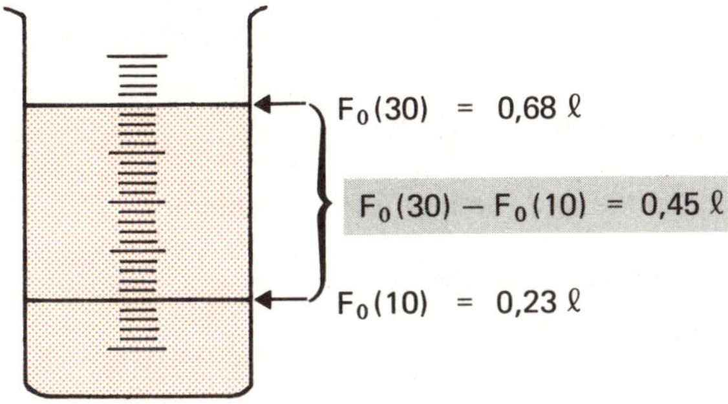

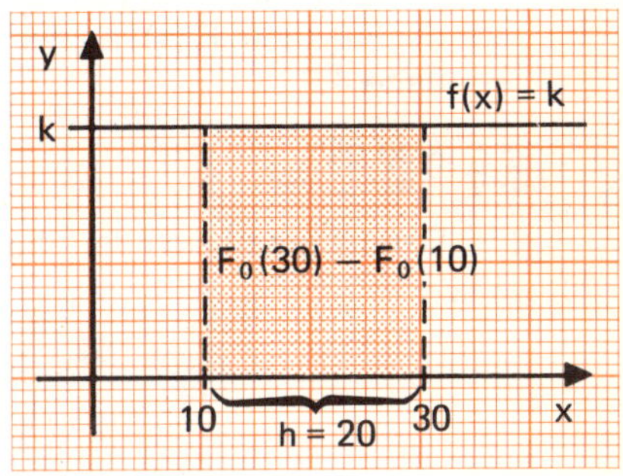

In der Zeitspanne $h = 20$ s sind also $F_0(30) - F_0(10) = 0{,}45\,l$ Wasser zugeflossen. Dieses Volumen entspricht im Koordinatensystem der markierten Rechtecksfläche. Um die Strömungsstärke k zu bestimmen, muß man den Quotienten

$$k = \frac{F_0(30) - F_0(10)}{h} = \frac{0{,}45}{20} = 0{,}0225$$

berechnen. Dividiert man nämlich den Flächeninhalt eines Rechtecks durch die Länge, so erhält man die Breite des Rechtecks.

Im **2. Beispiel** wurde angenommen, daß die Strömungsstärke nicht konstant ist. Man möchte die Strömungsstärke im Zeitpunkt x_0 wissen. Man mißt wieder das Volumen zu zwei Zeitpunkten: x_0 und $x_0 + h$. Die Volumina seien $F_0(x_0)$ und $F_0(x_0 + h)$.

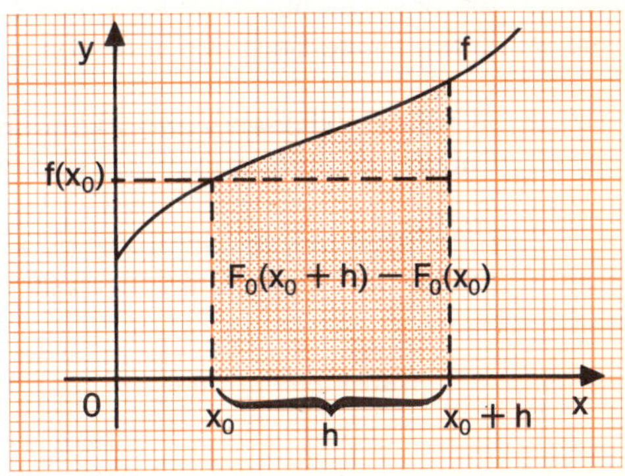

Die Volumendifferenz

$$F_0(x_0 + h) - F_0(x_0)$$

wird durch die markierte Fläche dargestellt.

Gesucht ist der Funktionswert an der Stelle x_0: $f(x_0)$. Da die Fläche kein Rechteck ist, kann man nicht wie im 1. Beispiel den Flächeninhalt durch h dividieren.

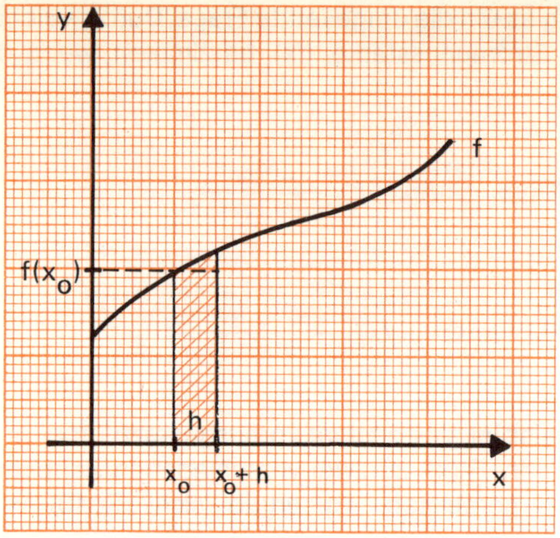

Wenn man aber immer kleinere h wählt, dann kann man mit immer kleinerem Fehler annehmen, die Strömungsstärke f(x) sei während der Zeit h konstant. Dies legt die Vermutung nahe:

$$\lim_{h \to 0} \frac{F_0(x_0 + h) - F_0(x_0)}{h} = f(x_0)$$

Der Ausdruck links vom Gleichheitszeichen ist nichts anderes als der Differentialquotient der Funktion $F_0(x)$ an der Stelle x_0 (vgl. TK II, Analysis – Differentialrechnung, Lektion 4, Seite 47).

Also gilt: $F_0'(x_0) = f(x_0)$

Daraus ergibt sich der überraschende und wichtige Zusammenhang:

Strömungsstärke f(x)

Integrieren → ← Differenzieren

Volumen $F_0(x)$

Dieser Zusammenhang ist aber nicht an das Beispiel gebunden. Er gilt auch für andere Randfunktionen f(x) und Integralfunktionen $F_0(x)$. Man sagt deshalb häufig:

Das Differenzieren ist die Umkehrung des Integrierens.

Bevor wir im nächsten Abschnitt diese Aussage präzisieren und beweisen, sollen Sie sie durch einige Beispiele vertiefen.

Aus den Lektionen 1 und 2 kennen Sie die Integralfunktionen $F_0(x) = \int_0^x f(t)\,dt$ für die Randfunktionen $f(x) = x$ und $f(x) = x^2$.

Bitte füllen Sie die nachfolgende Tabelle aus. Um die letzte Spalte zu erhalten, differenzieren Sie die Integralfunktion mit den Ihnen aus der Differentialrechnung bekannten Regeln.

Randfunktion f(x)	Integralfunktion $F_0(x)$	Differentialquotient der Integralfunktion
$f(x) = x$	$F_0(x) =$	$F_0'(x) =$
$f(x) = x^2$	$F_0(x) =$	$F_0'(x) =$

→ 7

In beiden Fällen stellt man fest, daß der Differentialquotient der Integralfunktion mit der Randfunktion übereinstimmt.

Aufgaben zu 3.1

1. Bestimmen Sie die (konstante) Strömungsstärke k, wenn das Volumen des Wassers im Behälter zur Zeit $x_0 = 30$ s 0,4 l und 40 s später 1,6 l beträgt.

2. a) Bestimmen Sie allgemein die (konstante) Strömungsstärke k, wenn das Volumen $F_0(x)$ im Behälter zum Zeitpunkt x_0 und zu einem um die Zeitspanne h späteren Zeitpunkt gemessen wird.

b) Welchen Namen hat der von Ihnen aufgestellte Term in der Differentialrechnung?

3.2 Der Hauptsatz

Die Beispiele des vorangehenden Abschnitts lassen vermuten, daß allgemein gilt:

Das Differenzieren ist die Umkehrung des Integrierens.

Da dieser Zusammenhang in der Analysis eine fundamentale Bedeutung hat, wird er in der Mathematik als **Hauptsatz der Differential- und Integralrechnung** bezeichnet. Bevor man eine solche Aussage beweisen kann, muß man sie ausreichend exakt formulieren. Was heißt: Das Differenzieren ist die Umkehrung des Integrierens? Gehen wir von den Beispielen im Abschnitt 3.1 aus.

Gegeben ist eine Randfunktion $f(x)$. Die dazugehörige Integralfunktion $F_a(x)$ bezüglich einer festen unteren Grenze a (in den Beispielen von 3.1 war $a = 0$) läßt sich veranschaulichen als Flächeninhalt unter dem Graphen von $f(x)$ zwischen a und x.

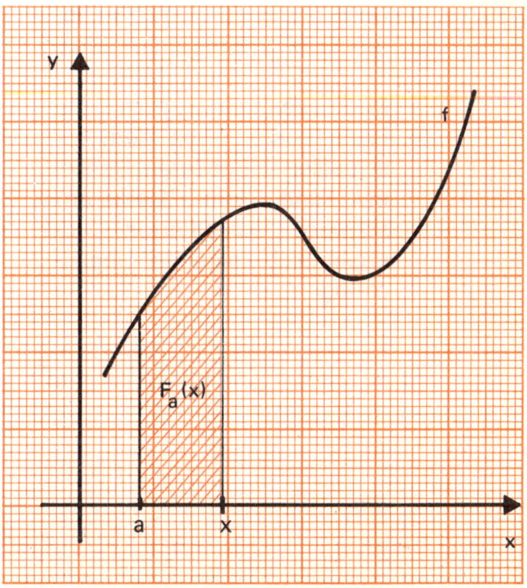

Der Hauptsatz zeigt nun Beziehungen zwischen f(x) und $F_a(x)$ auf.

Hauptsatz

Die Randfunktion f sei für $x \geqq a$ stetig. Dann ist die Integralfunktion

$$F_a(x) = \int_a^x f(t)\,dt \quad \text{differenzierbar, und es gilt:} \quad F_a{}'(x) = f(x)$$

Wenn Sie jetzt die Anwendungen dieses Satzes zur Berechnung von Integralen mehr interessieren als der Beweis, können Sie mit der Bearbeitung von Abschnitt 3.3 fortfahren und den Beweis eventuell zu einem späteren Zeitpunkt nacharbeiten.

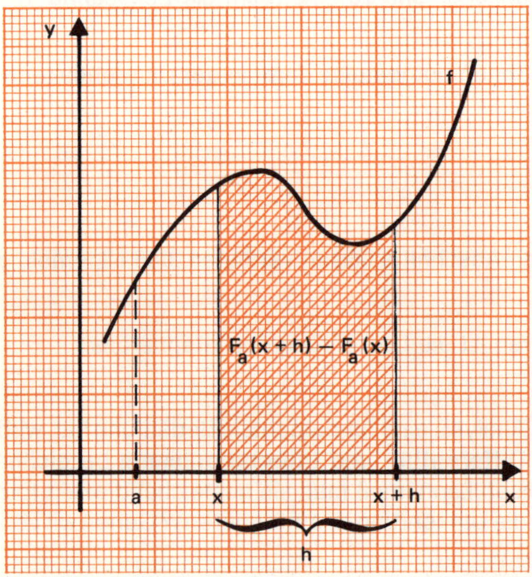

Beweis des Hauptsatzes

(1) Für $a \leqq x < x + h$ $(h > 0)$ hat die Fläche unter f zwischen x und x + h den Flächeninhalt

$$F_a(x+h) - F_a(x)$$

(2) Da f stetig ist, hat f im Intervall [x; x + h] ein Minimum m_h und ein Maximum M_h. Vergleicht man die Fläche unter f mit dem rot schraffierten (größeren) Rechteck und dem (kleineren) schwarz schraffierten, so ergibt sich folgende Ungleichung:

$$m_h \cdot h \leqq F_a(x+h) - F_a(x) \leqq M_h \cdot h$$

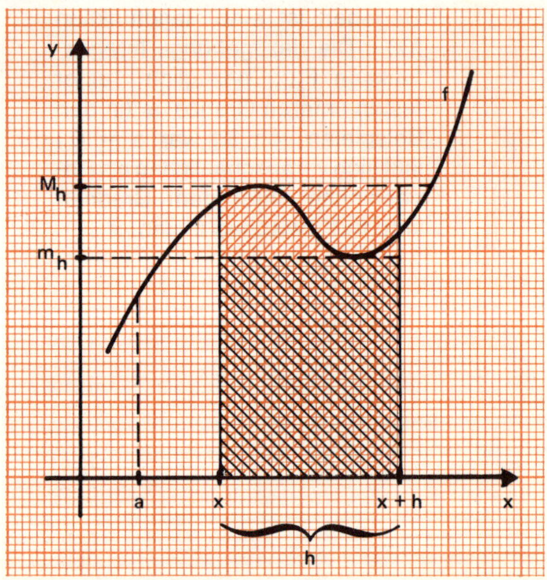

(3) Wählt man andere (kleinere) h , so kann man immer eine solche Ungleichung aufstellen. Immer gibt es ein m_h und ein M_h so, daß die Ungleichung in (2) erfüllt ist.

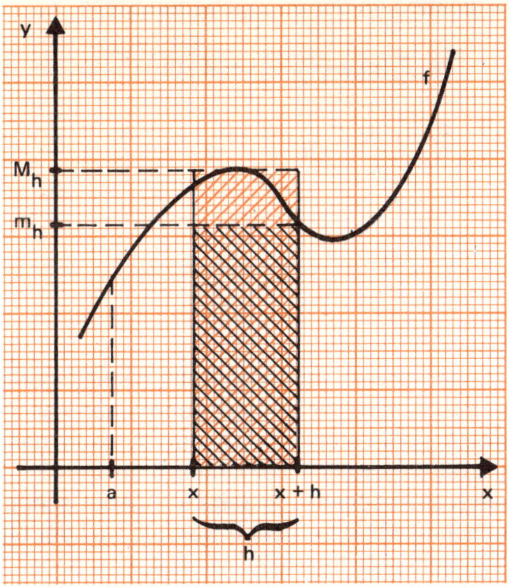

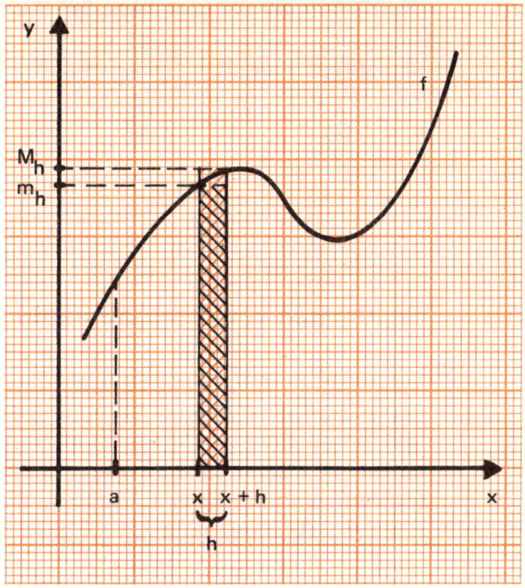

(4) Dividiert man die Ungleichung unter (2) durch $h > 0$, so ergibt sich

$$m_h \leqq \frac{F_a(x+h) - F_a(x)}{h} \leqq M_h$$

Der Differenzenquotient $\frac{F_a(x+h) - F_a(x)}{h}$ liegt also immer zwischen dem jeweiligen kleinsten Funktionswert m_h und dem größten M_h im Intervall $[x; x+h]$.

(5) Wenn nun h gegen null strebt, dann strebt $x + h$ gegen x und die jeweiligen Minima m_h und Maxima M_h gegen $f(x)$, denn f ist nach Voraussetzung stetig in x .

Es gilt also:

$$\begin{array}{ccccc} \lim\limits_{h \to 0} m_h & \leqq & \lim\limits_{h \to 0} \dfrac{F_a(x+h) - F_a(x)}{h} & \leqq & \lim\limits_{h \to 0} M_h \\ \downarrow & & \downarrow & & \downarrow \\ f(x) & \leqq & F_a'(x) & \leqq & f(x) \end{array}$$

Mithin ist $$F_a'(x) = f(x)$$

Damit ist der Satz bewiesen, wobei zur Vollständigkeit des Beweises zweierlei zu ergänzen ist:

- Die Ungleichung in (2) wurde einer Abbildung für eine Randfunktion f mit nur positiven Funktionswerten entnommen. Sie gilt aber auch für andere stetige Funktionen.
- Der Beweis wurde nur für $h > 0$ ausgeführt. Er läßt sich jedoch entsprechend für $h < 0$ führen.

3

Aufgabe zu 3.2

Berechnen Sie die Ableitung der Integralfunktion an der angegebenen Stelle x_0.

a) $F_0(x) = \int_0^x t^2\,dt \qquad x_0 = 2{,}5$

b) $F_2(x) = \int_2^x \left(\frac{1}{2}t - 4\right) dt \qquad x_0 = 4$

c) $F_{-1}(x) = \int_{-1}^x (t^3 + 2)\,dt \qquad x_0 = 0$

d) $F_0(x) = \int_0^x \sin t\,dt \qquad x_0 = \frac{\pi}{2}$

3.3 Bestimmen von Integralfunktionen

Sie haben in den vorangegangenen Lektionen bereits mehrere Problemstellungen kennengelernt, die auf die Bestimmung einer Integralfunktion zu einer gegebenen Randfunktion führen. Solange die Randfunktion konstant oder stückweise linear ist, macht das Aufstellen der Integralfunktion keine Schwierigkeiten, weil sich die Flächen unter den Graphen als Vielecke elementar berechnen lassen (vgl. Abschnitt 1.2, Seite 9 ff.). Aber schon bei der Normalparabel muß ein größerer Rechenaufwand betrieben werden, weil der Graph der Randfunktion krummlinig ist (vgl. Abschnitt 1.3, Seite 17). Mit Hilfe von Ober- und Untersummen muß der gesuchte Flächeninhalt angenähert und durch Grenzübergang bestimmt werden. Ähnlich müßte man z. B. auch bei der Randfunktion $f(x) = x^4$ vorgehen, wenn es nicht den Hauptsatz gäbe. Wie kommt man hier zu einer Integralfunktion, beispielsweise zu $F_0(x)$? Dies geschieht in folgenden Schritten:

Gesucht ist die Integralfunktion $F_0(x)$ zur Randfunktion $f(x) = x^4$.

(1) Der Hauptsatz sagt: $F_0'(x) = f(x)$ für $x \geqq 0$, also

$$F_0'(x) = x^4 .$$

Gesucht ist also eine Funktion $F_0(x)$, die differenziert x^4 ergibt.

(2) Es gibt viele Funktionen $G(x)$, die differenziert x^4 ergeben, z. B.

$$G(x) = \frac{1}{5}x^5 \qquad G(x) = \frac{1}{5}x^5 - 5$$

$$G(x) = \frac{1}{5}x^5 + 3 \qquad G(x) = \frac{1}{5}x^5 + 16$$

Alle diese Funktionen nennt man **Stammfunktionen von $f(x) = x^4$** . (Die Definition und Eigenschaften der Stammfunktion finden Sie im Abschnitt 3.4).

Differenzieren Sie die o. a. Funktionen $G(x)$. → ②

(3) Welche der Stammfunktionen $G(x)$ ist die gesuchte Integralfunktion $F_0(x)$? Die Integralfunktion hat, wie Sie aus Lektion 2 wissen, die Eigenschaft

$$F_a(a) = 0.$$

In unserem Beispiel ist $a = 0$; also gilt

$$F_0(0) = 0.$$

Welche der Stammfunktionen $G(x)$ aus (2) erfüllt die Bedingung $G(0) = 0$?

3

→ (5)

(4) $F_0(x) = \frac{1}{5}x^5$ ist die gesuchte Integralfunktion. Mit ihr kann man jedes Integral $\int_0^x t^4 dt$ berechnen.

Berechnen Sie $\int_0^2 t^4 dt =$

→ (8)

Versuchen Sie nun selbst unter Anleitung, folgendes Integral zu berechnen:

$$\int_1^2 x^3 dx$$

Die Randfunktion f lautet: ______________________

→ (10)

Zunächst muß die Integralfunktion ______________________ bestimmt werden.

→ (6)

Welche der folgenden Funktionen sind Stammfunktionen zu unserer Randfunktion $f(x)$, d. h. welche ergeben differenziert $f(x)$? Kreuzen Sie bitte an.

$y = 3x^2 + 2$	☐	$y = \frac{1}{5}x^5 - \frac{1}{5}$	☐	$y = 3x^2 - 1$	☐
$y = \frac{1}{4}x^4 - \frac{1}{4}$	☐	$y = \frac{1}{5}x^5$	☐	$y = \frac{1}{4}x^4 + 2$	☐
$y = x^4 - 2$	☐	$y = \frac{1}{4}x^4$	☐	$y = x^4$	☐
$y = \frac{1}{4}x^4 + x$	☐	$y = 3x^2$	☐	$y = \frac{1}{5}x^5 + 3$	☐

→ (1)

Eine der Stammfunktionen ist die gesuchte Integralfunktion.

Sie muß die Bedingung ______________________ erfüllen.

→ (4)

Diese Bedingung wird nur erfüllt von der Funktion

______________________________ → (9)

Sie ist die gesuchte Integralfunktion. Durch Einsetzen der oberen Grenze ergibt sich

$$\int_1^2 x^3\,dx = \text{\_\_\_\_\_\_\_\_\_\_\_\_\_\_\_\_\_\_\_\_}$$ → (11)

Fassen wir zusammen:

Das Bestimmen einer Integralfunktion stellt uns vor zwei Aufgaben:

1. Stammfunktionen zu gegebener Funktion f suchen.
2. Die gesuchte Integralfunktion aus der Menge der Stammfunktionen herausfinden.

Im nächsten Abschnitt werden wir uns mit der 1. Aufgabe beschäftigen.

3.4 Stammfunktionen

Definition

G und f seien Funktionen mit gemeinsamem Definitionsbereich.
G sei differenzierbar, und es gelte

$$G' = f.$$

Dann ist G eine **Stammfunktion** von f.

Mit dem Begriff Stammfunktion läßt sich der **Hauptsatz** kürzer so formulieren:

Die Randfunktion f sei für $x \geqq a$ stetig. Dann ist die Integralfunktion

$$F_a(x) = \int_a^x f(t)\,dt \text{ eine Stammfunktion von } f.$$

Aus den Beispielen von Abschnitt 3.3 wissen Sie bereits, daß es zu einer gegebenen Funktion f mehrere Stammfunktionen geben kann. Wie findet man die Menge **aller** Stammfunktionen? Diese Frage beantwortet der folgende Satz.

Satz

Die Funktion f sei im Intervall J definiert. G_1 und G_2 seien zwei Stammfunktionen von f. Dann gibt es eine Konstante $c \in \mathbb{R}$, so daß gilt:

$$G_1(x) = G_2(x) + c \quad \text{für alle } x \in J$$

Das heißt:

Alle Stammfunktionen zu einer gegebenen Funktion f unterscheiden sich nur in einem konstanten Summanden.

Bevor wir den Satz beweisen, soll er durch ein Beispiel erläutert werden.

Beispiel

Gesucht ist die Menge aller Stammfunktionen zu $f(x) = 2x$.

3

$G_1(x) = x^2$ ist eine Stammfunktion, $G_2(x) = x^2 + 4$ ist eine andere Stammfunktion, $G_3(x) = x^2 - 1$ ist eine dritte. Die Stammfunktionen unterscheiden sich nur in den konstanten Summanden. Sie fallen beim Differenzieren weg. Somit hat jede Funktion

$G(x) = x^2 + c$ die Ableitung $G'(x) = x^2$

Das läßt sich auch geometrisch begründen. Der Graph der Funktion $G(x) = x^2$ ist die Normalparabel. Durch Hinzufügen einer additiven Konstanten c wird die Normalparabel parallel zur y-Achse nach oben oder nach unten verschoben, je nachdem, ob $c > 0$ oder $c < 0$ ist. Für jeden Punkt $(x_0|G(x_0))$ gilt: Alle Parabeln haben dieselbe Steigung, das heißt alle Funktionen $G(x) = x^2 + c$ haben in x_0 dieselbe Ableitung, nämlich $G'(x_0) = 2x_0$.

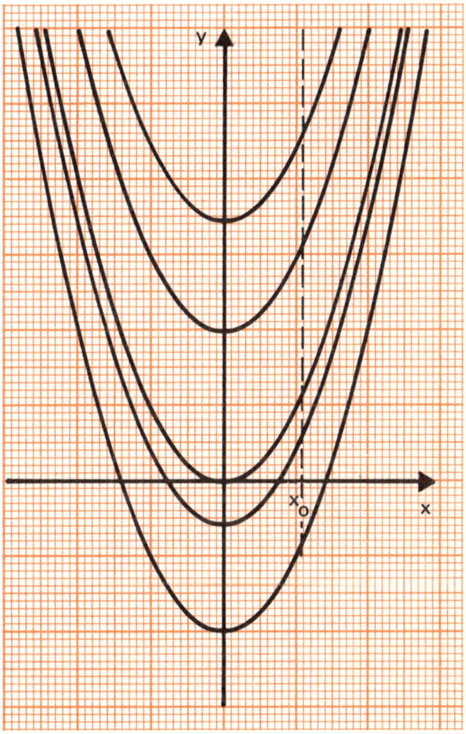

Aufgrund Ihrer Kenntnisse aus der Differentialrechnung können Sie nun zu sehr vielen Funktionen die Menge der Stammfunktionen angeben. In der folgenden Tabelle sind – auch für die Zukunft – wichtige Funktionen zusammengestellt (vgl. TK II, Analysis – Differentialrechnung, Lektion 4).

Füllen Sie bitte die Tabelle aus:

Funktion f	Stammfunktionen G
$f(x) = x^n \quad, n \in \mathbb{N}$	$G(x) = \frac{1}{n+1} x^{n+1} + c \quad, n \in \mathbb{N}, c \in \mathbb{R}$
$f(x) = \frac{1}{x^n} = x^{-n} \quad, x \neq 0 \quad (n \in \mathbb{N}, n \neq 1)$	
$f(x) = \frac{1}{2\sqrt{x}} \quad, x > 0$	
$f(x) = \sin x$	
$f(x) = \cos x$	
$f(x) = \sqrt{x} = x^{\frac{1}{2}} \quad, x > 0$	

→ 3

Abschließend wollen wir den Satz von Seite 42 beweisen. Dazu benötigen wir folgenden

Hilfssatz

Die Funktion G sei im Intervall J differenzierbar, und es sei $G'(x) = 0$ für alle $x \in J$. Dann ist G in J konstant, d. h. $G(x) = c \quad (c \in \mathbb{R})$ für alle $x \in J$.

Beweis

Der Beweis wird **indirekt** geführt: Angenommen, es gelte $G'(x) = 0$ für alle $x \in J$, G sei aber **nicht** konstant. Dann nimmt G in J verschiedene Funktionswerte an, d. h. es gibt Zahlen $x_1, x_2 \in J \quad (x_1 < x_2)$ mit $G(x_1) \neq G(x_2)$. Mithin ist $G(x_2) - G(x_1) \neq 0$ und ebenfalls

$$\frac{G(x_2) - G(x_1)}{x_2 - x_1} \neq 0$$

Wegen des Mittelwertsatzes der Differentialrechnung (Lektion 5, Seite 67) müßte es aber ein $x_0 \in J$ mit $x_1 < x_0 < x_2$ geben, so daß

$$\frac{G(x_2) - G(x_1)}{x_2 - x_1} = G'(x_0) \,.$$

Da nach Voraussetzung unseres Hilfssatzes gilt: $G'(x) = 0$ für alle $x \in J$, folgt

$$\frac{G(x_2) - G(x_1)}{x_2 - x_1} = 0$$

Die beiden grau unterlegten Beziehungen stehen im **Widerspruch** zueinander. Also muß G in J konstant sein.

Nun zum Beweis des Satzes von Seite 42:

Die Funktion f sei im Intervall J definiert. G_1 und G_2 seien zwei Stammfunktionen von f. Dann gibt es eine Konstante $c \in \mathbb{R}$, so daß gilt:

$$G_1(x) = G_2(x) + c$$

bzw. $G_1(x) - G_2(x) = c$ für alle $x \in J$

3

Beweis

Wir betrachten die Funktion

$$G(x) = G_1(x) - G_2(x)$$

Da $G_1(x)$ und $G_2(x)$ Stammfunktionen sind, sind sie in J differenzierbar. Mit $G_1(x)$ und $G_2(x)$ ist auch $G(x)$ in J differenzierbar.

$$G'(x) = G_1'(x) - G_2'(x) \qquad \text{für alle } x \in J$$

Da $G_1(x)$ und $G_2(x)$ Stammfunktionen derselben Funktion f sind, gilt:

$$G_1'(x) = G_2'(x) \qquad \text{für alle } x \in J$$

Eingesetzt ergibt sich:

$$G'(x) = 0 \qquad \text{für alle } x \in J$$

Nach dem Hilfssatz folgt daraus:

$$G(x) = c \quad (c \in \mathbb{R}) \qquad \text{für alle } x \in J$$

d. h. $G_1(x) - G_2(x) = c$ für alle $x \in J$

was zu beweisen war.

Aufgaben zu 3.3 und 3.4

1. Bestimmen Sie zu f die Menge aller Stammfunktionen.

a) $f(x) = x^6$

b) $f(x) = -\sin x$

c) $f(x) = 2x^5$

d) $f(x) = -\frac{1}{x^2} \quad (x \neq 0)$

e) $f(x) = \frac{1}{\sqrt{x}} \quad (x > 0)$

f) $f(x) = x^3 + x^2$

2. Zeichnen Sie zu der Funktion $f(x) = \frac{1}{2}$ (für alle $x \in \mathbb{R}$) den Graphen der Stammfunktion durch den Punkt

a) $(0|0)$

b) $(0|1)$

c) $(0|3)$

d) $(0|-1)$

und geben Sie jeweils die Funktionsgleichung an. (Zeichnen Sie die vier Graphen in **ein** Koordinatensystem.)

3. Bestimmen Sie die Integralfunktion.

a) $F_0(x) = \int\limits_0^x t^7\,dt$

b) $F_0(x) = \int\limits_0^x \sin t\,dt$

c) $F_0(x) = \int\limits_0^x \cos t\,dt$

d) $F_1(x) = \int\limits_1^x t^2\,dt$

e) $F_4(x) = \int\limits_4^x \sqrt{t}\,dt$

Wiederholungsaufgaben

1. Geben Sie die Stammfunktionen von $f(x) = \sin x$ an, und zeichnen Sie die Graphen von vier Stammfunktionen.

2. Berechnen Sie die Ableitung der Integralfunktion an der angegebenen Stelle x_0.

a) $F_0(x) = \int\limits_0^x \cos t\,dt \qquad x_0 = \frac{\pi}{2}$

b) $F_{-1}(x) = \int\limits_{-1}^x (t^2 + 1)\,dt \qquad x_0 = -0{,}5$

c) $F_4(x) = \int\limits_4^x \sqrt{t}\,dt \qquad x_0 = 4$

3. Bestimmen Sie die Integralfunktionen.

a) $F_0(x) = \int\limits_0^x (3t^5 + 4t^2)\,dt$

b) $F_1(x) = \int\limits_1^x \left(2\sqrt{t} - \frac{1}{t^2}\right)dt$

c) $F_{-\pi}(x) = \int\limits_{-\pi}^x 2\cos t\,dt$

4. Berechnen Sie den Flächeninhalt unter dem Graphen der Funktion f zwischen 0 und x_0.

a) $f(x) = x^4 \qquad x_0 = 10$

b) $f(x) = \sin x \qquad x_0 = \pi$

[5.] Gegeben ist die Integralfunktion $F_0(x) = \int\limits_0^x (at + b)\,dt$ mit den Eigenschaften $F_0(4) = 10$ und $F_0'(0) = 2$.
Bestimmen Sie mit Hilfe der genannten zwei Eigenschaften die Werte für a und b.

4. Die Integralformel

Vor der Sendung

In dieser Sendung werden die Ergebnisse von Lektion 3 weiter ausgewertet. Im Mittelpunkt werden der Hauptsatz und die Begriffe Integralfunktion und Stammfunktion stehen. Die notwendigen Voraussetzungen werden am Anfang der Sendung nochmals wiederholt. Ziel der Lektion ist es, eine möglichst einfache Formel zur Berechnung von Integralen zu entwickeln (Integralformel). Dabei werden nicht nur positive Randfunktionen gewählt, sondern auch solche, die im Integrationsintervall negative Werte annehmen. Wie man ein Integral bestimmt, wenn die Randfunktion negativ ist, haben Sie in Lektion 2 gelernt. Gegebenenfalls sollten Sie Ihre Kenntnisse vor Bearbeitung dieser Lektion noch einmal auffrischen.

4

Übersicht

1. Die Integralformel, die es erlaubt, Integrale $\int_a^b f(x)\,dx$ mit Hilfe einer **beliebigen** Stammfunktion zu berechnen, wird hergeleitet und angewendet.

2. Bei der Berechnung werden auch Randfunktionen zugelassen, deren Werte im Integrationsintervall $[a; b]$ negativ sind.

3. Anhand der Graphen der Randfunktion f, der zugehörigen Integralfunktion F_a und einer Stammfunktion G von f werden Hauptsatz und Integralformel veranschaulicht und geometrisch interpretiert.

4.1 Die Integralformel

Das Ziel dieser Lektion ist es, eine möglichst einfache, leicht handhabbare Formel zur Berechnung von

$$F_a(b) = \int_a^b f(x)\,dx$$

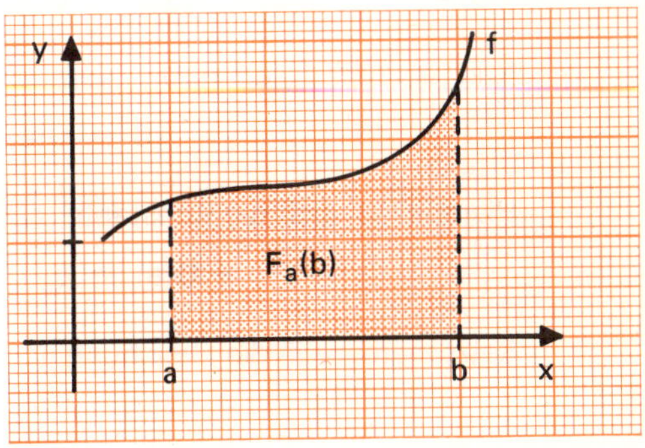

d. h. zur Berechnung des Flächeninhalts unter einer Randfunktion f zwischen den Grenzen a und b $(a \leqq b)$ zu gewinnen.

In Lektion 3 haben Sie einen möglichen Weg zur Berechnung des Integrals kennengelernt:

1. Stammfunktionen zu gegebener Funktion f suchen.
2. Die gesuchte Integralfunktion $F_a(x)$ mit Hilfe der Bedingung $F_a(a) = 0$ herausfinden.

Um das gesuchte Integral zu erhalten, muß noch folgender Schritt ausgeführt werden.

3. Für x die obere Grenze b in $F_a(x)$ einsetzen, d. h. $F_a(b)$ berechnen.

Beispiel: Gesucht ist $F_0(3) = \int_0^3 x^2 dx$

1. Die Stammfunktionen zu $y = x^2$ suchen:

$$G(x) = \frac{1}{3}x^3 + c$$

2. Die Integralfunktion $F_0(x)$ angeben:

$$F_0(x) = \frac{1}{3}x^3$$

denn: $F_0(0) = \frac{1}{3}0^3 = 0$

3. Die obere Grenze einsetzen: $F_0(3) = \frac{1}{3} \cdot 3^3 = 9$

Der zweite Schritt – das Heraussuchen der Integralfunktion aus der Menge der Stammfunktionen – kann u. U. bei nichtelementaren Funktionen zu größeren Schwierigkeiten führen. Wir vereinfachen diesen Schritt deshalb jetzt noch weiter.

Der Hauptsatz besagt, daß $F_a(x)$ eine Stammfunktion ist. Greifen wir aus der Menge der Stammfunktionen irgendeine heraus, z. B. $G(x)$, so unterscheidet sich $F_a(x)$ von $G(x)$ nur durch eine additive Konstante (vgl. Abschnitt 3.4):

$$(*) \qquad F_a(x) = G(x) + c_0$$

Setzt man $x = a$, so ergibt sich

$$F_a(a) = G(a) + c_0$$

Nun ist aber $F_a(a) = 0$; daraus folgt

$$0 = G(a) + c_0$$

Hieraus läßt sich die Konstante c_0 bestimmen:

$$-G(a) = c_0$$

Setzt man c_0 in die Gleichung (*) ein, so ergibt sich:

$$F_a(x) = G(x) - G(a)$$

Der zweite Schritt in unserem Programm zur Berechnung von $F_a(b) = \int_a^b f(x)dx$ kann jetzt so formuliert werden:

2. Die gesuchte Integralfunktion $F_a(x)$ herausfinden, indem man irgendeine Stammfunktion $G(x)$ von f auswählt und die Differenz $G(x) - G(a)$ bildet.

Bevor wir das Ergebnis der Überlegungen in Beispielen anwenden, wollen wir noch die Schritte 2 und 3 zusammenfassen. Wir müssen nur in die Integralfunktion

$$F_a(x) = G(x) - G(a)$$

die obere Grenze b einsetzen:

$$F_a(b) = G(b) - G(a)$$

Unsere Überlegungen lassen sich zu folgendem Satz zusammenfassen.

Satz (Integralformel)

Die Randfunktion f sei im Intervall [a; b] stetig, und G sei eine beliebige Stammfunktion von f . Dann gilt für das Integral:

$$\int_a^b f(x)\,dx = G(b) - G(a)\,.$$

4

Zur Berechnung des Integrals $\int_a^b f(x)\,dx$ muß man (bei stetigem f) also nur für irgendeine Stammfunktion G die Differenz

G(obere Grenze) − G(untere Grenze)

berechnen. Dafür wählt man häufig folgende **Schreibweise**:

$$\int_a^b f(x)\,dx = [G(x)]_a^b = G(b) - G(a)$$

Wenn Sie in anderen Büchern zur Integralrechnung nachlesen, sollten Sie folgendes beachten:

- Statt $[G(x)]_a^b$ wird gelegentlich auch die Schreibweise $G(x)\big|_a^b$ gewählt.
- Der obige Satz wird gelegentlich als Hauptsatz (Fundamentalsatz der Integralrechnung) oder Formel von Leibniz-Newton bezeichnet. Wir haben diese Bezeichnung – wie meistens üblich – für den Satz in Lektion 3 gewählt.

4.2 Beispiele

1. Beispiel:

Zunächst wählen wir ein Beispiel, das Sie bereits aus der Fernsehsendung kennen.

$$\int_2^4 x^3\,dx$$

Eine Stammfunktion von $f(x) = x^3$ ist:

$$G(x) = \frac{1}{4}x^4\,,$$

denn $G'(x) = x^3$.

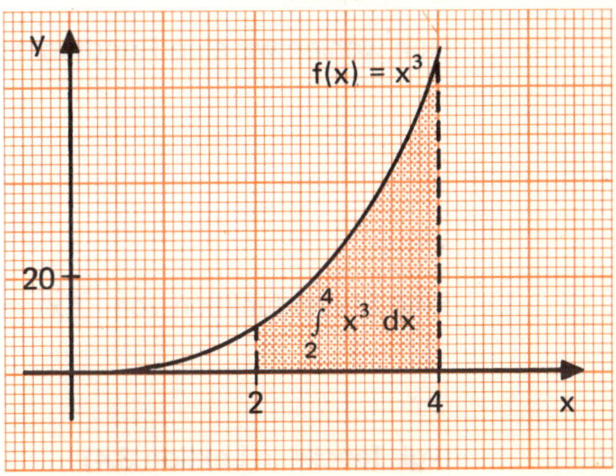

Daher gilt:

$$\int_2^4 x^3\,dx = \left[\frac{1}{4}x^4\right]_2^4 = \frac{1}{4}\cdot 256 - \frac{1}{4}\cdot 16 = 64 - 4 = 60$$

Man hätte an Stelle von G(x) auch eine andere Stammfunktion H(x) von $f(x) = x^3$ nehmen können, z. B.

$$H(x) = \frac{1}{4}x^4 + 7$$

Dann ergibt sich:

$$\int_2^4 x^3\,dx = \left[\frac{1}{4}x^4 + 7\right]_2^4 = \left(\frac{1}{4}\cdot 256 + 7\right) - \left(\frac{1}{4}\cdot 16 + 7\right) = \frac{1}{4}\cdot 256 + 7 - \frac{1}{4}\cdot 16 - 7$$

$$= \frac{1}{4}\cdot 256 - \frac{1}{4}\cdot 16 = 64 - 4 = 60$$

2. Beispiel:

Auch das nächste Beispiel stammt aus der Fernsehsendung. Führen Sie die fehlenden Schritte selbst aus.

$$\int_3^6 (x^2 + 2x)\,dx$$

Eine Stammfunktion von $f(x) = x^2 + 2x$ ist:

G(x) = ______________________ → (5)

Dann ergibt sich:

$\int_3^6 (x^2 + 2x)\,dx = [$ ______________________ $]$ → (12)

= ______________________ → (8)

= ______________________ → (2)

3. Beispiel:

Nun wählen wir eine Randfunktion f , die nicht ganz-rational ist.

$$\int_1^4 \frac{1}{2\sqrt{x}}\,dx$$

Eine Stammfunktion von $f(x) = \frac{1}{2\sqrt{x}}$ ist

$$G(x) = \sqrt{x}$$

(vgl. Tabelle in Lektion 3.4)

Dann ergibt sich:

$$\int_1^4 \frac{1}{2\sqrt{x}}\,dx = \Big[\_\_\_\_\_\_\_\_\_\_\_\_\_\_\_\_\_\_\_\_\Big]_{\_\_\_\_}^{\_\_\_\_}$$ → (14)

$$= \_\_\_\_\_\_\_\_\_\_\_\_\_\_\_\_\_\_\_\_\_\_\_\_$$ → (10)

4. Beispiel:

Im letzten Beispiel wählen wir als Randfunktion eine trigonometrische Funktion.

$$\int_0^{\frac{\pi}{2}} \cos x\,dx$$

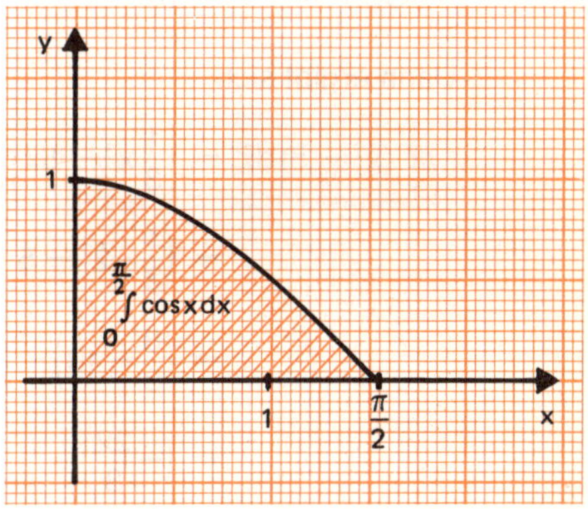

Eine Stammfunktion von $f(x) = \cos x$ ist:

$$G(x) = \sin x$$

(vgl. Tabelle in Lektion 3.4).

Dann ergibt sich:

$$\int_0^{\frac{\pi}{2}} \cos x\,dx = \Big[\sin x\Big]_0^{\frac{\pi}{2}} = \sin\frac{\pi}{2} - \sin 0 = 1 - 0 = 1$$

Aufgaben zu 4.1 und 4.2

1. Berechnen Sie das Integral $\int_1^3 (x^2 + 5)\,dx$ und zeichnen Sie die Fläche, die Sie dabei berechnen.

2. Berechnen Sie folgende Integrale:

a) $\int_0^3 (10 - x^2)\,dx$

b) $\int_2^5 (x - 1)^2\,dx$

c) $\int_{-1}^2 (x^3 - x + 1)\,dx$

d) $\int_{-3}^0 (5 - x)\,dx$

e) $\int_1^2 \frac{1}{x^2}\,dx$

f) $\int_0^{\pi} \sin x\,dx$

[g)] $\int_1^4 \sqrt{x}\,dx$

[h)] $\int_0^{\frac{\pi}{2}} 2\sin x\cos x\,dx$

4.3 Integrale bei Randfunktionen mit negativen Werten

Bisher haben wir nur Beispiele behandelt, bei denen die Randfunktion f im Integrationsintervall positiv war. Weder beim Beweis des Hauptsatzes in Lektion 3, noch bei der Herleitung der Integralformel in Abschnitt 4.1 wurde jedoch diese Einschränkung benötigt. Wir wollen uns deshalb im folgenden Beispiel überlegen, welche Konsequenzen sich für die Berechnung eines Integrals ergeben, wenn die Randfunktion f im Integrationsintervall negativ ist.

Beispiel: $\int_1^2 (x^2 - 5)\,dx$

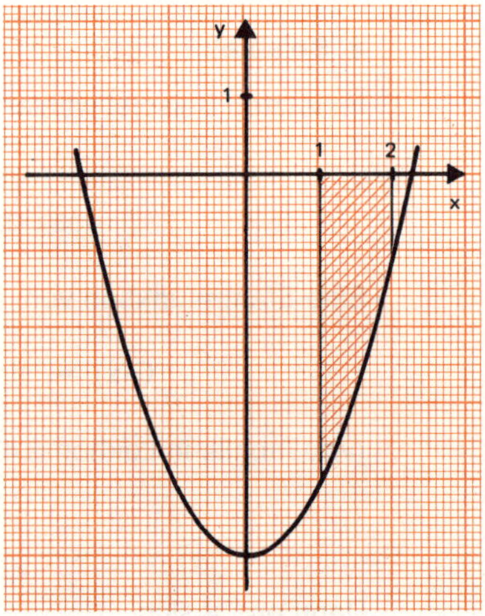

Eine Stammfunktion von $f(x) = x^2 - 5$ ist:

$$G(x) = \frac{1}{3}x^3 - 5x$$

Dann ergibt sich:

$$\int_1^2 (x^2 - 5)\,dx = \left[\frac{1}{3}x^3 - 5x\right]_1^2$$

$$= \left(\frac{1}{3} \cdot 2^3 - 5 \cdot 2\right) - \left(\frac{1}{3} \cdot 1 - 5 \cdot 1\right)$$

$$= \left(\frac{8}{3} - 10\right) - \left(\frac{1}{3} - 5\right)$$

$$= \left(-\frac{22}{3}\right) - \left(-\frac{14}{3}\right)$$

$$= -\frac{22}{3} + \frac{14}{3} = -\frac{8}{3}$$

Für das gesuchte Integral ergibt sich ein negativer Wert. Daß für ein Integral ein negativer Wert auftreten kann, ist Ihnen nicht neu. Aus Lektion 2, Abschnitt 2.2 wissen Sie, daß die Integralfunktion positive oder negative Werte annimmt, je nachdem, ob die zugehörigen Flächen oberhalb oder unterhalb der x-Achse liegen.
Welcher Wert ergibt sich aber für das Integral, wenn die zugehörige Fläche teils über und teils unter der x-Achse liegt?

Beispiel: $\int_0^3 (2 - x)\,dx$

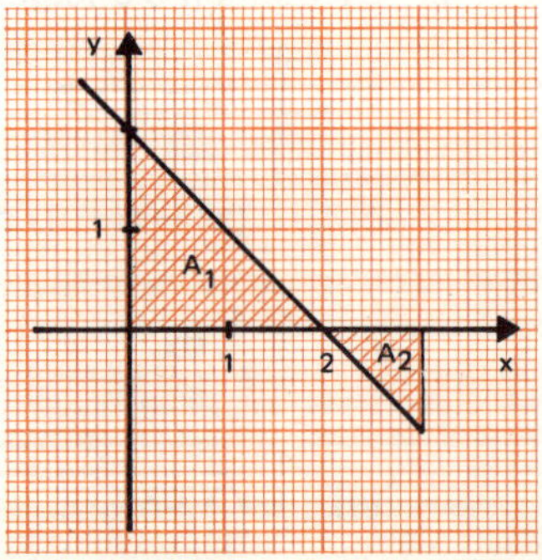

Wir berechnen auch dieses Integral mit der Integralformel.

$$\int_0^3 (2 - x)\,dx = \left[2x - \frac{1}{2}x^2\right]_0^3$$

$$= \left(2 \cdot 3 - \frac{1}{2} \cdot 3^2\right) - 0$$

$$= 6 - \frac{9}{2} = \frac{3}{2}$$

Welche Bedeutung hat dieser Integralwert $\frac{3}{2}$?

Nach Lektion 2 setzt er sich additiv zusammen aus den beiden Flächeninhalten A_1 und A_2, wobei A_1 positiv und A_2 negativ gezählt wird.

Also: $\int_0^3 (2-x)\,dx = A_1 + (-A_2) = A_1 - A_2$

Wir wollen dies bestätigen. Da der Graph der Randfunktion eine Gerade ist, sind A_1 und A_2 Flächeninhalte von Dreiecken, die sich elementar berechnen lassen.

$$A_1 = \frac{1}{2} \cdot 2 \cdot 2 = 2 \qquad A_2 = \frac{1}{2} \cdot 1 \cdot 1 = \frac{1}{2}$$

$$A_1 - A_2 = \frac{3}{2}$$

4

Der Wert ist positiv, weil $A_1 > A_2$. Wenn $A_1 < A_2$ ist, dann wird das Integral negativ, und wenn $A_1 = A_2$ ist, dann hat das Integral den Wert Null. Diesen Fall werden Sie in Lektion 6 weiter verfolgen.

Aufgaben zu 4.3

1. Skizzieren Sie die Graphen folgender Randfunktionen und entscheiden Sie, ob die angegebenen Integrale positiv oder negativ werden. Berechnen Sie anschließend die Integrale.

a) $\int_2^3 (x^2-2)\,dx$ b) $\int_2^3 (x-2)^2\,dx$

c) $\int_{-2}^0 x^3\,dx$ d) $\int_{\frac{\pi}{2}}^{\pi} \cos x\,dx$

e) $\int_{-4}^{-1} \frac{1}{x^2}\,dx$ f) $\int_0^2 (2x^3-8x)\,dx$

2. Skizzieren Sie die Graphen folgender Randfunktionen und stellen Sie eine Vermutung auf, ob die angegebenen Integrale positiv, negativ oder null werden. Überprüfen Sie anschließend Ihre Vermutung durch Rechnung.

a) $\int_{-2}^1 x^5\,dx$ b) $\int_0^3 (4-x^2)\,dx$ c) $\int_0^5 (x-3)\,dx$

d) $\int_0^{\pi} \cos x\,dx$ e) $\int_{-1}^1 (x^2+2x)\,dx$

4.4 Graphische Deutung von Hauptsatz und Integralformel

Aus Lektion 2 wissen Sie: Der Flächeninhalt unter einer Randfunktion f ist bei variabler oberer Grenze x und fester unterer Grenze a eine Funktion von x, die sogenannte Integralfunktion:

$$F_a(x) = \int_a^x f(t)\,dt$$

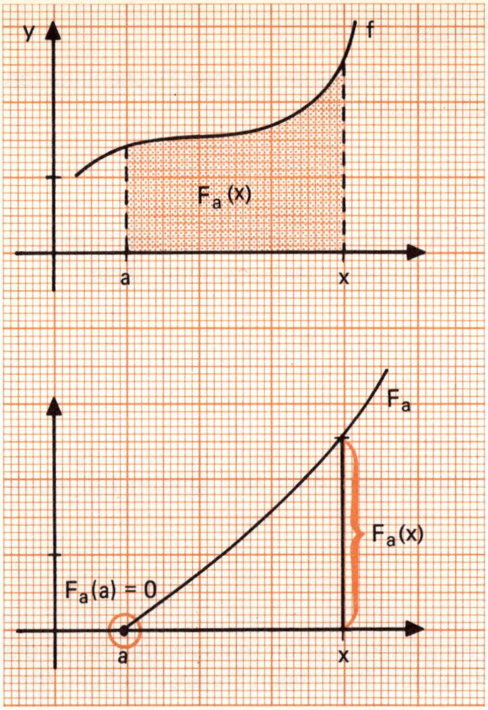

Die Integralfunktion kann man in einem eigenen Koordinatensystem darstellen. Der Funktionswert $F_a(x)$ an einer Stelle x ist dann gleich dem Flächeninhalt unter der Randfunktion von a bis x. Wenn man $x = a$ wählt, so wird der Flächeninhalt unter der Randfunktion gleich null. Das wissen Sie bereits aus Lektion 2: $F_a(a) = 0$.

Der Graph der Integralfunktion geht also bei $x = a$ durch die x-Achse. Da wir bisher immer voraussetzten, daß bei der Integralfunktion $x \geqq a$ ist, kann der Graph nicht nach links fortgesetzt werden. Diese Einschränkung werden wir in der nächsten Lektion aufheben.
In unserem Beispiel ist der Graph der Integralfunktion monoton steigend, da eine Verschiebung der oberen Grenze x nach rechts immer eine Vergrößerung der Flächen unter der Randfunktion f bewirkt. Daß das nicht immer so sein muß, zeigt das folgende Beispiel.

Gegeben sei der Graph der Randfunktion f (Zeichnung rechts oben), gesucht der Graph der Integralfunktion $F_a(x)$ (Zeichnung rechts unten). Auch hier gilt: $F_a(a) = 0$. Von a bis x_0 wachsen die Funktionswerte von $F_a(x)$ monoton. Wenn x jedoch größer als x_0 wird, dann wird der Flächeninhalt von x_0 bis x negativ gerechnet. Die Werte der Integralfunktion nehmen bei weiter wachsendem x wieder ab. Wenn die Inhalte der Flächen oberhalb und unterhalb der x-Achse dem Betrag nach gleich sind, wird das Integral null, d. h. die Integralfunktion schneidet die x-Achse (dies ist bei x_1 der Fall). Bei weiter wachsendem x überwiegt die „Fläche mit negativem Vorzeichen"; die Werte der Integralfunktion werden negativ.

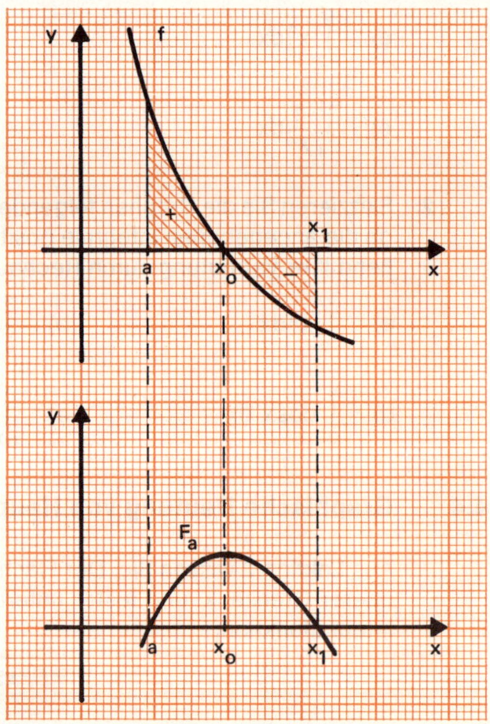

Wir wollen nun die Darstellung der Integralfunktion $F_a(x)$ in einem eigenen Koordinatensystem an einem weiterführenden Beispiel vertiefen.

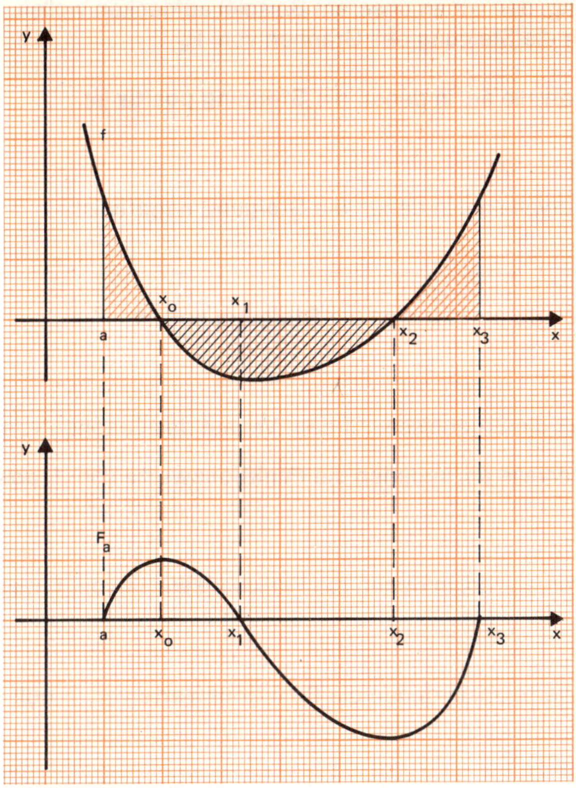

Der Verlauf des Graphen von $F_a(x)$ zwischen a und x_1 wurde bereits im vorangehenden Beispiel erklärt. Daß $F_a(x)$ zwischen x_1 und x_2 weiter monoton fällt, ist darauf zurückzuführen, daß die „negativen Flächenanteile“ immer stärker überwiegen. Wenn nun $x > x_2$ wird, so setzt sich der Wert der Integralfunktion aus drei Flächenanteilen zusammen:

(1) zwischen a und x_0 (Vorzeichen ______) → 1

(2) zwischen x_0 und x_2 (Vorzeichen ______) → 9

(3) zwischen x_2 und x_3 (Vorzeichen ______) → 15

Da jetzt wieder „positive Flächenanteile“ zum Integralwert hinzukommen, steigt $F_a(x)$ für $x > x_2$ wieder an.

Wir haben bisher den Verlauf des Graphen von $F_a(x)$ aus der Lage der Flächen unter der Randfunktion $f(x)$ erklärt, das heißt, zu gegebener Randfunktion f die zugehörige Integralfunktion F_a gesucht. Zwischen F_a und f besteht nun ein zweiter überraschender Zusammenhang, den wir an unserem Beispiel aufdecken wollen.
Betrachten wir die Steigung des Graphen von F_a.

Geben Sie Intervalle an, in denen die **Steigung positiv** ist.

______________________________ → (3)

Geben Sie Intervalle an, in denen die **Steigung negativ** ist.

______________________________ → (11)

Geben Sie x-Werte an, in denen die **Steigung null** ist.

______________________________ → (6)

Vergleichen wir die Ergebnisse mit dem Verlauf des Graphen von f (oberes Bild).

Geben Sie Intervalle an, in denen die **Funktionswerte** von f **positiv** sind.

______________________________ → (13)

Geben Sie Intervalle an, in denen die **Funktionswerte** von f **negativ** sind.

______________________________ → (4)

Geben Sie x-Werte an, in denen die **Funktionswerte** von f **null** sind.

______________________________ → (7)

Was fällt Ihnen auf?

Der Vergleich legt folgende Vermutung nahe:

> Der Funktionswert von f an der Stelle x ist gleich der Steigung des Graphen von F_a an derselben Stelle.

Ist die Vermutung richtig? Um dies zu entscheiden, muß man nur „Steigung des Graphen" durch „Differentialquotient" ersetzen.

Der Funktionswert von f an der Stelle x ist gleich dem Differentialquotienten von F_a an derselben Stelle, d. h.

$$F_a'(x) = f(x)$$

Das ist aber gerade (wenn f stetig ist) die Aussage des Hauptsatzes.
Geometrisch läßt sich der Hauptsatz daher folgendermaßen deuten:

> (1) $F_a(x)$ beschreibt den orientierten Flächeninhalt unter der Randfunktion $f(x)$.
>
> (2) $f(x)$ beschreibt die Steigung von $F_a(x)$.

Nach der geometrischen Deutung des Hauptsatzes soll nun auch die Integralformel

$$\int_a^b f(x)\,dx = G(b) - G(a)$$

eine Veranschaulichung erfahren.

Das Integral $\int_a^b f(x)\,dx$ kann als Flächeninhalt unter der Randfunktion f von a bis b (oberes Bild) und als Funktionswert der Integralfunktion F_a an der Stelle b (mittleres Bild) gedeutet werden.

Dieser Funktionswert kann mit einer beliebigen Stammfunktion G(x) berechnet werden. G(x) unterscheidet sich, wie Sie wissen, von $F_a(x)$ nur durch eine additive Konstante c :

$$G(x) = F_a(x) + c$$

Der Graph von G(x) entsteht aus dem Graphen von $F_a(x)$ durch eine Parallelverschiebung um c in y-Richtung (unteres Bild). Wie groß ist dieses c ? Dies kann man in der Zeichnung an der Stelle a ablesen:

$$c = G(a)$$

Bildet man nun an der Stelle b die Differenz

$$G(b) - G(a)$$

so erkennt man an den Graphen, daß dies gerade der gesuchte Wert $F_a(b)$ ist.

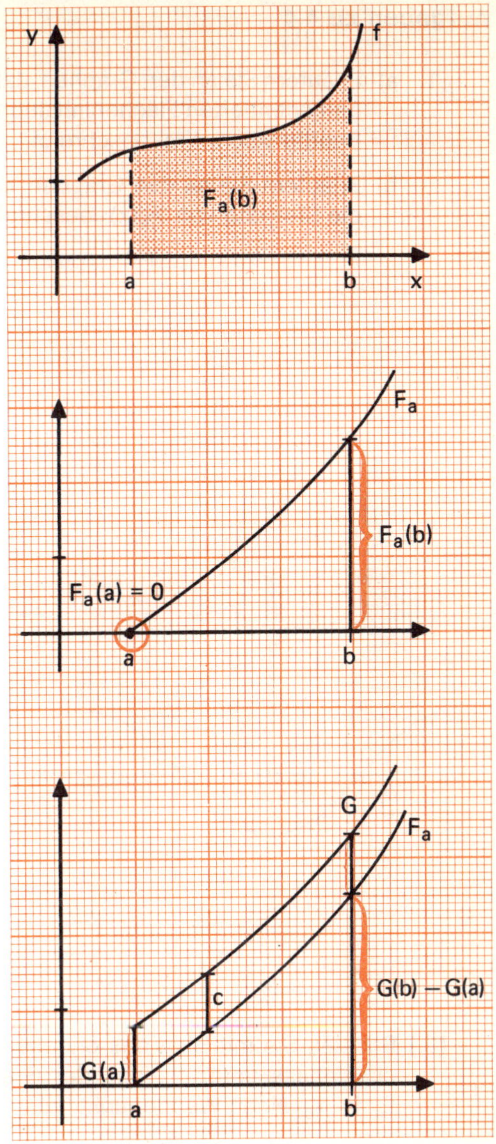

4

Aufgaben zu 4.4

1. a) Erläutern Sie an den Graphen, daß $F_a(x)$ den orientierten Flächeninhalt unter der Randfunktion $f(x)$ beschreibt.

b) Erläutern Sie an den Graphen, daß $f(x)$ die Steigung von $F_a(x)$ beschreibt.

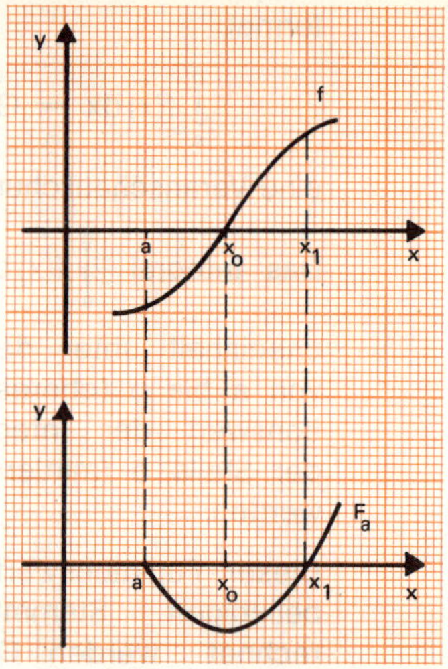

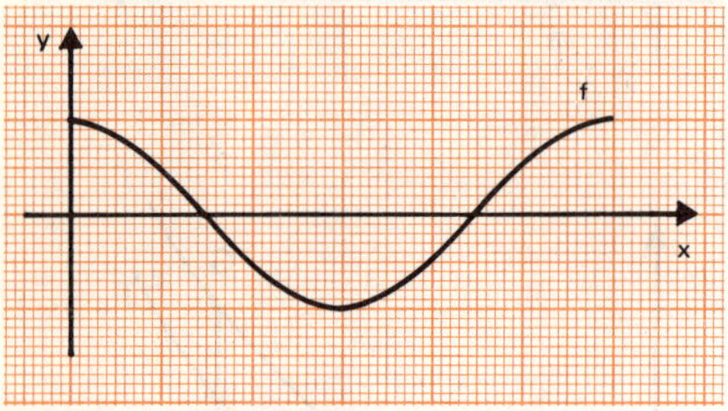

2. Skizzieren Sie den Verlauf des Graphen der zugehörigen Integralfunktion $F_0(x)$.

[3.] Erklären Sie mit Hilfe des orientierten Flächeninhalts unter f , daß der Graph von F_a in x_0 einen Wendepunkt hat.

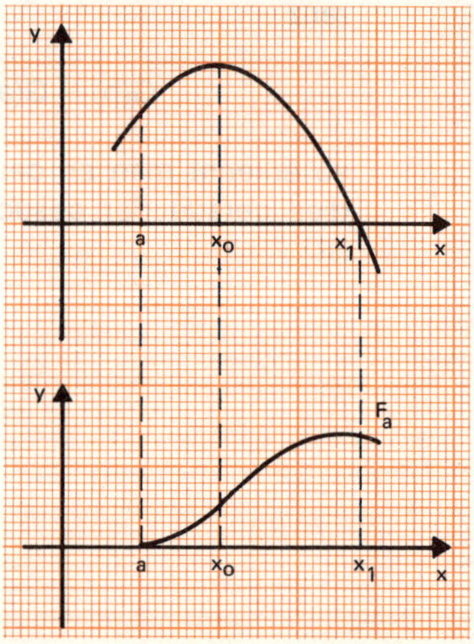

Wiederholungsaufgaben

1. Berechnen Sie die Integrale:

a) $\int_0^1 (x^2 - x^3)\,dx$ b) $\int_1^4 \left(\sqrt{x} - \frac{1}{x^2}\right)dx$ c) $\int_{-\frac{\pi}{2}}^{\frac{\pi}{2}} \cos x\,dx$

2. Berechnen Sie die Integrale:

a) $\int_0^3 (2x^2 - 3)\,dx$ b) $\int_{-2}^1 (x^3 + 3x)\,dx$ c) $\int_{-1}^1 (2x^4 + x + 1)\,dx$

d) $\int_{-\sqrt{3}}^0 \left(\frac{1}{3}x^3 - 3x\right)dx$ e) $\int_{-\sqrt{2}}^{\sqrt{2}} (x^2 - 6)\,dx$ f) $\int_1^2 \left(4x - \frac{2}{\sqrt{x}}\right)dx$

g) $\int_0^\pi (x^2 - \sin x)\,dx$

3. Bestimmen Sie die obere Grenze $b > 0$, so daß das Integral den jeweils angegebenen Wert hat.

a) $\int_0^b x^3\,dx = 4$ b) $\int_0^b (x - 2)\,dx = 6$

4. Bestimmen Sie die Konstante $k > 0$, so daß gilt:

$$\int_0^3 kx^2\,dx = 3$$

[5.] Berechnen Sie die Integrale; beachten Sie bei der Suche nach einer Stammfunktion die Kettenregel des Differenzierens.

a) $\int_0^1 (4 \cdot (x^2 + 3)^3 \cdot 2x)\,dx$

b) $\int_0^3 \frac{x}{\sqrt{x^2 + 1}}\,dx$

c) $\int_0^{\frac{\pi}{2}} (\sin x \cdot \cos x)\,dx$

4

5. Integrationsregeln

Vor der Sendung

Der Hauptsatz aus Lektion 3 hat Ihnen gezeigt, daß das Integrieren die Umkehrung des Differenzierens ist. Sie können eine Funktion integrieren, wenn Sie zu ihr eine Stammfunktion finden. Bei zusammengesetzten Funktionen ist es oft leichter, eine Stammfunktion zu einem Teil der zusammengesetzten Funktion zu finden. Daher liegt es nahe, zu fragen, ob für das Integrieren von Summen, Differenzen, Produkten usw. auch Regeln gelten, wie sie bei der Bildung der Ableitung gefunden wurden. Bevor Sie diese Lektion durcharbeiten, sollten Sie nochmals die Ableitungsregeln in Lektion 6.7 der Analysis, Differentialrechnung, Seite 83, ansehen. Sie können dazu dienen, Integrationsregeln zu finden und zu beweisen.

Übersicht

1. In einfachen Fällen kann man an der Zeichnung von Graphen von Funktionen und den Flächen unter solchen Graphen erkennen, daß für die Integration eine **Summenregel** gilt. Ein allgemeiner Beweis sind solche Zeichnungen allerdings nicht.

2. Es ist notwendig, allgemein einen **Beweis der Summenregel** durchzuführen. An diesem Beweis erkennt man, daß eine Differenzenregel genauso bewiesen werden kann.

3. Ein konstanter Faktor wird beim Differenzieren und beim Integrieren gleich behandelt. Ein **konstanter Faktor** kann vor das Integral herausgezogen werden.

4. Gibt es auch eine **Produktregel**? Es stellt sich heraus, daß man ein Produkt nicht gliedweise integrieren kann.

5. Aus der Produktregel für das Differenzieren läßt sich eine Integrationsregel herleiten: die **partielle Integration**. (Dieser Abschnitt ist ein Zusatzangebot; Sie können ihn im Rahmen des Telekollegs überspringen.)

6. Bisher wurden nur Integrale berechnet, bei denen die untere Grenze kleiner als die obere Grenze war. Der umgekehrte Fall kann auch eintreten. Anwendungsfälle und mathematische Gründe sprechen dafür, dann zu definieren:

$$\int_b^a f(x)\,dx = -\int_a^b f(x)\,dx$$

5.1 Die Summenregel für das Integrieren

In den vorhergehenden Lektionen haben Sie den Hauptsatz der Differential- und Integralrechnung kennengelernt. Aufgrund dieses Hauptsatzes können Sie nun viele Integrale bestimmen, und zwar all jene, bei denen Sie zur Randfunktion eine Stammfunktion finden.

Zum Beispiel:

Randfunktion f(x)	1	x	x^2	$\cos x$	$x+1$	x^2+2x
Stammfunktion F(x)	x	$\frac{1}{2}x^2$	$\frac{1}{3}x^3$	$\sin x$	$\frac{1}{2}x^2+x$	$\frac{1}{3}x^3+x^2$

Bilden Sie für alle diese Stammfunktionen zur Probe die Ableitung.

→ (3)

5

Nun betrachten Sie nochmals das letzte Beispiel. Es war auch in der Fernsehsendung benutzt worden. Dort wurde das Integral $\int_1^3 (x^2+2x)\,dx$ gegeben, für dessen Berechnung man die Stammfunktion von $h(x) = x^2+2x$ benötigt.

Das Lösungsverfahren dafür war so:

Man sucht zur Randfunktion $h(x) = x^2+2x$ eine Stammfunktion.

Eine Stammfunktion zu $f(x) = x^2$ ist $F(x) = \frac{1}{3}x^3$, denn $F'(x) = x^2$.

Eine Stammfunktion zu $g(x) = 2x$ ist $G(x) = x^2$, denn $G'(x) = 2x$.

Eine Stammfunktion zu $h(x) = f(x)+g(x) = x^2+2x$ ist dann

$H(x) = F(x)+G(x) = \frac{1}{3}x^3+x^2$, denn $H'(x) = x^2+2x$.

Um eine Stammfunktion zu einer Summe zu finden, hat man Stammfunktionen zu den Summanden gesucht und die Summe dieser Stammfunktionen gebildet. Da man eine Summe gliedweise differenzieren darf (Summenregel für das Differenzieren, vgl. TK II, Analysis, Differentialrechnung, Lektion 6.3, Seite 75), zeigt sich dieses Verfahren im Nachhinein als anwendbar.

Gilt aber ganz allgemein, daß man eine Summe von Funktionen gliedweise integrieren darf? Gibt es für das Integrieren eine Summenregel wie für das Differenzieren?

Allgemein formuliert heißt das:

Gesucht ist $\int_a^b (f(x)+g(x))\,dx$, also das Integral einer Summe von Funktionen.

Gliedweise integrieren heißt: zunächst f(x) integrieren, dann g(x) integrieren und schließlich die beiden Integrale addieren.

Was bedeutet eine solche Summenregel anschaulich? Nehmen Sie zum Beispiel die

Randfunktion $h(x) = f(x) + g(x) = x^2 + 2$

und bestimmen Sie den Inhalt der Fläche unter dieser Randfunktion von 0 bis 2.

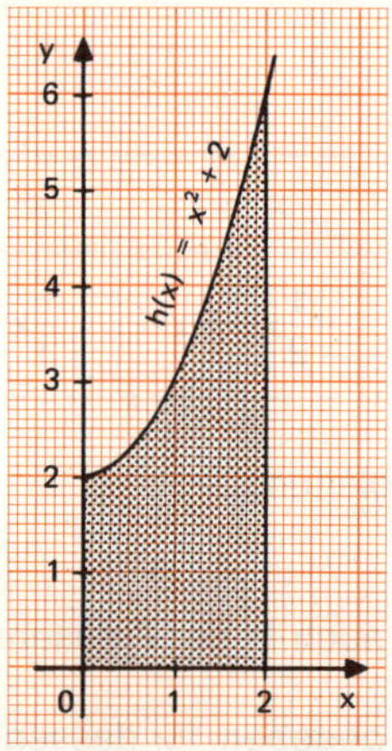

Die Fläche ist hier links gezeichnet.
Erhält man diesen Flächeninhalt auch, wenn man die Inhalte der Flächen unter der Randfunktion

$f(x) = x^2$ von 0 bis 2

und unter der Randfunktion

$g(x) = 2$ von 0 bis 2

einzeln bestimmt und diese Flächeninhalte addiert?

Um diese Frage zu beantworten, werden die beiden Flächen zunächst einzeln gezeichnet.

Fläche unter der Randfunktion
$f(x) = x^2$

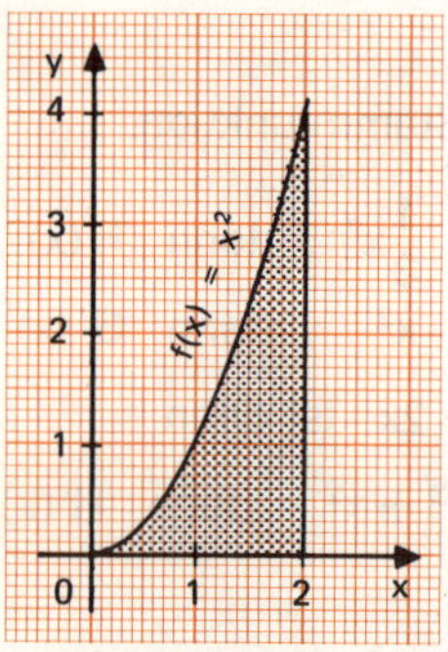

Fläche unter der Randfunktion
$g(x) = 2$

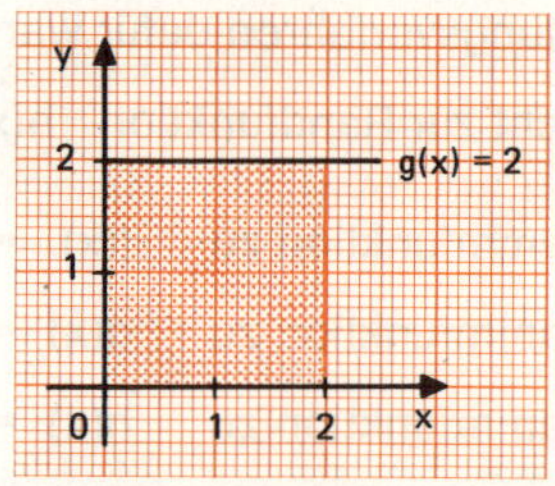

„Addiert" man diese beiden Flächeninhalte, indem man die Flächen aufeinandersetzt, so erhält man das hier rechts gezeichnete Bild. Vergleichen Sie dies mit der ersten Abbildung, so erkennen Sie, daß gerade die Fläche von 0 bis 2 unter der Summenfunktion $h(x) = x^2 + 2$ entstanden ist.
Die Summe der einzelnen Flächeninhalte ergibt den Inhalt der gesuchten Fläche.
Da die Flächeninhalte durch die Integrale bestimmt werden können, gilt daher offensichtlich:

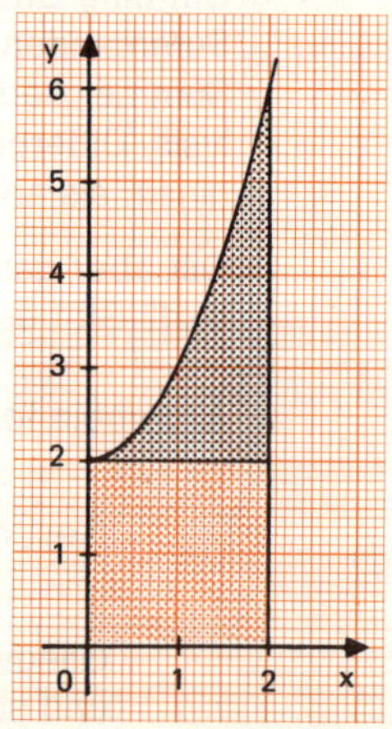

$$\int_0^2 (x^2 + 2)\,dx = \int_0^2 x^2\,dx + \int_0^2 2\,dx$$

Kann man daraus allgemein die Gültigkeit der Summenregel schließen? Sicher nicht. Betrachten Sie ein zweites Beispiel:

$f(x) = x$ $\qquad\qquad$ $g(x) = \sqrt{x}$

Randfunktion $\quad h(x) = f(x) + g(x) = x + \sqrt{x}$

Abbildung 1: Fläche von 0 bis 2 unter der Randfunktion $f(x) = x$

Abbildung 2: Fläche von 0 bis 2 unter der Randfunktion $g(x) = \sqrt{x}$

Abbildung 3: Fläche von 0 bis 2 unter der Randfunktion $h(x) = x + \sqrt{x}$

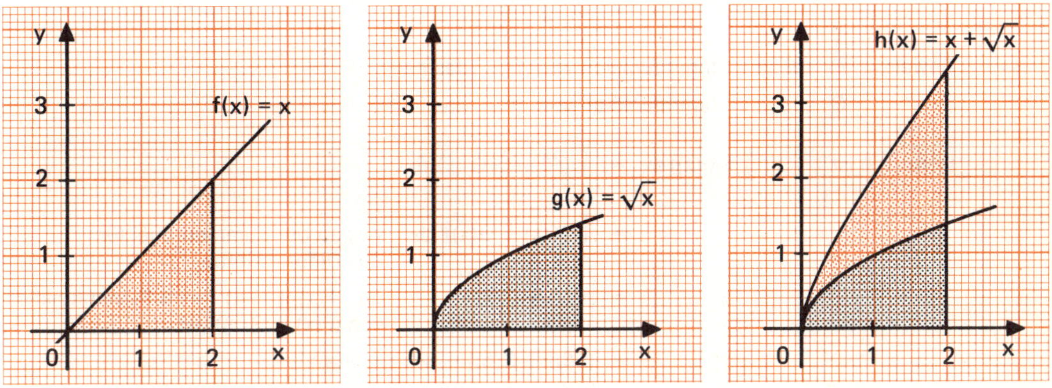

Die Flächeninhalte werden durch die folgenden Integrale angegeben:

$$\int_0^2 x\,dx \quad + \quad \int_0^2 \sqrt{x}\,dx \quad = \quad \int_0^2 (x + \sqrt{x})\,dx$$

Besteht diese Gleichheit zwischen den Flächeninhalten, zwischen diesen Integralen? Die schwarz gekennzeichneten Flächen in den Abbildungen 2 und 3 sind inhaltsgleich, da sie deckungsgleich sind.

Wenn die Summenregel richtig ist, dann müssen auch die rot gekennzeichneten Flächen inhaltsgleich sein. Da diese Flächen aber nicht deckungsgleich sind, kann man aus der Zeichnung nicht erkennen, ob sie inhaltsgleich sind oder nicht.

Die anschauliche Vorstellung versagt offenbar schon bei verhältnismäßig einfachen Beispielen. Aus der Anschauung kann man nur vermuten, daß die Summenregel gilt.

Allgemein muß man aber erst beweisen:

$$\int_a^b (f(x) + g(x))\,dx = \int_a^b f(x)\,dx + \int_a^b g(x)\,dx$$

5

Aufgaben zu 5.1

1. Zeigen Sie die Richtigkeit der Summenregel an einer Zeichnung für $\int_0^3 (1+\sqrt{x})\,dx$.

***2.** Gilt eine zur Summenregel entsprechende Regel auch für eine Differenz von Funktionen?

Prüfen Sie dies mit Hilfe von drei Zeichnungen an dem Beispiel $\int_1^2 (x^2-1)\,dx$.

5.2 Beweis der Summenregel

Summenregel: $$\int_a^b (f(x)+g(x))\,dx = \int_a^b f(x)\,dx + \int_a^b g(x)\,dx$$

Beweis: F sei eine Stammfunktion von f, das heißt $F' = f$.

G sei eine Stammfunktion von g, das heißt $G' = g$.

Demnach ist
$$\int_a^b (f(x)+g(x))\,dx = \int_a^b (F'(x)+G'(x))\,dx$$

$= \int_a^b (F(x)+G(x))'\,dx$ wegen der Summenregel für das Differenzieren

$= \Big[F(x)+G(x)\Big]_a^b$ da $F(x)+G(x)$ eine Stammfunktion von $(F(x)+G(x))'$ ist.

$= (F(b)+G(b)) - (F(a)+G(a))$

$= F(b)+G(b)-F(a)-G(a)$ Auflösen der Klammern

$= F(b)-F(a)+G(b)-G(a)$ Vertauschungsgesetz

$= (F(b)-F(a)) + (G(b)-G(a))$ Klammern setzen

$= \Big[F(x)\Big]_a^b + \Big[G(x)\Big]_a^b$

$= \int_a^b f(x)\,dx + \int_a^b g(x)\,dx$

Das Umrechnen mit bereits bekannten Regeln hat folgendes ergeben: Ein Integral darf stets gliedweise berechnet werden, d. h. die Summenregel gilt allgemein.

Für das in 5.1 benutzte Beispiel gilt daher:

$$\int_0^2 (x+\sqrt{x})\,dx = \int_0^2 x\,dx + \int_0^2 \sqrt{x}\,dx = \left[\frac{x^2}{2}+\frac{2}{3}\sqrt{x^3}\right]_0^2 = \frac{2^2}{2}+\frac{2}{3}\sqrt{2^3}-0 = 2+\frac{4}{3}\sqrt{2}$$

Bestimmen Sie selbst mit Hilfe der Summenregel $\int_0^\pi (x+\cos x)\,dx$. → ①

Genau wie für Summen kann man auch für Differenzen eine Regel aufstellen.

Differenzenregel: $$\int_a^b (f(x)-g(x))\,dx = \int_a^b f(x)\,dx - \int_a^b g(x)\,dx$$

Den Beweis dafür können Sie ebenso führen wie für die Summenregel. Sie müssen nur darauf achten, wo ein Minuszeichen statt eines Pluszeichens stehen muß.
Bitte führen Sie den Beweis durch!

→ 5

Ein Beispiel zur Anwendung der Differenzenregel:

$$\int_1^2 (x^2 - x)\,dx = \int_1^2 x^2\,dx - \int_1^2 x\,dx = \left[\frac{x^3}{3}\right]_1^2 - \left[\frac{x^2}{2}\right]_1^2 = \left(\frac{8}{3} - \frac{1}{3}\right) - \left(\frac{4}{2} - \frac{1}{2}\right)$$

$$= \frac{7}{3} - \frac{3}{2} = \frac{5}{6}$$

Aufgaben zu 5.2

1. Berechnen Sie die Integrale.

a) $\int_0^1 (x^3 + x)\,dx$ b) $\int_1^3 (x + 7)\,dx$ c) $\int_0^2 (x^2 + x + 1)\,dx$

d) $\int_0^x (t + t^2)\,dt$ *e) $\int_0^1 (x^5 + x^3 + 1)\,dx$ *f) $\int_0^{\frac{\pi}{2}} (\sin x + x)\,dx$

2. Bestimmen Sie: a) $\int_0^{\pi} (\sin x - \cos x)\,dx$ b) $\int_1^5 \left(2 - \frac{1}{x^2}\right)dx$

c) $\int_0^6 (1 - x + x^2)\,dx$ d) $\int_1^2 (\sqrt{x} - 1)\,dx$ *e) $\int_{-\sqrt[4]{2}}^{+\sqrt[4]{2}} (2x^3 - 4x^7)\,dx$

*f) $\int_a^b (1 - \sin x)\,dx$ *g) $\int_a^b (2t - \cos t)\,dt$

5.3 Das Integral $\int_a^b c \cdot f(x)\,dx$

Beim Differenzieren galt: Ein konstanter Faktor bleibt beim Ableiten erhalten. Gilt die entsprechende Regel auch für das Integrieren?

Aus der Fernsehsendung kennen Sie die Beispiele mit den Schraubenfedern. Bei der einen Feder wurde die Kraft durch die Funktion $f(x) = x$ dargestellt, bei der anderen durch die Funktion $g(x) = \frac{1}{4}x$.

Zieht man die Federn von 0 bis 4 aus, so entspricht der Flächeninhalt unter den Randfunktionen $f(x) = x$ bzw. $g(x) = \frac{1}{4}x$ der verrichteten Arbeit.

Unterscheiden sich die Größen der Arbeit, das heißt die Flächeninhalte in der Zeichnung ebenfalls um den Faktor $\frac{1}{4}$?

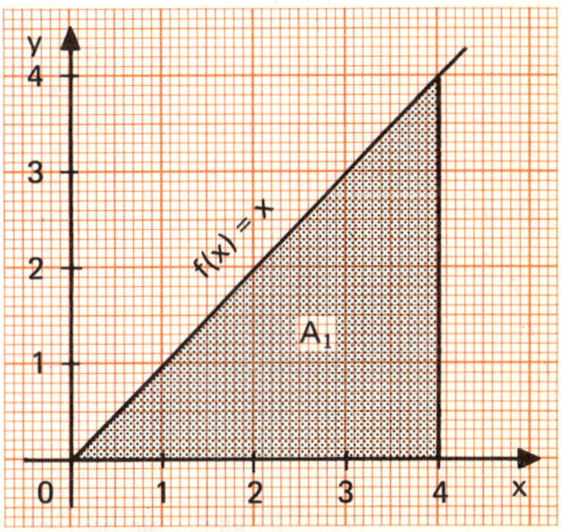

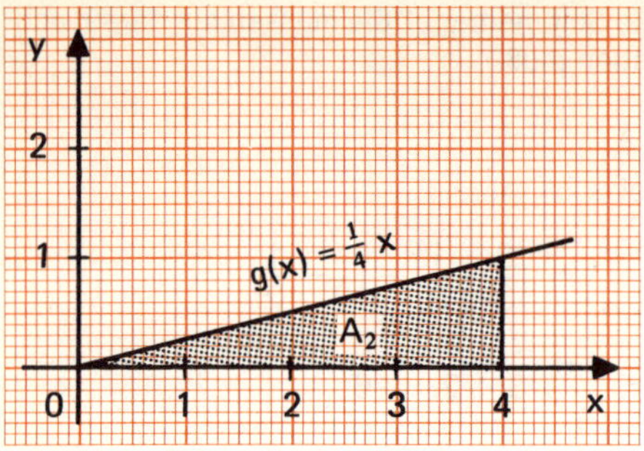

Aus den beiden Zeichnungen erkennen Sie, daß die Flächen Dreiecke sind, deren Grundlinien gleich lang sind, nämlich 4 Einheiten. Die Höhen der Dreiecke sind einmal 4 Einheiten und einmal 1 Einheit. Als Flächeninhalte ergeben sich

$$A_1 = \int_0^4 x\,dx = \frac{1}{2} \cdot 4 \cdot 4 = 8 \quad \text{bzw.}$$

$$A_2 = \int_0^4 \frac{1}{4}x\,dx = \frac{1}{2} \cdot 4 \cdot 1 = 2\,,$$

das bedeutet $\int_0^4 \frac{1}{4}x\,dx = \frac{1}{4}\int_0^4 x\,dx$.

Dieses Beispiel läßt vermuten:

Ein konstanter Faktor kann vor das Integral herausgezogen werden.

Oder als Formel: $\int_a^b c \cdot f(x)\,dx = c \cdot \int_a^b f(x)\,dx$

Den Beweis für diese Regel kann man ganz ähnlich führen wie den Beweis für die Summenregel, indem man nämlich die Regeln für das Differenzieren benutzt.
Führen Sie bitte den Beweis in den einzelnen Schritten durch! Sie erhalten für jeden Schritt einen Hinweis.

Beweis für $\int_a^b c \cdot f(x)\,dx = c \cdot \int_a^b f(x)\,dx$

Es sei F eine Stammfunktion von f, das heißt $F' = f$.

Dann ist $\int_a^b c \cdot f(x)\,dx = \int_a^b c \cdot F'(x)\,dx$

$= \int_a^b (\qquad)'\,dx$ wegen der Regel $(cF)' = c \cdot F'$ für die Ableitung

= ____________________ da $c \cdot F(x)$ eine Stammfunktion von $(c \cdot F(x))'$ ist.

= ____________________ nach der üblichen Berechnung des Integrals

= ____________________ Ausklammern von c

= ____________________ $F(b) - F(a)$ wird als $\Big[F(x)\Big]_a^b$ geschrieben

= ____________________ $\Big[F(x)\Big]_a^b$ wird als Integral geschrieben.

= ____________________

→ (4)

Damit ist allgemein gezeigt $\int_a^b c \cdot f(x)\,dx = c \cdot \int_a^b f(x)\,dx$

Aufgaben zu 5.3

Bestimmen Sie die folgenden Integrale. Verwenden Sie gegebenenfalls den Taschenrechner.

a) $\int_0^5 4x^3\,dx$ b) $\int_a^b c \cdot x^2\,dx$ c) $\int_2^5 7\,dx$ *d) $\int_a^b n \cdot x^n\,dx$

e) $\int_0^{0,5} (1 + 2x + 3x^2)\,dx$ *f) $\int_0^{\frac{1}{3}} (a + bx)^2\,dx$ g) $\int_0^{\frac{\pi}{2}} 2 \sin x\,dx$ *h) $\int_{0,5}^{1,5} (\sin x - 2 \cos x)\,dx$

5.4 Gibt es auch eine Produktregel?

Durch die Summenregel wissen Sie: Summen von Funktionen können gliedweise integriert werden. Kann man bei Produkten von Funktionen genauso verfahren? Darf man auch hier gliedweise integrieren?

Bei Aufgaben wie $\int_a^b x(x^2 + 1)\,dx$ kann man sich natürlich immer helfen, indem man ausmultipliziert, also das Integral $\int_a^b (x^3 + x)\,dx$ berechnet. Hat man jedoch das Integral $\int_a^b (\sin x \cdot \cos x)\,dx$ zu bestimmen, so ist ein Ausmultiplizieren vor dem Integrieren nicht mehr möglich.

Zurück zu der Frage: Darf man ein Produkt von Funktionen gliedweise integrieren? Machen Sie sich dies an einem einfachen Beispiel klar, für das Sie das Ergebnis auf andere Weise schon berechnen können:

$\int_a^b x^2 \cdot x\,dx$ läßt sich berechnen durch Ausmultiplizieren $\int_a^b x^3\,dx = \left[\frac{x^4}{4}\right]_a^b$

(Dies finden Sie sofort durch Anwendung der allgemeinen Formel

$$\int_a^b x^n\,dx = \left[\frac{x^{n+1}}{n+1}\right]_a^b)$$

Integrieren Sie gliedweise, so ergibt sich

$$\int_a^b x^2 \cdot x\,dx = \int_a^b x^2\,dx \cdot \int_a^b x\,dx = \left[\frac{x^3}{3} \cdot \frac{x^2}{2}\right]_a^b = \left[\frac{x^5}{6}\right]_a^b$$

Dies ist offensichtlich ein falsches Ergebnis, denn es stimmt mit dem bekannten $\left[\frac{x^4}{4}\right]_a^b$ nicht überein.

Produkte können **nicht** gliedweise integriert werden.

Wie lassen sich dann Integrale wie $\int_a^b (\sin x \cdot \cos x)\,dx$ bestimmen?

Hier kann zunächst nur der Hauptsatz weiterhelfen; das heißt, man muß zu der Funktion $f(x) = \sin x \cdot \cos x$ eine Stammfunktion finden. Eine solche Stammfunktion ist $F(x) = \frac{1}{2}\sin^2 x$, denn $F'(x) = 2 \cdot \frac{1}{2} \cdot \sin x \cdot \cos x$, wie Sie mit Hilfe der Kettenregel leicht nachprüfen können.

Nun könnte bei Ihnen der Eindruck entstehen, daß es dem Zufall überlassen bleibt, ob man gerade eine Stammfunktion zu einer gegebenen Funktion findet oder nicht. Das muß allerdings nicht sein, denn es gibt noch weitere Verfahren, Produkte von Funktionen zu integrieren, wie die sogenannte **partielle Integration**. Diese Verfahren gehören jedoch nicht mehr zum Lehrstoff des Telekollegs.
Der folgende Abschnitt zeigt dieses Verfahren, da Sie es vielleicht brauchen, wenn Sie einen naturwissenschaftlich-technischen Beruf haben oder anstreben.
Im Rahmen des Telekollegs können Sie diesen Abschnitt 5.5 übergehen.

5.5 Die partielle Integration

Zur Herleitung der Summen- und der Differenzenregel für die Integration hat man die entsprechenden Regeln beim Differenzieren verwendet. Es liegt daher nahe, eine „Produktregel" ebenfalls mit Hilfe der entsprechenden Regel des Differenzierens zu suchen. Sie kennen die Produktregel für das Differenzieren:

$$f(x) = u(x) \cdot v(x) \qquad f'(x) = u'(x) \cdot v(x) + u(x) \cdot v'(x)$$

oder kürzer $$(u \cdot v)' = u' \cdot v + u \cdot v'$$

Dabei sind f, u und v differenzierbare Funktionen. Wenn man den Ausdruck der Produktregel integriert, so ergibt sich

$$\int_a^b (u \cdot v)'\,dx = \int_a^b u' \cdot v\,dx + \int_a^b u \cdot v'\,dx$$

Nun ist $u \cdot v$ eine Stammfunktion von $(u \cdot v)'$, also kann man auch schreiben

$$\Big[u \cdot v\Big]_a^b = \int_a^b u' \cdot v\,dx + \int_a^b u \cdot v'\,dx$$

Indem man die Gleichung umformt, erhält man schließlich

$$\int_a^b u \cdot v'\,dx = \Big[u \cdot v\Big]_a^b - \int_a^b u' \cdot v\,dx$$

Es wird also das Integral über ein Produkt nicht vollständig aufgelöst, sondern nur als eine Differenz dargestellt, in der wieder ein Integral enthalten ist. Deswegen spricht man von einer teilweisen Integration, einer partiellen Integration*).

---

*) partiell (aus dem Lateinischen): teilweise

Um diese Formel der partiellen Integration mit Erfolg anwenden zu können, muß man auf folgendes achten:

1. Von dem Produkt von Funktionen, das man integrieren will, muß ein Faktor als Ableitung aufgefaßt werden. Das heißt, man muß von einem Faktor eine Stammfunktion kennen. Das ist aber häufig der Fall.
2. Das Integral, das sich dann auf der rechten Seite ergibt, muß leichter lösbar sein als das ursprüngliche Integral oder es muß das ursprüngliche Integral mit negativem Vorzeichen reproduzieren.

Die folgenden Beispiele zeigen Ihnen die Verwendung des Verfahrens der partiellen Integration:

1. Beispiel: $\int_a^b x \cdot \sin x \, dx$

Setzt man $u = x$ und $v' = \sin x$,
dann ist $u' = 1$ und $v = -\cos x$.

Mit der Formel $$\int_a^b u \cdot v' \, dx = \Big[u \cdot v\Big]_a^b - \int_a^b u' \cdot v \, dx$$

wird dann $$\int_a^b x \cdot \sin x \, dx = \Big[x \cdot (-\cos x)\Big]_a^b - \int_a^b 1 \cdot (-\cos x) \, dx$$

Das Integral über $\cos x$ ist aber leicht lösbar, also ist

$$\int_a^b x \cdot \sin x \, dx = \Big[-x \cos x + \sin x\Big]_a^b$$

Man hat das Produkt integriert und eine Stammfunktion zu $x \cdot \sin x$ gefunden.

Prüfen Sie dies durch Differenzieren nach!

2. Beispiel: $\int_a^b \sin x \cdot \cos x \, dx$

Hier setzt man $u = \sin x$ und $v' = \cos x$,
dann ist $u' = \cos x$ und $v = \sin x$.

Mit der Formel $$\int_a^b u \cdot v' \, dx = \Big[u \cdot v\Big]_a^b - \int_a^b u' \cdot v \, dx$$

wird dann $$\int_a^b \sin x \cdot \cos x \, dx = \Big[\sin x \cdot \sin x\Big]_a^b - \int_a^b \cos x \cdot \sin x \, dx$$

Hier steht auf der linken Seite der Gleichung $\int_a^b \sin x \cdot \cos x \, dx$ und auf der rechten Seite der Gleichung $-\int_a^b \sin x \cdot \cos x \, dx$.

Daher kann man so weiterrechnen:

$$2 \cdot \int_a^b \sin x \cdot \cos x \, dx = \Big[\sin^2 x\Big]_a^b$$

und erhält schließlich $$\int_a^b \sin x \cdot \cos x \, dx = \left[\frac{1}{2} \sin^2 x\right]_a^b$$

Aufgaben zu 5.5

Bestimmen Sie die Integrale durch partielle Integration.

a) $\int_a^b x \cdot \cos x \, dx$ b) $\int_0^{\frac{\pi}{2}} \sin^2 x \, dx$ *c) $\int_a^b x^2 \cdot \sin x \, dx$

5.6 Integrale, bei denen die untere Grenze größer ist als die obere Grenze

Bei allen Integralen, die Sie bisher berechnet haben, war die untere Grenze kleiner als die obere Grenze. Zum Beispiel wurde folgendes Integral bestimmt

$$\int_1^4 x^2 dx = \left[\frac{1}{3}x^3\right]_1^4 = \frac{1}{3} \cdot 4^3 - \frac{1}{3} \cdot 1^3 = \frac{64}{3} - \frac{1}{3} = \frac{63}{3} = 21$$

Was soll unter dem Integral einer Funktion verstanden werden, wenn die untere Grenze größer ist als die obere Grenze?

Zum Beispiel $\int_4^1 x^2 dx$

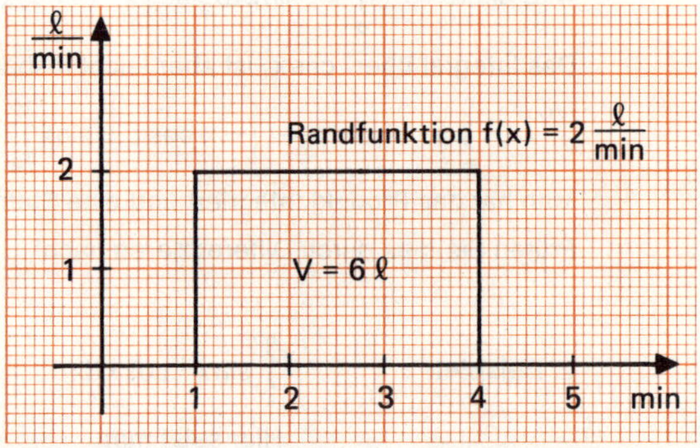

Eine anschauliche Erklärung dafür haben Sie in der Fernsehsendung gesehen. Füllt man ein Gefäß mit einer Flüssigkeit, indem man die Flüssigkeit mit einer bestimmten Strömungsstärke in das Gefäß pumpt, dann wird das Volumen des einfließenden Wassers durch den Flächeninhalt der Fläche unter der Funktion der Strömungsstärke als Randfunktion dargestellt. Die Zeichnung zeigt einen solchen Fall, bei dem die Flüssigkeit mit einer Strömungsstärke von 2 l/min einfließt und innerhalb von 3 Minuten dann 6 Liter zugeflossen sind.

Der Flächeninhalt bzw. das zugeflossene Volumen wird also durch das Integral $\int_1^4 f(x)\,dx$ angegeben . Welche anschauliche Bedeutung könnte man jetzt dem $\int_4^1 f(x)\,dx$ zuschreiben?

Bei der Strömung ist die x-Achse die Zeitachse. Eine Integration von 4 bis 1 würde also bedeuten, daß man auf der Zeitachse rückwärts läuft. In der Realität geht das nicht; im Film aber konnte es Ihnen gezeigt werden. Das, was im Film abläuft, sieht so aus, als würde die Flüssigkeit abgepumpt. Abfließen der Flüssigkeit bedeutet aber negatives Volumen. Das haben Sie schon früher (vgl. Lektion 2) kennengelernt.

Diese Überlegung legt es nahe, unter dem Integral $\int_b^a f(x)\,dx$ das Negative des Integrals $\int_a^b f(x)\,dx$ zu verstehen.

$$\int_b^a f(x)\,dx = -\int_a^b f(x)\,dx$$

Auch mathematische Überlegungen zeigen, daß man diese Festlegung treffen sollte.

Die Beziehung $\int_a^b f(x)\,dx = F(b) - F(a)$ (wenn F eine Stammfunktion zu f ist) war bisher für $a < b$ entwickelt worden. Diese Beziehung soll aber auch gelten, wenn die untere Grenze größer als die obere Grenze ist. Ist $a < b$, dann ist $b > a$.

Es soll weiterhin gelten $\int_b^a f(x)\,dx = F(\text{obere Grenze}) - F(\text{untere Grenze})$

$\int_b^a f(x)\,dx = F(a) - F(b)$ jetzt mit $b > a$.

Dann folgt aber $\int_b^a f(x)\,dx = -(F(b) - F(a))$

$$\int_b^a f(x)\,dx = -\int_a^b f(x)\,dx\,.$$

Mit dieser Festsetzung können Sie nun weitere Integrale berechnen.

1. Beispiel: $\int_3^1 x^2\,dx = -\int_1^3 x^2\,dx = -\left[\frac{x^3}{3}\right]_1^3 = -\left(\frac{3^3}{3} - \frac{1^3}{3}\right) = -8\frac{2}{3}$

2. Beispiel: $\int_\pi^0 \sin x\,dx = -\int_0^\pi \sin x\,dx = -\left[-\cos x\right]_0^\pi$

$$= \left[\cos x\right]_0^\pi = \cos\pi - \cos 0 = -1 - 1 = -2$$

Aufgaben zu 5.6

Bestimmen Sie die Integrale

a) $\int_5^2 3x\,dx$ b) $\int_4^0 (x^2 - 1)\,dx$ c) $\int_3^1 (2x - x^2)\,dx$ d) $\int_2^{0,5} \frac{1}{x^2}\,dx$

5

Wiederholungsaufgaben

1. Berechnen Sie die Integrale a) $\int_{0,5}^{2} (4x^2 + x)\,dx$ b) $\int_{0}^{3} x(x^2 - 5)\,dx$

c) $\int_{2}^{0} (x^2 - 2x)^2\,dx$ d) $\int_{1}^{b} \frac{2}{(3x)^2}\,dx$ e) $\int_{1}^{2} \frac{1-4x}{2x^3}\,dx$

*f) $\int_{10}^{1} 2(x-3)\,dx$ *g) $\int_{10}^{0} [3x - (x-1)^2]\,dx$ h) $\int_{\pi}^{\frac{\pi}{2}} (x + \cos x)\,dx$

2. Stellen Sie die in Lektion 5 gezeigten Integrationsregeln zusammen.

[3.] Beweisen Sie die Summenregel $\int_{a}^{b} (f(x) + g(x))\,dx = \int_{a}^{b} f(x)\,dx + \int_{a}^{b} g(x)\,dx$

[4.] Verwenden Sie zur Lösung die partielle Integration

a) $\int_{0}^{\frac{\pi}{2}} \cos^2 x\,dx$ b) $\int_{a}^{b} x^2 \cdot \cos x\,dx$ c) $\int_{0}^{t} \sin^4 x\,dx$ d) $\int_{0}^{\frac{\pi}{2}} t \cdot \cos(\omega t)\,dt$

6. Flächen zwischen Graphen

Vor der Sendung

Aus den bisherigen Lektionen über die Integralrechnung wissen Sie, daß die Integralrechnung unter anderem zur Berechnung von Flächeninhalten dient. Daß aber die Integralfunktion nicht unbedingt den Flächeninhalt zwischen einem Graphen und der x-Achse angibt, haben Sie in Lektion 2 bereits gesehen. Die Kenntnisse aus 2 sollten Sie für diese Lektion bereit haben. Der Unterschied zwischen Integralberechnung und Flächeninhaltsbestimmung wird im einzelnen herausgearbeitet werden. Das zweite Hauptthema dieser Lektion ist Inhaltsbestimmung für Flächen, die zwischen zwei Funktionsgraphen liegen. Bei den Flächeninhaltsbestimmungen braucht man die Nullstellen einer Funktion bzw. die Schnittpunkte zweier Funktionsgraphen. Um diese zu erhalten, muß man Gleichungen lösen. Sie sollten die Lösungsverfahren für lineare und quadratische Gleichungen bereit haben. Ebenso sollten Sie kubische Gleichungen (Gleichungen 3. Grades) lösen können, wenn eine Lösung Null ist.

Übersicht

6

1. Es wird **ein Beispiel aus der Fernsehsendung** aufgegriffen, bei dem der Flächeninhalt zwischen einer Parabel und der x-Achse zu bestimmen ist. Ein Teil der Fläche liegt oberhalb, ein Teil der Fläche unterhalb der x-Achse.

2. Der Unterschied zwischen der **Integralberechnung** und der **Flächeninhaltsbestimmung** besteht darin, daß bei der Integralberechnung der Verlauf der Funktion im Positiven oder Negativen keine Rolle spielt, bei der Flächeninhaltsbestimmung jedoch die Teilflächen über und unter der x-Achse getrennt berechnet werden müssen.

3. Sollen **Inhalte von Flächen zwischen zwei Graphen** bestimmt werden, so muß die Differenz der beiden Funktionen integriert werden. Um die Integrationsgrenze zu erhalten, muß man die x-Werte der Schnittpunkte der Funktionsgraphen bestimmen.

4. Bei der **Inhaltsberechnung von Flächen zwischen sich mehrfach überschneidenden Graphen** muß wieder abschnittweise integriert werden. Die Grenzen der Integrationsintervalle sind die x-Werte der Schnittpunkte der beiden Graphen.

6.1 Ein Beispiel aus der Fernsehsendung

In der Fernsehsendung wurde folgendes Problem behandelt. Eine Baufirma hatte den Auftrag bekommen, einen Wall aufzuschütten und angrenzend eine Rinne auszuheben. Die Zeichnung auf S. 74 zeigt Ihnen Wall und Graben.
Um zu berechnen, wieviel Erde zum Aufschütten des Walles benötigt wird und wieviel Erde zur Bildung der Rinne ausgebaggert werden muß, braucht man die Flächeninhalte der Querschnitte. Denn das Volumen erhält man mit der Formel

$$\text{Volumen} = \text{Querschnittsfläche} \cdot \text{Länge}$$

Es muß also wieder ein Flächeninhalt berechnet werden. Dazu benötigt man die Funktion, die die gekrümmte Linie beschreibt. Zeichnet man den Graphen in ein Koordinatensystem ein, so kann man ihn als eine nach oben geöffnete Parabel ansehen, deren Scheitelpunkt in $(4|-1)$ liegt. Ihre Öffnung ist weiter als die der Normalparabel. Wenn Sie vom Scheitelpunkt eine Einheit nach rechts gehen, steigt die Parabel um $\frac{1}{4}$ Einheit. Aus der Algebra (vgl. Band 3, Lektion 30) wissen Sie, daß man diese Parabel durch die Gleichung

$$f(x) = \frac{1}{4}(x-4)^2 - 1$$

beschreiben kann.

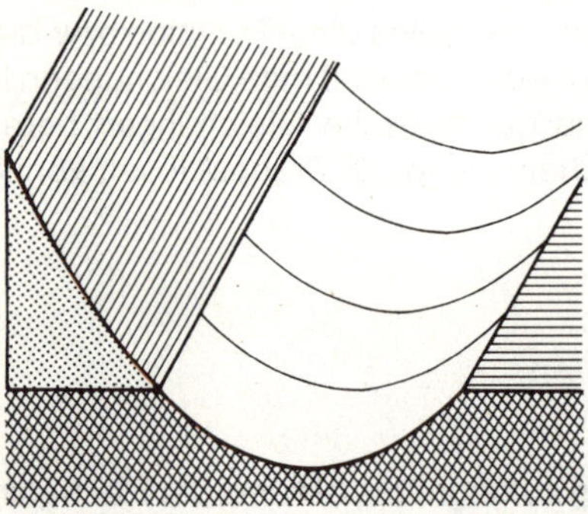

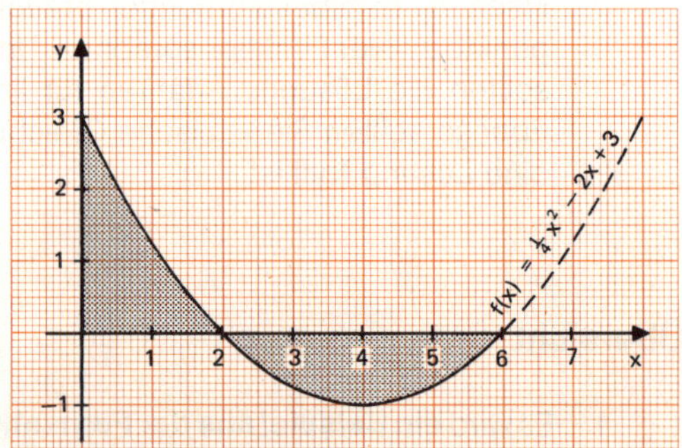

Die Aufgabe besteht folglich darin, den Inhalt der in der Zeichnung grau gekennzeichneten Fläche zu bestimmen. Zur Flächeninhaltsbestimmung wurden bisher die Integrale berechnet. Hier soll das Integral von 0 bis 6 über die Randfunktion $f(x)$ bestimmt werden.

$$\int_0^6 \left[\frac{1}{4}(x-4)^2 - 1\right]dx = \int_0^6 \left[\frac{1}{4}x^2 - 2x + 3\right]dx$$

Eine Stammfunktion zu $f(x) = \frac{1}{4}x^2 - 2x + 3$ ist $F(x) = \frac{1}{12}x^3 - x^2 + 3x$

Demnach ist

$$\int_0^6 \left[\frac{1}{4}x^2 - 2x + 3\right]dx = \left[\frac{1}{12}x^3 - x^2 + 3x\right]_0^6 = \frac{6 \cdot 6 \cdot 6}{12} - 36 + 3 \cdot 6 = 0$$

Das Ergebnis liefert offensichtlich nicht den Flächeninhalt der Querschnittsfläche. Warum? Erinnern Sie sich bitte an die Integralfunktion, die in Lektion 2 eingeführt worden war.

$\int_a^b f(x)\,dx = F_a(b)$ ist der Wert der Integralfunktion an der Stelle b. Anschaulich wurde dieser Wert eingeführt als Summe der Inhalte der Teilflächen oberhalb der x-Achse minus Summe der Inhalte der Teilflächen unterhalb der x-Achse. Da mit $\int_0^6 \left(\frac{1}{4}x^2 - 2x + 3\right)dx$ das Integral (der Wert der Integralfunktion $F_0(6)$) berechnet wurde, ergab sich nicht der Flächeninhalt, da ein Teil der Fläche unterhalb der x-Achse liegt. Das Ergebnis 0 zeigt, daß die Flächeninhalte der Flächen oberhalb und unterhalb der x-Achse gerade gleich groß sind.

Dies können Sie nachprüfen. Berechnen Sie bitte dazu

$$\int_0^2 \left(\frac{1}{4}x^2 - 2x + 3\right)dx = \underline{\qquad\qquad\qquad\qquad}$$

$$\int_2^6 \left(\frac{1}{4}x^2 - 2x + 3\right)dx = \underline{\qquad\qquad\qquad\qquad}$$

→ (2)

Sie sehen: Die beiden Integrale haben den gleichen Betrag; sie unterscheiden sich nur durch das Vorzeichen; also wird die Summe Null.
Will man den Flächeninhalt bestimmen, muß man auf die Nullstellen der Randfunktion achten und das Integrationsintervall mit Hilfe dieser Nullstellen in Teilintervalle zerlegen. Die Integrale über die Teilintervalle sind einzeln zu bestimmen und ihre Beträge zu addieren.
Für dieses Beispiel bedeutet das

$$A = \left|\int_0^2 \left(\frac{1}{4}x^2 - 2x + 3\right)dx\right| + \left|\int_2^6 \left(\frac{1}{4}x^2 - 2x + 3\right)dx\right| = \left|+2\frac{2}{3}\right| + \left|-2\frac{2}{3}\right| = 5\frac{1}{3}$$

Die Überlegungen, die Sie hier am Beispiel durchgeführt haben, werden im nächsten Abschnitt allgemein zusammengefaßt.

6

6.2 Integral und Flächeninhalt

Aus dem Beispiel in 6.1 haben Sie entnommen, daß man grundsätzlich zwischen der Berechnung eines Integrals und der Bestimmung eines Flächeninhalts unterscheiden muß. Diese Unterscheidung ist nur dann unerheblich, wenn die Randfunktion im Integrationsintervall keine Nullstelle besitzt. Beachten Sie daher

1. Integralberechnung

Verfahren:	Beispiel $\int_0^3 (2 - x^2)\,dx$
a) Suchen Sie eine Stammfunktion F zu der Randfunktion f	$F(x) = 2x - \frac{1}{3}x^3$ ist eine Stammfunktion von $f(x) = 2 - x^2$
b) Berechnen Sie $F(b) - F(a)$	$2 \cdot 3 - \frac{1}{3} \cdot 3^3 - 0 = -3$
c) Ergebnis: $\int_a^b f(x)\,dx = F(b) - F(a)$	$\int_0^3 (2 - x^2)\,dx = -3$

Veranschaulichung

$$\int_a^b f(x)\,dx = A_1 - A_2$$

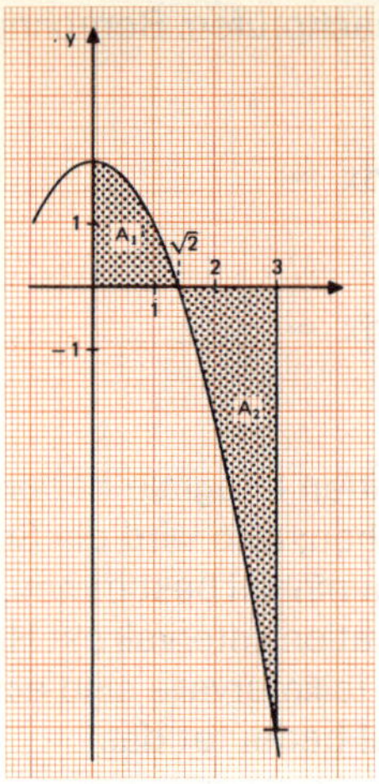

2. Flächeninhaltsberechnung

Beispiel

Bestimmen Sie den Inhalt der Fläche zwischen dem Graphen der Funktion $f(x) = 2 - x^2$, der x-Achse und den Geraden $x = 0$ und $x = 3$.

Verfahren:

a) Bestimmen Sie die Nullstellen der Randfunktion $f(x)$, die im Integrationsintervall $[a; b]$ liegen. In $[a; b]$ liege die Nullstelle x_1

Nullstellen von $f(x) = 2 - x^2$ sind die Lösungen der Gleichung

$$2 - x^2 = 0$$
$$x^2 = 2$$
$$x_{1/2} = \pm\sqrt{2}$$

Im Intervall $[0; 3]$ liegt die Nullstelle $+\sqrt{2}$

b) Bilden Sie die Integrale über die Teilintervalle $[a; x_1]$ und $[x_1; b]$

$$\int_a^{x_1} f(x)\,dx$$

$$\int_{x_1}^b f(x)\,dx$$

$$\int_0^{\sqrt{2}} (2 - x^2)\,dx = \left[2x - \frac{1}{3}x^3\right]_0^{\sqrt{2}}$$
$$= 2\sqrt{2} - \frac{2}{3}\sqrt{2} = \frac{4}{3}\sqrt{2}$$

$$\int_{\sqrt{2}}^3 (2 - x^2)\,dx = \left[2x - \frac{1}{3}x^3\right]_{\sqrt{2}}^3$$
$$= (6 - 9) - (2\sqrt{2} - \frac{2}{3}\sqrt{2})$$
$$= -3 - \frac{4}{3}\sqrt{2}$$

c) Addieren Sie die Beträge dieser Integrale

$$A = \left|\frac{4}{3}\sqrt{2}\right| + \left|-3 - \frac{4}{3}\sqrt{2}\right| = 3 + \frac{8}{3}\sqrt{2}$$

Flächeninhalt

$$A = \left| \int_a^{x_1} f(x)\,dx \right| + \left| \int_{x_1}^{a} f(x)\,dx \right|$$

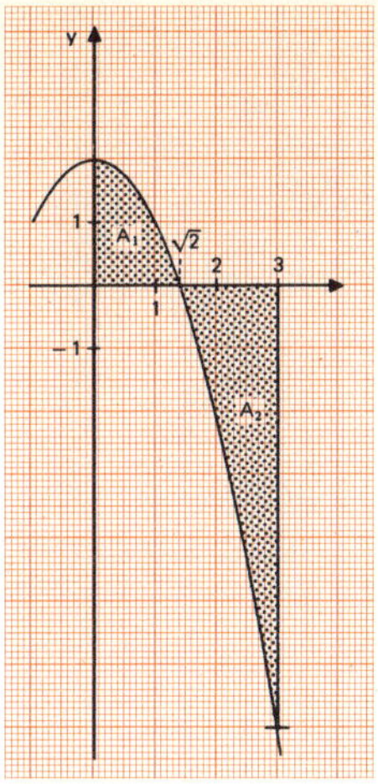

Veranschaulichung

Flächeninhalt $A = A_1 + A_2$

Natürlich gibt es auch Randfunktionen, die mehr als eine Nullstelle im Integrationsintervall besitzen. Zwei weitere Beispiele zeigen Ihnen das Verfahren für solche Fälle.

1. Beispiel

a) Berechnen Sie das **Integral** $\int_{-2}^{+2} (x^2 - 1)\,dx$

Stammfunktion bestimmen

$$\int_{-2}^{+2} (x^2 - 1)\,dx = \left[\frac{x^3}{3} - x\right]_{-2}^{+2}$$

F(b) − F(a) berechnen

$$= \left(\frac{8}{3} - 2\right) - \left(-\frac{8}{3} + 2\right)$$

Ergebnis

$$= \frac{2}{3} + \frac{2}{3} = \frac{4}{3}$$

b) Bestimmen Sie den **Flächeninhalt** zwischen dem Graphen der Funktion $f(x) = x^2 - 1$, der x-Achse und den Geraden $x = -2$ und $x = +2$.

Nullstellen bestimmen

$$x^2 - 1 = 0$$
$$x^2 = 1$$
$$x_1 = -1 \qquad x_2 = +1$$

Beide Nullstellen liegen im Integrationsintervall [−2; +2].

Integrale über die Teilintervalle bilden

Teilintervalle sind
[−2; −1], [−1; +1], [+1; + 2].

$$\int_{-2}^{-1} (x^2 - 1)\,dx = \left[\frac{x^3}{3} - x\right]_{-2}^{-1}$$

$$= \left(-\frac{1}{3} + 1\right) - \left(-\frac{8}{3} + 2\right)$$

$$= \frac{2}{3} - \left(-\frac{2}{3}\right) = \frac{4}{3}$$

6

$$\int_{-1}^{+1} (x^2 - 1)\,dx = \left[\frac{x^3}{3} - x\right]_{-1}^{+1}$$

$$= \left(\frac{1}{3} - 1\right) - \left(-\frac{1}{3} + 1\right)$$

$$= -\frac{2}{3} - \frac{2}{3} = -\frac{4}{3}$$

$$\int_{+1}^{+2} (x^2 - 1)\,dx = \left[\frac{x^3}{3} - x\right]_{+1}^{+2}$$

$$= \left(\frac{8}{3} - 2\right) - \left(\frac{1}{3} - 1\right)$$

$$= \frac{2}{3} - \left(-\frac{2}{3}\right) = \frac{4}{3}$$

Beträge der Integrale addieren

$$\left|\frac{4}{3}\right| + \left|-\frac{4}{3}\right| + \left|\frac{4}{3}\right| = 4$$

Der Flächeninhalt beträgt 4 Flächeneinheiten.

Veranschaulichung

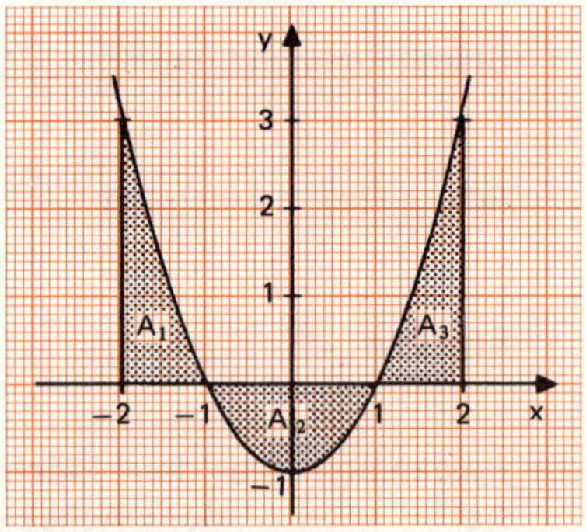

Integral

$$\int_a^b f(x)\,dx = A_1 - A_2 + A_3$$

Flächeninhalt

$$A = A_1 + A_2 + A_3$$

2. Beispiel

a) Berechnen Sie das **Integral** $\int_0^{2\pi} \left(\frac{1}{2} + \sin x\right) dx$

Stammfunktion bestimmen

$$\int_0^{2\pi} \left(\frac{1}{2} + \sin x\right) dx = \left[\frac{1}{2}x - \cos x\right]_0^{2\pi}$$

F(b) − F(a) berechnen

$$= (\pi - \cos 2\pi) - (-\cos 0)$$

$$= \pi - 1 - (-1)$$

Ergebnis

$$= \pi$$

Veranschaulichung

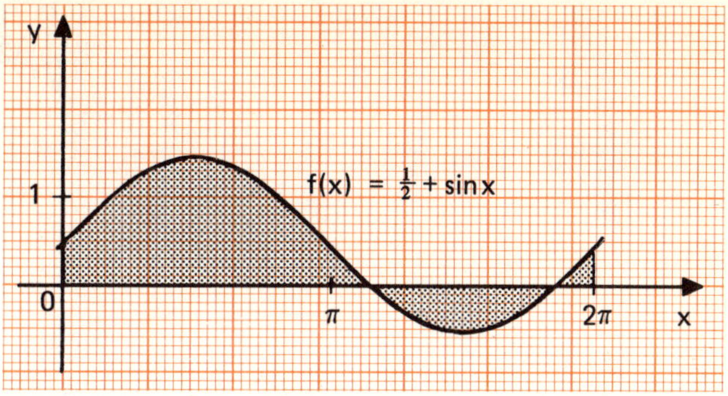

b) Bestimmen Sie den **Flächeninhalt** zwischen dem Graphen der Funktion $f(x) = \frac{1}{2} + \sin x$, der x-Achse und den Geraden $x = 0$ und $x = 2\pi$.

Nullstellen bestimmen

Die Gleichung $\frac{1}{2} + \sin x = 0$

ergibt $\sin x = -0{,}5$

und liefert die Nullstellen im Integrationsintervall

$$x_1 = \frac{7}{6}\pi \quad \text{und} \quad x_2 = \frac{11}{6}\pi$$

Integrale über die Teilintervalle bilden

Teilintervalle sind dann

$$\left[0; \frac{7}{6}\pi\right], \left[\frac{7}{6}\pi; \frac{11}{6}\pi\right], \left[\frac{11}{6}\pi; 2\pi\right]$$

$$\int_0^{\frac{7}{6}\pi} \left(\frac{1}{2} + \sin x\right) dx = \left[\frac{1}{2}x - \cos x\right]_0^{\frac{7}{6}\pi}$$

$$= \left(\frac{7}{12}\pi - \cos\frac{7}{6}\pi\right) - \left(-\cos 0\right)$$

$$\approx (1{,}833 + 0{,}866) + 1$$

$$= 3{,}699$$

Rechnen Sie bitte dieses Integral aus. Verwenden Sie Ihren Taschenrechner. Denken Sie daran, daß man zur Bestimmung der cos-Werte den Rechner auf das Bogenmaß einstellen muß.

$\frac{7}{6}\pi$ und $\frac{11}{6}\pi$ sind Winkelangaben im Bogenmaß. Rechnen Sie auf drei Dezimalen.

$$\int_{\frac{7}{6}\pi}^{\frac{11}{6}\pi} \left(\frac{1}{2} + \sin x\right) dx = \left[\frac{1}{2}x - \cos x\right]_{\frac{7}{6}\pi}^{\frac{11}{6}\pi}$$

= ____________________

≈ ____________________

= ____________________

= __________ → 4

6

$$\int_{\frac{11}{6}\pi}^{2\pi} \left(\frac{1}{2} + \sin x\right) dx = \left[\frac{1}{2}x - \cos x\right]_{\frac{11}{6}\pi}^{2\pi}$$

$$= \left(\pi - \cos 2\pi\right) - \left(\frac{11}{12}\pi - \cos\frac{11}{6}\pi\right)$$

$$= (\pi - 1) - (2{,}880 - 0{,}866)$$

$$= \pi - 1 - 2{,}014$$

$$= \pi - 3{,}014$$

$$\approx 0{,}128$$

Beträge der Integrale addieren

Flächeninhalt

$A = |3{,}699| + |-0{,}685| + |0{,}128|$
$A = 4{,}512$

Aufgaben zu 6.2

Berechnen Sie jeweils das Integral und bestimmen Sie den Inhalt der Fläche, die in den angegebenen Grenzen vom Graphen der Funktion und von der x-Achse begrenzt wird.

1. $\int_0^4 (2-x)(2+x)\,dx$

2. $\int_{-3}^{2} (x^2 + x - 2)\,dx$

3. $\int_0^{2\pi} \sin x\,dx$

6.3 Inhalte von Flächen zwischen zwei Graphen

Bisher waren die Flächen, deren Inhalte berechnet wurden, durch einen Funktionsgraphen und durch die x-Achse begrenzt. Es lassen sich aber auch Inhalte von Flächen zwischen den Graphen zweier Funktionen f(x) und g(x) bestimmen.

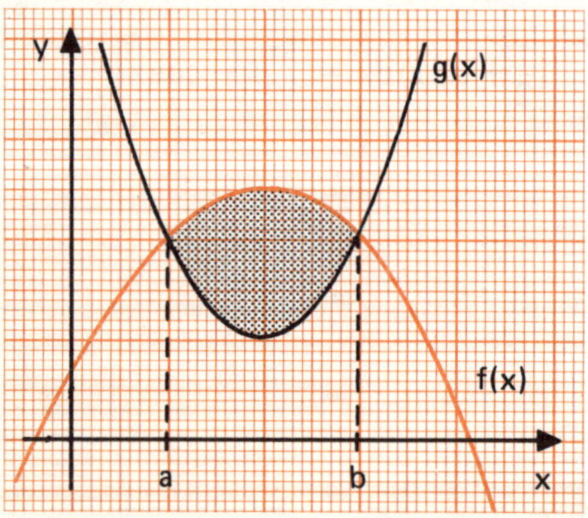

Nun noch einmal zu dem **Beispiel**, das Sie bereits aus der Fernsehsendung kennen. Es soll der Inhalt der Fläche zwischen den Graphen der Funktionen

$$f(x) = -\frac{1}{2}x^2 + 2x + \frac{1}{2}$$

und

$$g(x) = x^2 - 4x + 5$$

berechnet werden. Aus der Zeichnung sehen Sie, daß sich die beiden Graphen in zwei Punkten S_1 und S_2 schneiden.
Wie findet man a und b, die x-Werte der beiden **Schnittpunkte?**

An den Schnittpunkten müssen f(x) und g(x) denselben Wert haben; es muß also für die Schnittpunkte gelten:

$$f(x) = g(x)$$

$$-\frac{1}{2}x^2 + 2x + \frac{1}{2} = x^2 - 4x + 5$$

Aus dieser Beziehung erhält man die quadratische Gleichung

$$1{,}5x^2 - 6x + 4{,}5 = 0$$

$$x^2 - 4x + 3 = 0$$

$$x_{1/2} = 2 \pm \sqrt{4-3}$$

$$x_{1/2} = 2 \pm 1$$

$$x_1 = 3 \quad \text{und} \quad x_2 = 1$$

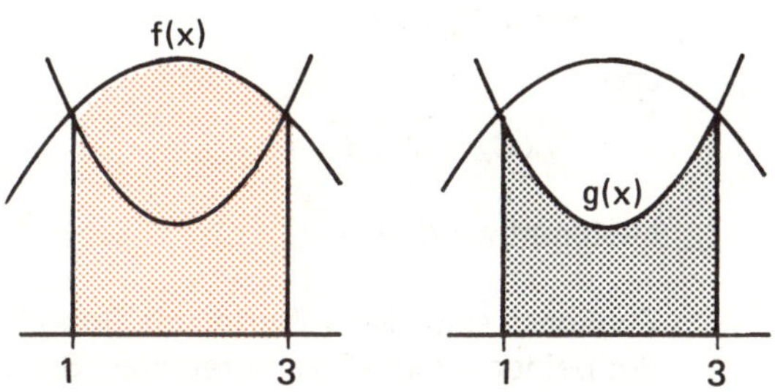

Berechnet man $\int_1^3 f(x)\,dx$

so erhält man den Flächeninhalt der roten Fläche.

Bestimmt man $\int_1^3 g(x)\,dx$

so erhält man den Flächeninhalt der grauen Fläche.

Den gesuchten Flächeninhalt erhält man als **Differenz der beiden Integrale**

$$A = \int_a^b f(x)\,dx - \int_a^b g(x)\,dx$$

oder, da man hier die Differenzenregel anwenden kann,

$$A = \int_a^b \left[f(x) - g(x)\right]dx$$

Für das Beispiel berechnet, ergibt dies

$$A = \int_1^3 \left[\left(-\frac{1}{2}x^2 + 2x + \frac{1}{2}\right) - (x^2 - 4x + 5)\right] dx$$

$$= \int_1^3 (-1{,}5x^2 + 6x - 4{,}5)\, dx$$

$$= \left[-0{,}5x^3 + 3x^2 - 4{,}5x\right]_1^3$$

$$= \left(-\frac{27}{2} + 27 - \frac{27}{2}\right) - \left(-\frac{1}{2} + 3 - 4\frac{1}{2}\right)$$

$$= \quad 0 \quad - \quad (-2)$$

$$A = 2$$

Rechnen Sie ein **zweites Beispiel** nach diesem Muster. Es soll der Inhalt der Fläche zwischen den Graphen der Funktionen

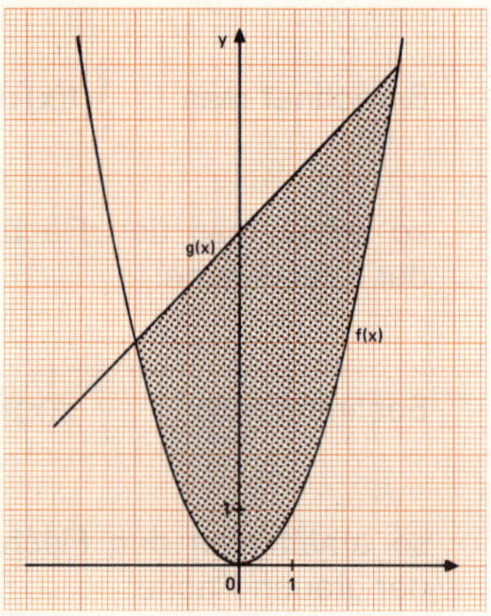

$f(x) = x^2$

und

$g(x) = x + 6$

bestimmt werden.

Zunächst sind die x-Werte der **Schnittpunkte** der beiden Graphen zu berechnen. Sie ergeben sich aus

$$f(x) = g(x)$$

$$x^2 = x + 6$$

$$x^2 - x - 6 = 0$$

$$x_{1/2} = \frac{1}{2} \pm \sqrt{\frac{1}{4} + 6}$$

$$x_{1/2} = \frac{1}{2} \pm \frac{5}{2}$$

$$x_1 = 3 \text{ und } x_2 = -2$$

Es ergeben sich zwei Schnittpunkte.

Der **Flächeninhalt** kann berechnet werden durch

$$A = \int_a^b (f(x) - g(x))\,dx$$

Für das Beispiel $A = \int_{-2}^{3} \left[x^2 - (x + 6)\right] dx$ Bitte rechnen Sie selbst weiter!

= ______________________________

= ______________________________

= ______________________________

= ______________________________

= _______________ → ①

6

Sie haben bei der Rechnung einen negativen Wert als Ergebnis erhalten. Woran liegt das? Wenn Sie die Zeichnung betrachten, sehen Sie, daß der Graph von g(x) über dem Graphen von f(x) liegt. Für das Integral wurde aber die Differenz f(x) − g(x) gebildet. Eigentlich hätte man die Differenz g(x) − f(x) bilden müssen. Da sich aber die Werte nur im Vorzeichen unterscheiden und der Flächeninhalt stets positiv angegeben wird, braucht man nicht auf die Reihenfolge bei der Differenzbildung zu achten, wenn man festlegt, daß der Flächeninhalt der Betrag des Integrals ist.

$$A = \left| \int_a^b (f(x) - g(x))\,dx \right|$$

Nun kann man das Verfahren allgemein aufschreiben:

Flächeninhalt zwischen zwei Graphen, die sich in genau zwei Punkten schneiden.

1. Berechnen Sie die x-Werte der beiden Schnittpunkte. Sie seien x_1 und x_2 .
2. Sie erhalten den Flächeninhalt als $\left| \int_{x_1}^{x_2} (f(x) - g(x))\,dx \right|$.

Aufgaben zu 6.3

Berechnen Sie den Inhalt der Fläche zwischen den Graphen der Funktionen f(x) und g(x) :

1. $f(x) = \frac{1}{4}x^2$; $g(x) = 4$

2. $f(x) = 6 - \frac{1}{2}x^2$; $g(x) = 2$

***3.** $f(x) = \frac{3}{5}x^2 + 3x$; $g(x) = -\frac{3}{2}x$

6.4 Flächen zwischen sich mehrfach schneidenden Graphen

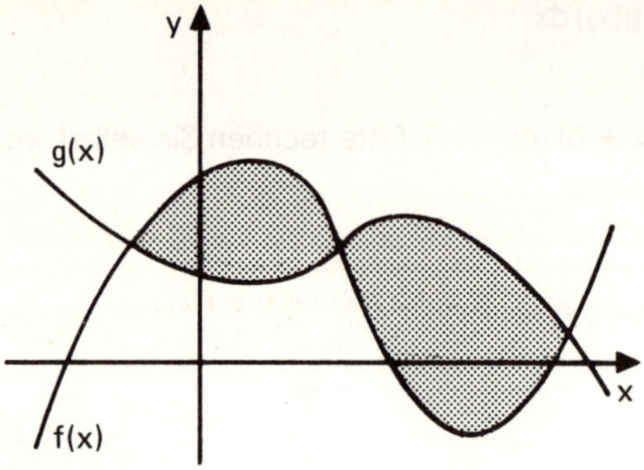

Schneiden sich Graphen mehrfach, so wechselt die Differenz $f(x) - g(x)$ ihr Vorzeichen, wenn man über einen Schnittpunkt hinausgeht. Zur Bestimmung des Flächeninhalts zwischen solchen Graphen darf man daher nicht einfach „vom ersten bis zum letzten Schnittpunkt" integrieren. Man muß vielmehr alle Schnittpunkte berechnen und über die Teilintervalle „von einem Schnittpunkt bis zum folgenden" integrieren.

1. Beispiel

Wie groß ist der Inhalt der Fläche zwischen den Graphen der Funktionen

$f(x) = x^3$ und $g(x) = 2x - x^2$?

Alle Schnittpunkte berechnen:

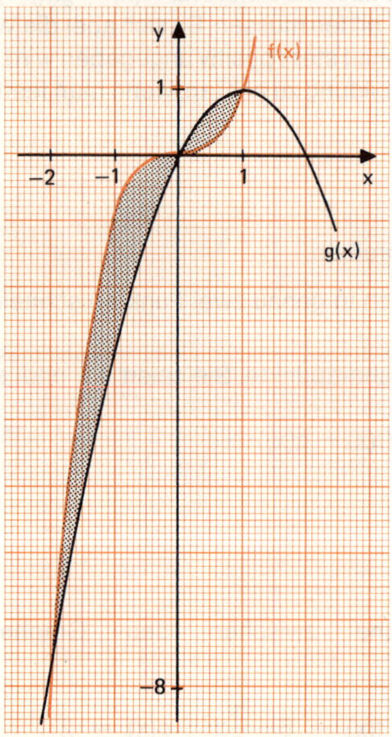

$$f(x) = g(x)$$
$$x^3 = 2x - x^2$$
$$x^3 + x^2 - 2x = 0$$
$$x \cdot (x^2 + x - 2) = 0$$
$$x_1 = 0 \qquad x^2 + x - 2 = 0$$
$$x_{2/3} = -\frac{1}{2} \pm \sqrt{\frac{1}{4} + 2}$$
$$x_{2/3} = -\frac{1}{2} \pm \frac{3}{2}$$
$$x_2 = 1 \qquad x_3 = -2$$

Es ist also über die Teilintervalle $[-2; 0]$ und $[0; 1]$ zu integrieren.

Berechnung der Integrale über die Teilintervalle

$$\int_{-2}^{0} (x^3 + x^2 - 2x)\,dx = \left[\frac{x^4}{4} + \frac{x^3}{3} - x^2\right]_{-2}^{0} = 0 - \left(4 - \frac{8}{3} - 4\right) = 2\frac{2}{3}$$

$$\int_{0}^{1} (x^3 + x^2 - 2x)\,dx = \left[\frac{x^4}{4} + \frac{x^3}{3} - x^2\right]_{0}^{1} = \left(\frac{1}{4} + \frac{1}{3} - 1\right) - 0 = -\frac{5}{12}$$

Beträge der Einzelintegrale addieren

Flächeninhalt $A = \left|2\frac{2}{3}\right| + \left|-\frac{5}{12}\right| = 3\frac{1}{12}$

2. Beispiel

Wie groß ist die Fläche, die im Bereich von 0 bis 2π von den Graphen der Funktionen $f(x) = \sin x + 1$ und $g(x) = \cos x$ eingeschlossen wird?

Die Schnittpunkte der beiden Graphen entnimmt man am besten der Zeichnung und prüft sie dann auf Richtigkeit.

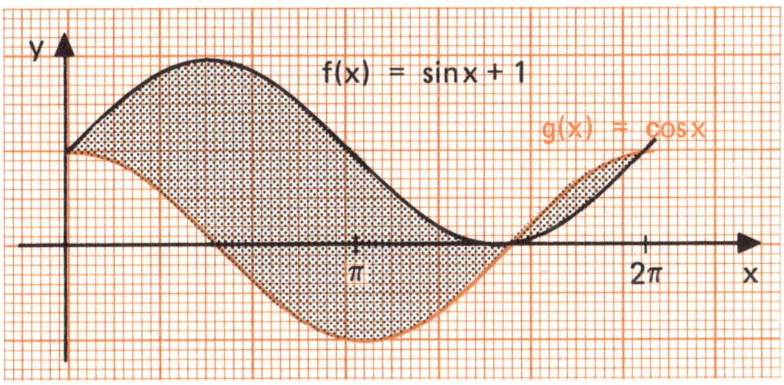

Die x-Werte der Schnittpunkte sind $x_1 = 0$; $x_2 = 1{,}5\pi$; $x_3 = 2\pi$.

Diese Werte erfüllen die Gleichung $\sin x + 1 = \cos x$.

Prüfen Sie dies mit dem Taschenrechner nach.
(Einstellung auf Bogenmaß für den Winkel nicht vergessen!) → 3

Die Integrationsintervalle sind also $[0; 1{,}5\pi]$ und $[1{,}5\pi; 2\pi]$.

Berechnung der Integrale über die Teilintervalle

$$\int_{0}^{1,5\pi} (\sin x + 1 - \cos x)\,dx = \left[-\cos x + x - \sin x\right]_{0}^{1,5\pi}$$

$$= (-\cos 1{,}5\pi + 1{,}5\pi - \sin 1{,}5\pi) - (-\cos 0 + 0 - \sin 0)$$

$$= (0 + 1{,}5\pi + 1) - (-1) = 2 + 1{,}5\pi$$

$$\int_{1,5\pi}^{2\pi} (\sin x + 1 - \cos x)\,dx = \Big[-\cos x + x - \sin x\Big]_{1,5\pi}^{2\pi}$$

$$= (-\cos 2\pi + 2\pi - \sin 2\pi) - (1{,}5\pi + 1)$$

$$= (-1 + 2\pi) - (1{,}5\pi + 1) = 0{,}5\pi - 2$$

Addition der Beträge der Integrale

Flächeninhalt $A = |2 + 1{,}5\pi| + |0{,}5\pi - 2| = 2 + 1{,}5\pi + 2 - 0{,}5\pi = 4 + \pi$

Das Verfahren allgemein verläuft also so:

Flächeninhalt zwischen zwei Graphen

1. x-Werte aller Schnittpunkte von $f(x)$ und $g(x)$ bestimmen
2. Integrale über alle Teilintervalle berechnen („von einem Schnittpunkt zum folgenden")
3. Die Beträge der Integrale addieren

Verwenden Sie dieses Verfahren bei den folgenden Aufgaben.

Aufgaben zu 6.4

Bestimmen Sie den Inhalt der Flächen zwischen den Graphen von $f(x)$ und $g(x)$:

1. $f(x) = 2x^3 - 2x^2 + x - 1;\; g(x) = x^3 + x^2 - x - 1$

2. $f(x) = x^3 - x^2;\; g(x) = 2x$

Wiederholungsaufgaben

1. Berechnen Sie a) $\int_0^4 [(x-1)^2 + 1]\,dx$ b) $\int_0^4 (3x+5)^2\,dx$ *c) $\int_0^4 \cos x\,dx$

2. Bestimmten Sie den Inhalt der Fläche von 0 bis 4 zwischen der x-Achse und

a) $f(x) = (x-1)^2 + 1$ b) $f(x) = (3x+5)^2$ *c) $f(x) = \cos x$

3. Wie groß ist die Fläche zwischen den Graphen der Funktionen $f(x)$ und $g(x)$?

a) $f(x) = x^2;\; g(x) = 2x + 3$ b) $f(x) = x^2 - 1;\; g(x) = 2x^2 + x - 3$

c) $f(x) = \sin x;\; g(x) = \cos x$ in $[0; 2\pi]$ *d) $f(x) = 0{,}5x^3 - 4;\; g(x) = 1{,}5x - 3$

[e)] $f(x) = \frac{2}{3}x^3 - 9x^2 + 30x + 2;\; g(x) = -\frac{1}{3}x^3 + x^2 + 9x + 2$

***4.** Erläutern Sie den Unterschied zwischen der Berechnung eines Integrals und der Berechnung von Flächeninhalten mit Hilfe von Integralen.

7. Anwendungen der Integralrechnung

Vor der Sendung

Bisher haben Sie die Integralrechnung vorrangig als Verfahren zur Berechnung von Flächeninhalten kennengelernt. Diese letzte Lektion zum Thema Integralrechnung ist als Abrundung und Ausblick zu verstehen. Wo kann man die Integrationsverfahren außer zur Flächenberechnung noch anwenden? Beispiele aus der Physik und der Stereometrie werden Ihnen vorgestellt. Die dabei gewonnenen physikalischen und mathematischen Ergebnisse und Formeln sind im Rahmen des Telekollegs Mathematik weniger wichtig als die Einsicht, daß und warum in den einzelnen Beispielen Verfahren der Integralrechnung zur Lösung der jeweiligen Problemstellung führen.

Übersicht

1. Die entscheidenden vier Schritte des Verfahrens zur Bestimmung von Integralen werden herausgestellt und verallgemeinert.

2. Mit Hilfe der Integralrechnung läßt sich der Zusammenhang zwischen Beschleunigung, Geschwindigkeit und Weg aufzeigen.

3. Mit den Verfahren zur Bestimmung von Integralen kann man eine Formel zur Berechnung des Volumens von Rotationskörpern gewinnen.

4. Durch Integrieren kann man physikalische Arbeit berechnen.

7.1 Verallgemeinerung des Integrationsverfahrens

In der Fernsehsendung haben Sie an Beispielen gesehen, daß das Verfahren zur Bestimmung von Integralen nicht nur der Flächenberechnung dient, sondern zur Lösung anderer, inner- und außermathematischer Problemstellungen verallgemeinert werden kann.

Wir wollen die einzelnen Schritte, die in Lektion 1 zum Integral führten, so, wie sie in der Sendung genannt wurden, zusammenstellen.

1. **Unterteilung** des Intervalls von a bis b in gleich große Teile Δx *)
2. **Rechteckbildung**
3. **Verfeinerung**

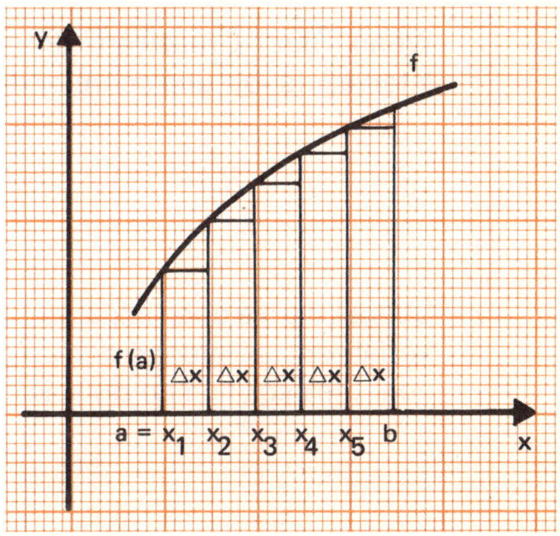

*) Statt Δx war bisher häufig h geschrieben worden. Beide Schreibweisen sind in der Mathematik üblich.

Um uns von der Flächenberechnung zu lösen, werden wir den zweiten Schritt verallgemeinern.

Es soll der Flächeninhalt des Treppenkörpers unter dem Graphen von f bestimmt werden. Dazu wird zunächst der Flächeninhalt jedes Rechtecks bestimmt als **Produkt** aus Δx und dem entsprechenden Funktionswert $f(x_i)$:

$$f(x_i) \cdot \Delta x$$

Dann wird die **Summe** aller Teilinhalte gebildet:

$$f(x_1) \cdot \Delta x + f(x_2) \cdot \Delta x + \ldots . + f(x_n) \cdot \Delta x$$

Die in der Sendung angesprochene Verfeinerung führt schließlich zum **Grenzwert**

$$\lim_{\substack{\Delta x \to 0 \\ n \to \infty}} [f(x_1) \cdot \Delta x + f(x_2) \cdot \Delta x + \ldots . + f(x_n) \cdot \Delta x]$$

Nach diesen Überlegungen lassen sich die Schritte, die in der Sendung angegeben wurden, weiter verallgemeinern.

1. **Unterteilung** des Intervalls von a bis b in gleich große Teile: Δx.

2. a) **Produktbildung:** $f(x_i) \cdot \Delta x$

   b) **Summenbildung:** $f(x_1) \cdot \Delta x + f(x_2) \cdot \Delta x + \ldots . + f(x_n) \cdot \Delta x$

3. **Grenzwert** für $\Delta x \to 0$, $n \to \infty$

$$\lim_{\substack{\Delta x \to 0 \\ n \to \infty}} [f(x_1) \cdot \Delta x + f(x_2) \cdot \Delta x + \ldots . + f(x_n) \cdot \Delta x]$$

Stellen Sie diese vier Schritte den entsprechenden Schritten zur Bestimmung des Differentialquotienten (Differentialrechnung Lektion 5) gegenüber. → 5

Wenn der Grenzwert in Punkt 4 existiert, nennt man f(x) integrierbar im Intervall [a; b] und schreibt dafür

$$\int_a^b f(x)\,dx$$

Überall, wo die oben angegebenen vier Schritte zur Lösung eines Problems führen, können Verfahren der Integralrechnung – z. B. die Integralformel aus Lektion 4 – eingesetzt werden. Dies soll nun an Beispielen gezeigt werden.

7.2 Beschleunigung, Geschwindigkeit, Weg

In der Fernsehsendung wurde gezeigt, daß die Geschwindigkeit eines Autos gleichmäßig (d.h. linear) wächst, wenn die **Beschleunigung konstant** ist.

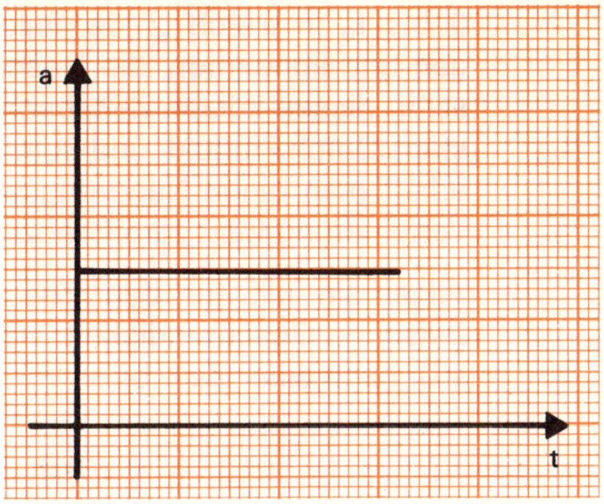

Ist ein Körper zur Zeit $t = 0$ in Ruhe, so kann man die Geschwindigkeit v nach einer Zeit t bei gegebener (konstanter) Beschleunigung a berechnen mit der Formel

$$v = a \cdot t$$

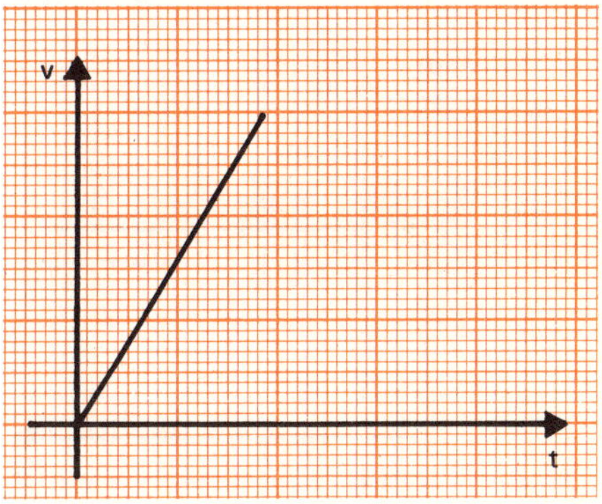

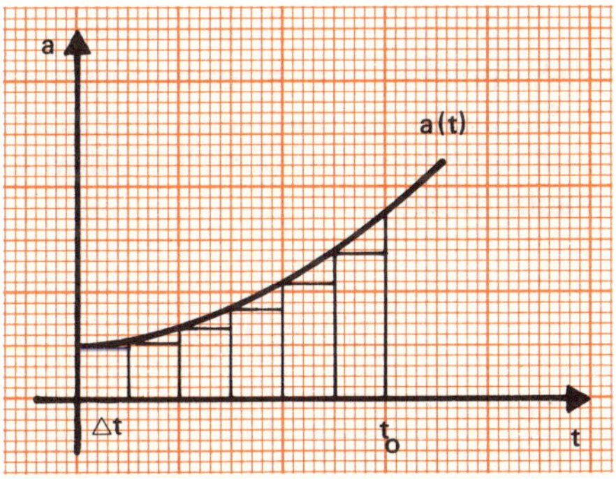

Wenn die **Beschleunigung nicht konstant** ist, muß man das Intervall 0 bis t_0 in gleich große Teile Δt zerlegen und annehmen, die Beschleunigung sei in diesen kurzen Zeitabschnitten konstant. Man erhält einen Näherungswert für v, wenn man die einzelnen (konstanten) Beschleunigungswerte mit Δt **multipliziert** und die so erhaltenen Teilgeschwindigkeiten **addiert**. Eine Verfeinerung der Einteilung führt zum **Grenzwert**.

Allgemein gilt für den Zusammenhang zwischen Beschleunigung $a(t)$ und Geschwindigkeit $v(t)$ nach einer Zeit t_0, wenn der Körper zur Zeit $t = 0$ in Ruhe ist:

$$v(t_0) = \int_0^{t_0} a(t)\,dt$$

Entsprechende Überlegungen lassen sich auf die Beziehung zwischen Geschwindigkeit v und Weg s anwenden. Ist die **Geschwindigkeit konstant**, so gilt:

$$s = v \cdot t$$

Ist die **Geschwindigkeit nicht konstant**, so muß man wieder das Intervall von 0 bis t_0 in gleich große Teile Δt zerlegen und annehmen, die Geschwindigkeit sei in diesen kurzen Zeitabschnitten konstant. Durch Produkt- und Summenbildung erhält man einen Näherungswert für s ; Verfeinerung führt zum Grenzwert.

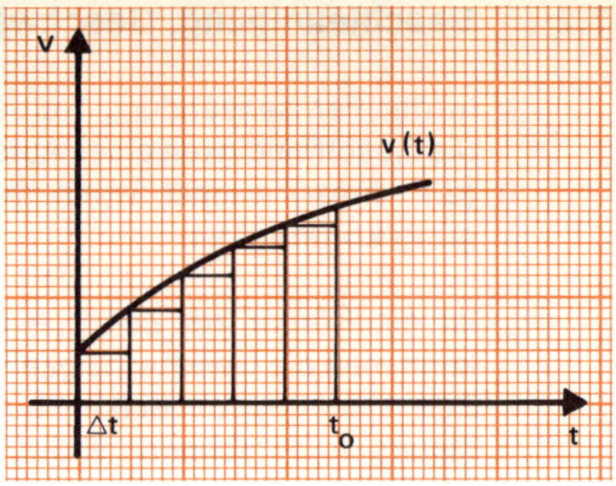

Allgemein gilt für den Zusammenhang zwischen Geschwindigkeit v(t) und Weg s(t) nach einer Zeit t_0 :

$$s(t_0) = \int_0^{t_0} v(t)\,dt$$

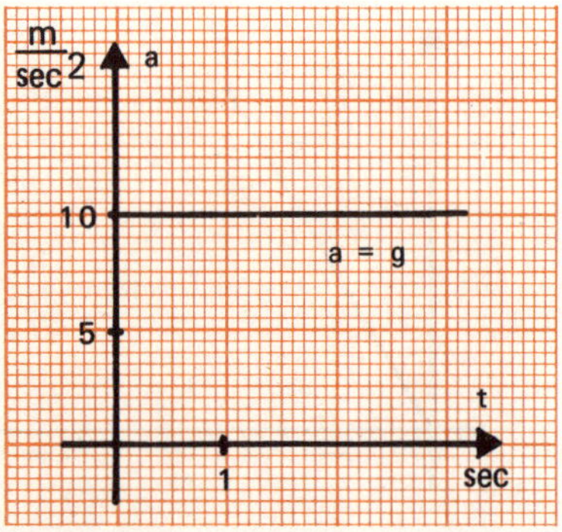

Beispiel: Freier Fall

Beim freien Fall ist die Beschleunigung konstant:

$$a = g \qquad (g = 9{,}81\ \frac{m}{s^2})$$

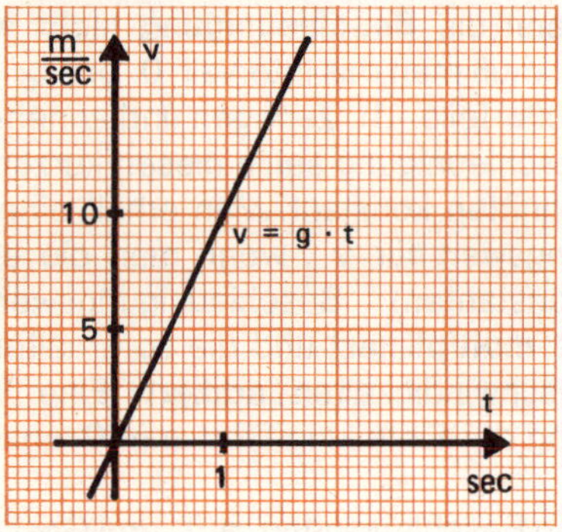

Die Geschwindigkeit v(t) eines frei fallenden Körpers nach t Sekunden in der Nähe der Erdoberfläche ergibt sich bei Vernachlässigung des Luftwiderstandes auf einfache Weise:

$$v(t) = g \cdot t$$

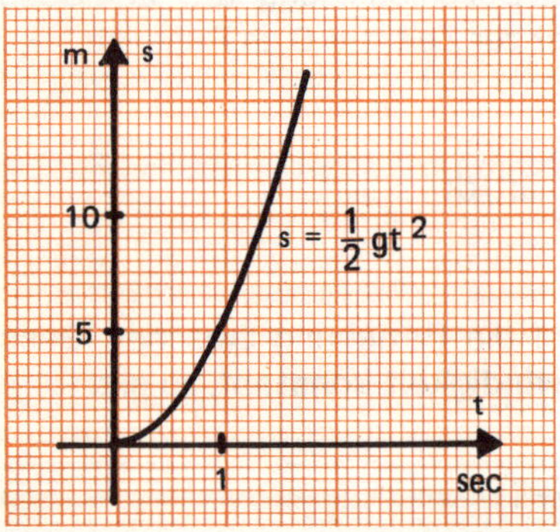

Die Geschwindigkeit ist hier nicht konstant. Um den nach einer Zeit t_0 zurückgelegten Weg zu bestimmen, muß man deshalb die Geschwindigkeit-Zeit-Funktion integrieren.

$$s(t) = \int_0^{t_0} v(t)\,dt$$

$$s(t) = \int_0^{t_0} g \cdot t\,dt$$

Wir suchen eine Stammfunktion von $v(t) = g \cdot t$ und wenden die Integralformel an.

$$s(t_0) = \int_0^{t_0} g \cdot t \, dt = \left[\frac{1}{2}gt^2\right]_0^{t_0} = \frac{1}{2}gt_0^2 - 0 = \frac{1}{2}gt_0^2$$

Hier finden Sie die Meßreihe des Versuchs aus der Fernsehsendung. Berechnen Sie die exakten Werte und vergleichen Sie.

t_0 in s	0	0,1	0,2	0,3	0,4	0,5
s in m (gemessen)	0	0,05	0,2	0,45	0,8	1,25
s in m (errechnet)						

→ 3

Natürlich läßt sich die Aussage des Hauptsatzes, daß das Integrieren die Umkehrung des Differenzierens ist, auch auf unseren Fall übertragen. Es ergibt sich folgender Zusammenhang:

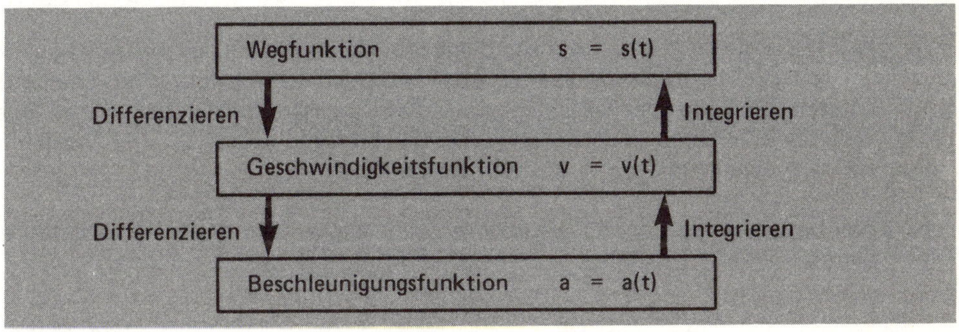

Beispiel:

Autostart (bei konstanter Beschleunigung)
Ein Auto beschleunigt von 0 auf 100 km/h in 9,2 s. Welche Strecke wird dabei zurückgelegt, wenn die Beschleunigung während der ganzen Zeit konstant ist?

Zunächst wird die Geschwindigkeitsänderung in Meter pro Sekunde umgerechnet:

$$100 \frac{km}{h} = \frac{100\,000}{3\,600} \frac{m}{s} \quad (1 \text{ km} = 1000 \text{ m}; 1 \text{ h} = 3600 \text{ s})$$

Daraus ergibt sich für die (konstante) Beschleunigung:

$$a = \frac{100\,000}{3600 \cdot 9{,}2} \frac{m}{s^2} \approx 3 \frac{m}{s^2}$$

Die Geschwindigkeitsfunktion wird durch Integration der konstanten Beschleunigung bestimmt:

$$v(t_0) = \int_0^{t_0} a\,dt = a \cdot t_0$$

Mit einer weiteren Integration wird daraus die Wegfunktion bestimmt:

$$s(t_0) = \int_0^{t_0} a \cdot t\ dt = \frac{1}{2}at_0^2$$

Für $t_0 = 9{,}2$ s und mit $a = 3\ m/s^2$ erhält man

$$s(9{,}2) = \frac{1}{2} \cdot 3 \cdot (9{,}2)^2 \approx 127$$

Das Auto hat also nach etwa 127 m die Geschwindigkeit von 100 km/h erreicht.

Bei diesem Beispiel wird Ihnen aufgefallen sein, daß die Geschwindigkeits- und die Wegfunktion im wesentlichen dieselben sind wie beim freien Fall. Dies liegt daran, daß bei beiden Bewegungen die **Beschleunigung konstant** war, lediglich mit unterschiedlichen Konstanten. Solche Bewegungen nennt man **gleichförmig beschleunigt**.

Im Beispiel des Autostarts war allerdings die Annahme, die Beschleunigung sei konstant, ein wenig unrealistisch. Im allgemeinen ist das Beschleunigungsvermögen eines Autos im unteren Geschwindigkeitsbereich größer als bei höheren Geschwindigkeiten. Das werden Sie beim Autofahren selbst schon gemerkt haben: von 0 auf 20 km/h kann man „leichter" beschleunigen als von 80 auf 100 km/h .

Dies berücksichtigt das nächste Beispiel, wobei Sie fehlende Rechnungen bitte selbst ausführen.

Beispiel:

Autostart (bei abnehmender Beschleunigung)
Ein Auto startet, wobei seine Beschleunigung mit der Zeit linear abnimmt von $4\ m/s^2$ bei $t = 0$ auf $2\ m/s^2$ bei $t = 10$ s . Welche Geschwindigkeit erreicht es nach 10 s und welche Strecke wird dabei zurückgelegt?

Der Graph der Beschleunigungsfunktion ist für $0 \leqq t \leqq 10$ eine Gerade durch die Punkte $(0|4)$ und $(10|2)$ mit der Gleichung

$$a(t) = 4 - 0{,}2 \cdot t$$

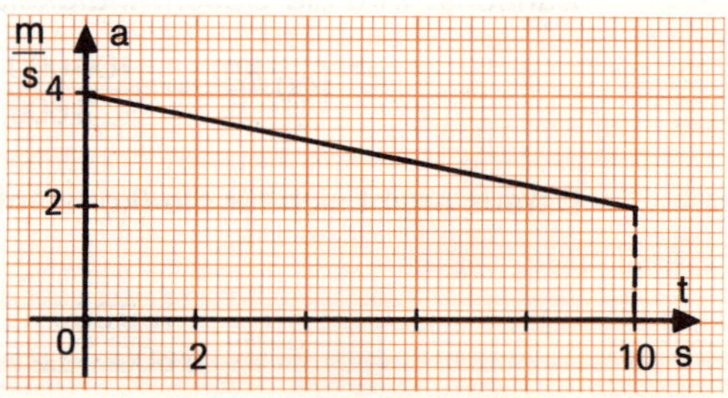

Durch Integration wird die Geschwindigkeitsfunktion bestimmt:

$$v(t_0) = \int_0^{t_0} (4 - 0{,}2 \cdot t)\,dt = \underline{\qquad\qquad\qquad\qquad} \longrightarrow (1)$$

Und daraus erhält man – wieder durch Integrieren – die Wegfunktion:

$$s(t_0) = \int_0^{t_0} v(t)\,dt = \underline{\qquad\qquad\qquad\qquad} \longrightarrow (9)$$

Für $t_0 = 10$ erhält man dann die gesuchten Werte:

$$v(10) = \underline{\qquad\qquad} \qquad s(10) = \underline{\qquad\qquad} \longrightarrow (4)$$

Geben Sie dabei die Geschwindigkeit v(10) nicht nur in m/s an, sondern auch in km/h . ⟶ (7)

Aufgaben zu 7.2

1. Ein Eisenbahnzug beschleunigt bei der Abfahrt konstant mit $a = 0{,}2\ m/s^2$. Nach welcher Zeit hat er eine Geschwindigkeit von 100 km/h erreicht, und welche Strecke hat er dabei zurückgelegt?

2. Ein Auto beschleunigt aus dem Stand 10 Sekunden lang. Die Beschleunigung ist nicht konstant. Sie nimmt mit der Funktion $a(t) = 3 - 0{,}015\ t^2$ ab. Berechnen Sie die Geschwindigkeit nach 10 s und den zurückgelegten Weg.

[3.] Ein Auto beschleunigt von 0 auf 100 km/h . Die Beschleunigung nimmt mit der Funktion $a(t) = 4 - \frac{2}{10}t \quad (0 \leqq t \leqq 20)$ ab.
Berechnen Sie die Beschleunigungsdauer und den zurückgelegten Weg.

7.3 Volumen von Rotationskörpern

In Anlehnung an die Fernsehsendung wird nun das in Abschnitt 7.1 bereitgestellte Programm zur Ermittlung des Volumens von Rotationskörpern angewendet. Ein Stück des Graphen einer im Intervall [a; b] stetigen Funktion f rotiert um die x-Achse.

Wir berechnen zunächst die

Untersummen

1. Das Intervall [a; b] wird in n gleich lange Teilintervalle Δx **unterteilt.**

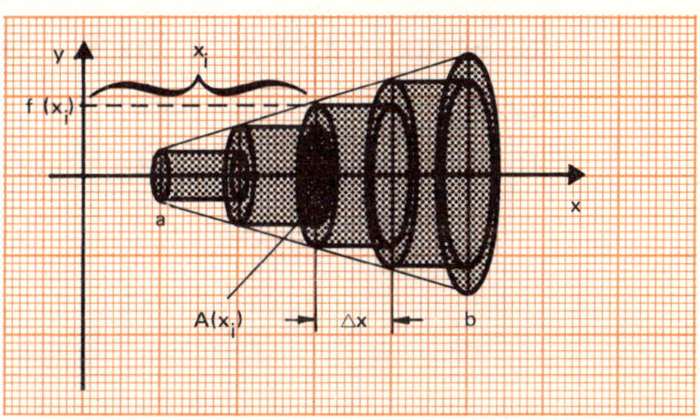

2. In jedem Intervall wird der Teilkörper durch einen Zylinder ersetzt. Das Volumen der Zylinder kann man berechnen. Es ist das **Produkt** aus Flächeninhalt $A(x_i)$ der i-ten Grundfläche und der Höhe Δx :

$$A(x_i) \cdot \Delta x$$

Die Grundfläche ist ein Kreis mit dem Radius $f(x_i)$.

Sein Flächeninhalt beträgt also

$$A(x_i) = \pi \cdot [f(x_i)]^2$$

Das Volumen des i-ten Zylinders ergibt demnach:

$$A(x_i) \cdot \Delta x = \pi \cdot [f(x_i)]^2 \cdot \Delta x$$

3. Nun werden die Inhalte der Zylinder **addiert**. Es ergibt die Untersumme:

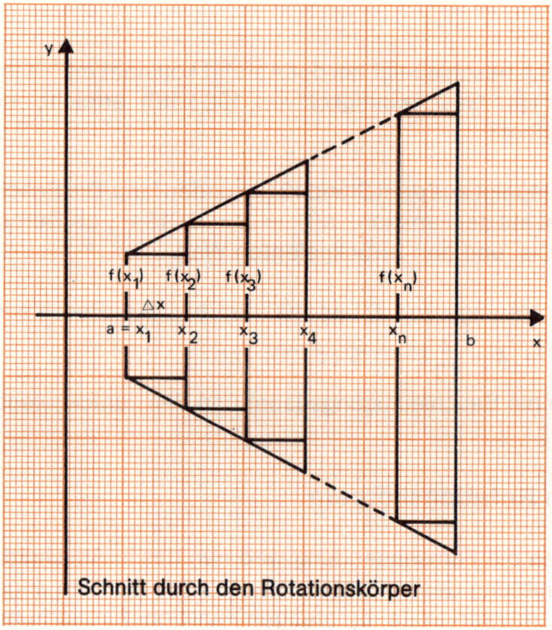

$$U_n = A(x_1) \cdot \Delta x + A(x_2) \cdot \Delta x + \ldots + A(x_n) \cdot \Delta x$$

bzw.

$$U_n = \pi\, [f(x_1)]^2 \cdot \Delta x + \pi\, [f(x_2)]^2 \cdot \Delta x + \ldots + \pi\, [f(x_n)]^2 \cdot \Delta x$$

4. Wenn $\Delta x \to 0$ strebt, wächst n über alle Grenzen.
Existiert der **Grenzwert**? Da $f(x)$ als stetig in $[a; b]$ vorausgesetzt wird, ist auch die Funktion $A(x) = \pi \cdot [f(x)]^2$ stetig und mithin integrierbar (Lektion 2). Dies bedeutet, daß für $\Delta x \to 0$ die Untersummen U_n – aber auch die Obersummen O_n – gegen das Integral von $A(x)$ als Randfunktion konvergieren.

Den Wert des Integrals ordnen wir dem Rotationskörper als Volumen zu.

Die Obersummen sollen Sie nun berechnen.

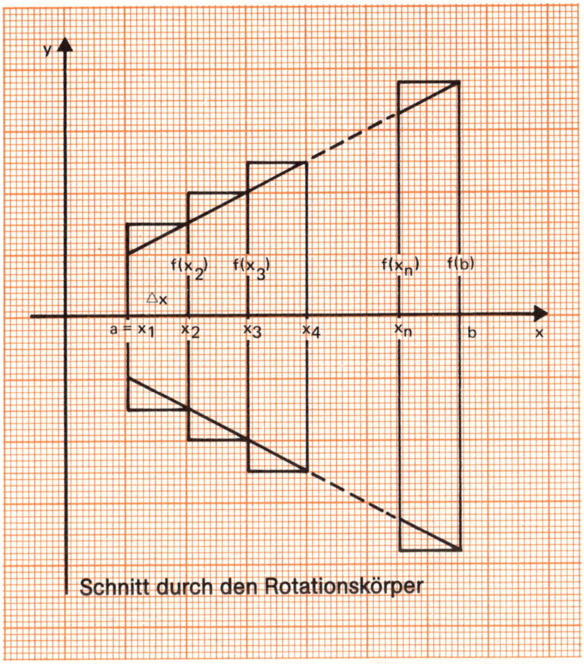

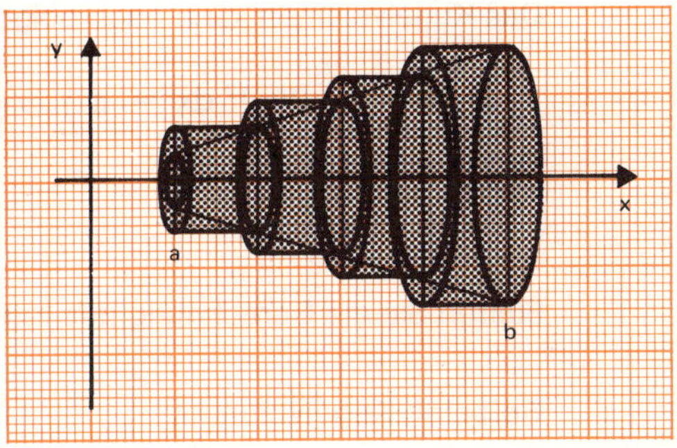

Stellen Sie einen Term für die Obersummen O_n auf. → 6

In den obigen Abbildungen war der einfacheren Darstellung wegen eine monoton wachsende Randfunktion f gewählt worden; für die Volumenberechnung des zugehörigen Rotationskörpers ist diese Spezialisierung unwesentlich. Es gilt allgemein der folgende Satz.

Satz

Die Funktion f sei im Intervall $[a; b]$ stetig.

Dann gilt für das Volumen des zugehörigen Rotationskörpers:

$$V = \pi \cdot \int_a^b [f(x)]^2 \, dx$$

Beispiel: Kugelvolumen

Eine Kugel mit dem Radius r entsteht durch Rotation eines Halbkreises mit demselben Radius. Die Lage des Mittelpunkts ist für das Volumen unwesentlich, der Einfachheit halber wird der Nullpunkt gewählt.

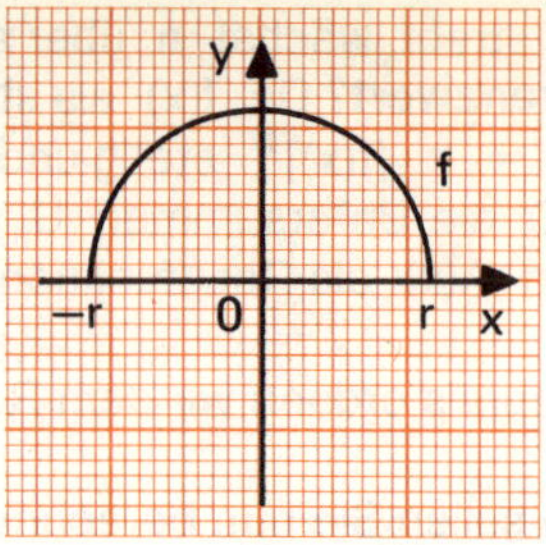

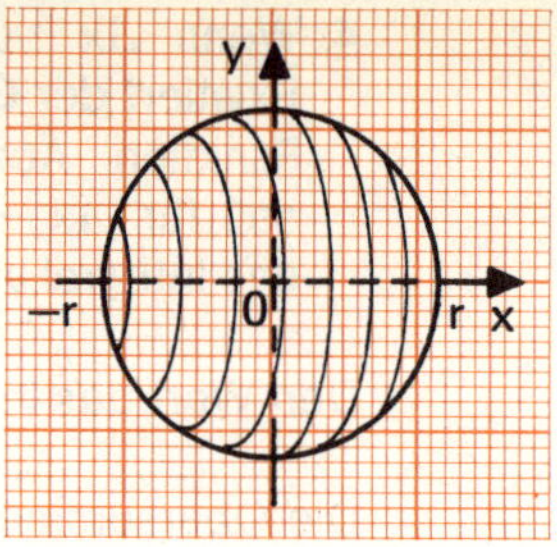

Sie wissen, daß die Kreisgleichung dann $x^2 + y^2 = r^2$ lautet. Nach y aufgelöst ergibt sich $y = \pm\sqrt{r^2 - x^2}$. Wir wählen den oberen Halbkreis. Dann ist

$$f(x) = \sqrt{r^2 - x^2} \qquad (-r \leqq x \leqq r)$$

Das Kugelvolumen kann nach obigem Satz berechnet werden:

$$V_{Kugel} = \pi \cdot \int_a^b [f(x)]^2\,dx = \pi \int_{-r}^{r} (\sqrt{r^2 - x^2})^2\,dx = \pi \int_{-r}^{r} (r^2 - x^2)\,dx$$

$$= \underline{\qquad\qquad\qquad\qquad\qquad\qquad\qquad\qquad}$$

Führen Sie die Berechnung des Integrals zu Ende. → 2

Beispiel: Kegelvolumen

Ein Kegel mit dem Radius r und der Höhe h entsteht z. B. durch Rotation der Strecke von A(0|0) nach B(h|r) um die x-Achse. Die Gleichung der Geraden durch A und B lautet:

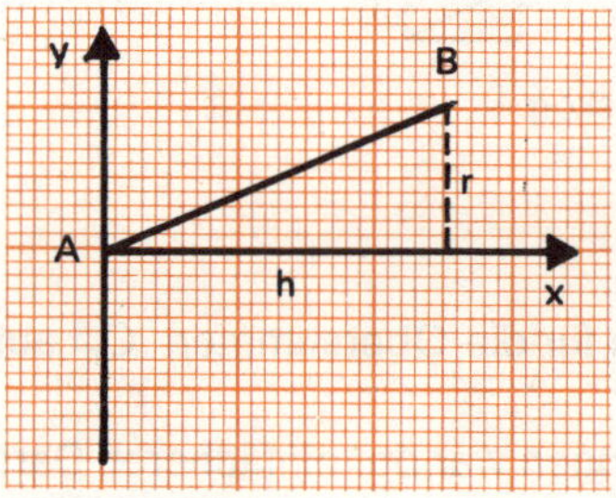

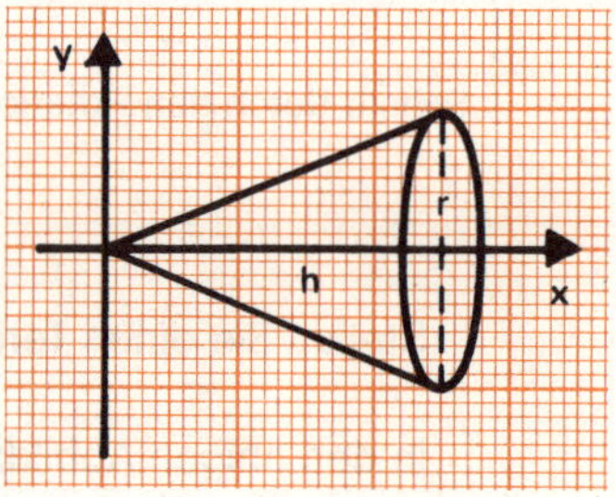

$$f(x) = \frac{r}{h} \cdot x \qquad (0 \leqq x \leqq h)$$

Das Kegelvolumen wird nach obigem Satz berechnet:

$$V_{Kegel} = \pi \int_a^b [f(x)]^2\,dx = \pi \int_0^h \left(\frac{r^2}{h^2} \cdot x^2\right) dx$$

$$= \underline{\qquad\qquad\qquad\qquad\qquad\qquad\qquad\qquad}$$

Führen Sie auch hier die Rechnung zu Ende. → 8

Aufgaben zu 7.3

1. Skizzieren Sie die zugehörigen Rotationskörper und berechnen Sie ihr Volumen.

a) $f(x) = \sqrt{x}$ für $0 \leqq x \leqq 4$

b) $f(x) = \frac{1}{2}x$ für $0 \leqq x \leqq 5$

c) $f(x) = \frac{1}{x}$ für $\frac{1}{2} \leqq x \leqq 4$

2. Bestimmen Sie das Volumen eines Ellipsoids mit den Halbachsen $0 < a, b$. Es entsteht durch Rotation einer Halbellipse mit denselben Halbachsen:

$$f(x) = b \cdot \sqrt{1 - \frac{x^2}{a^2}} \quad \text{für } -a \leqq x \leqq a$$

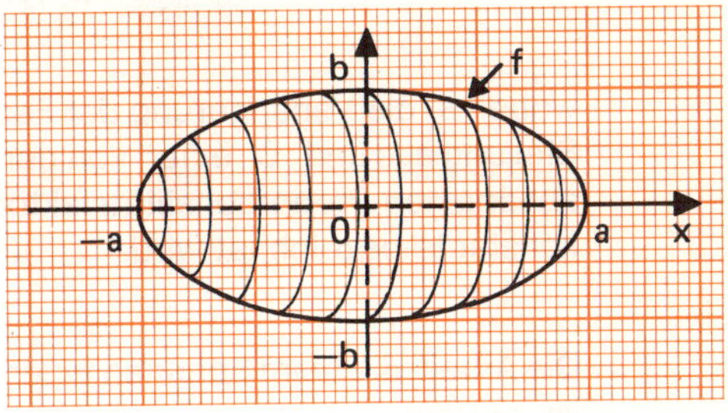

7.4 Arbeit

Abschließend sollen Sie noch ein Beispiel für die Anwendung der Integralrechnung kennenlernen, das in der Fernsehsendung nicht angesprochen wurde.

7

Die Arbeit W, die an einem Körper verrichtet wird, wenn eine **konstante Kraft** F längs eines Weges s auf ihn wirkt, ist in der Physik definiert als

$$W = F \cdot s$$

Bei **nicht konstanter Kraft** wird der Weg s_0 in n gleiche Teilstrecken Δs **unterteilt.**
Man nähert den gesuchten Wert an, indem man annimmt, die Kraft sei auf den kurzen Wegabschnitten konstant. Für jeden Wegabschnitt erhält man die dort verrichtete Arbeit als **Produkt** der dort wirkenden Kraft F_i und des Weges Δs. Die einzelnen Werte für die Arbeit werden **addiert**. Läßt man $\Delta s \to 0$ gehen, so wächst n über alle Grenzen.

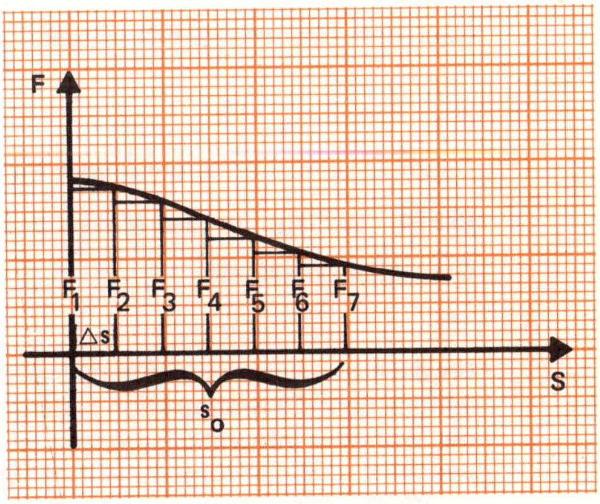

Allgemein wird in der Physik die Arbeit für eine Kraft $F(s)$ längs eines Weges s_0 definiert als

$$W = \int_0^{s_0} F(s)\,ds$$

Beispiel: Spannen einer Schraubenfeder

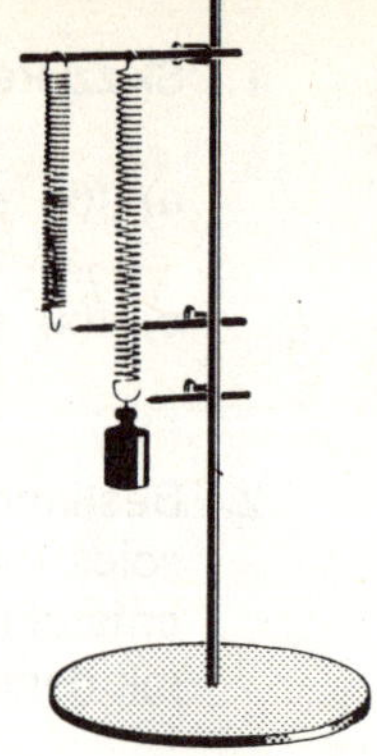

Nach dem Hookeschen Gesetz ist die Kraft zur Spannung einer Schraubenfeder nicht konstant, sondern innerhalb gewisser Grenzen proportional zur jeweiligen Dehnung. Es gilt das Gesetz:

$$F(s) = D \cdot s$$

wobei s die Verlängerung der Feder von der ungespannten Stellung aus und D einen von der Beschaffenheit der Feder abhängigen Proportionalitätsfaktor bedeutet, der als Federkonstante bezeichnet wird.

Die Arbeit, die beim Spannen einer Feder aus der Ruhelage auf die Länge x zu verrichten ist, beträgt

$$W = \int_0^x F(s)\,ds = \int_0^x D \cdot s\;ds = \left[\frac{1}{2} D\,s^2\right]_0^x = \frac{1}{2} D x^2$$

Die Spannarbeit ist also dem Quadrat der Federverlängerung proportional.

Beispiel: Satellitenstart

Ein Satellit mit der Masse $m = 1000$ kg soll in eine Umlaufbahn in $h = 20\,000$ km über die Erdoberfläche geschossen werden. Welche Arbeit ist zu verrichten?

Nach dem Newtonschen Gravitationsgesetz gilt für die Kraft, die aufzuwenden ist:

$$F(s) = \gamma \cdot \frac{Mm}{s^2}$$

Dabei ist s die Entfernung vom Erdmittelpunkt (gemessen in Meter), M die Masse der Erde ($5{,}974 \cdot 10^{24}$ kg), m die Masse des Satelliten und $\gamma = 6{,}670 \cdot 10^{-11} \frac{Nm^2}{kg^2}$ die sogenannte Gravitationskonstante.

Um die Arbeit zu berechnen, muß man das Integral über die Kraftfunktion bilden. Bei der Wahl der Integrationsgrenzen ist zu beachten, daß die Höhe h von der Erdoberfläche aus gemessen wird, die Entfernung s aber vom Erdmittelpunkt (siehe Skizze).

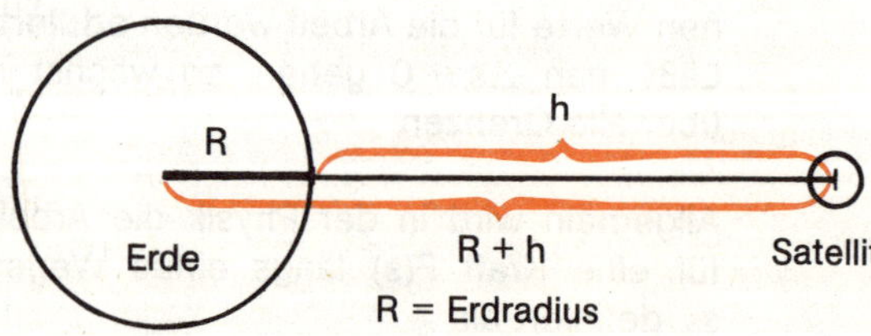

Daraus ergibt sich:

$$W = \int_R^{R+h} F(s)\,ds = \int_R^{R+h} \gamma \frac{Mm}{s^2}\,ds$$

Setzt man die gegebenen Werte für γ , m , M ein, so erhält man:

$$W = \int_R^{R+h} 4 \cdot 10^{17} \cdot \frac{1}{s^2}\, ds = \left[4 \cdot 10^{17} \cdot \left(-\frac{1}{s}\right)\right]_R^{R+h} = 4 \cdot 10^{17} \cdot \left(-\frac{1}{R+h} + \frac{1}{R}\right)$$

Der Erdradius R beträgt 6400 km = 6400000 m = $6{,}4 \cdot 10^6$ m .
Die Höhe h soll 20000 km = 20000000 m = $20 \cdot 10^6$ m betragen.
Eingesetzt ergibt sich:

$$W = 4 \cdot 10^{17} \cdot \left(-\frac{1}{26{,}4 \cdot 10^6} + \frac{1}{6{,}4 \cdot 10^6}\right) \approx 4{,}7 \cdot 10^{11}$$

Die aufzuwendende Arbeit muß $4{,}7 \cdot 10^{11}$ Nm betragen.

Aufgaben zu 7.4

1. Eine Schraubenfeder mit der Federkonstanten D = 75 N/m wird aus der Ruhelage um 40 cm gedehnt. Wie groß ist die Arbeit?

[2.] Berechnen Sie die Arbeit, um einen 1000 kg-Satelliten auf eine Höhe von 40000 km zu bringen. Vergleichen Sie das Ergebnis mit dem zweiten Beispiel in diesem Abschnitt.

7

Wiederholungsaufgaben

1. Ein Zug beschleunigt bei der Abfahrt konstant mit $a = 0{,}8\ m/s^2$. Welchen Weg legt er in 30 s zurück?

2. Aus welcher Höhe müßte ein Mensch frei nach unten springen, um mit derselben Geschwindigkeit aufzutreffen wie ein Fallschirmspringer, der mit 6 m/s den Boden erreicht?

3. Eine Schraubenfeder mit der Federkonstanten D = 42 N/m ist durch eine Kraft von 20 N gespannt. Wie groß war die zum Dehnen notwendige Arbeit?

[4.] a) Zeigen Sie: Um einen Körper der Masse m von der Erdoberfläche auf die Höhe x zu bringen, ist die Arbeit $W = \gamma M_E m \cdot \left(\frac{1}{R} - \frac{1}{R+x}\right)$ nötig.

(M_E = Masse der Erde, R = Erdradius)

b) Was ergibt sich, wenn $x \to \infty$ geht?

5. Bestimmen Sie (mit Skizze) das Volumen des zugehörigen Rotationskörpers.

a) $f(x) = \frac{1}{4}(x+2)$ für $0 \leqq x \leqq 4$

b) $f(x) = 0{,}1\, x^3$ für $0 \leqq x \leqq 3$

c) $f(x) = 1 + \frac{1}{2}x^2$ für $-2 \leqq x \leqq 2$

8. e-Funktion und Logarithmus

Vor der Sendung

Zwei für die Mathematik und die Anwendungen der Mathematik besonders wichtige Funktionen sind bisher in der Differential- und der Integralrechnung nicht betrachtet worden: die e-Funktion und die Logarithmusfunktion. Beide werden in den letzten drei Lektionen dieses Bandes dargestellt werden. Zwar haben Sie diese Funktionen bereits in der Algebra kennengelernt, doch ist seitdem viel Zeit vergangen. Deshalb wird Ihnen diese Lektion nur wenig Neues vorstellen, sondern in der Hauptsache zur Wiederholung dienen. Die Exponential- und die Logarithmusfunktion werden auch für irrationale Zahlen gebildet. Daher sollten Sie sich den Begriff der reellen Zahl vorher nochmals klarmachen. Hinweise dazu finden Sie in TK I Algebra, Band 3, Lektion 28. Falls Ihnen diese Lektion 8 nicht ganz leicht fällt, können Sie auch zunächst nochmals die Lektionen 37 bis 39 aus dem Band 3 der Algebra zur Wiederholung heranziehen.

Übersicht

1. **Exponentialfunktionen** lassen sich auch für reelle Exponenten definieren. Dafür ist das Rechnen mit Grenzwerten und Intervallschachtelungen notwendig. Die Eigenschaften der Exponentialfunktion werden zusammengestellt.

2. Eine spezielle Exponentialfunktion ist die **e-Funktion**. Ihre Eigenschaften lassen sich aus den Eigenschaften der allgemeinen Exponentialfunktion herleiten. Die Eulersche Zahl e ist als ein spezieller Grenzwert definiert. Auch die Potenz e^x läßt sich durch einen Grenzwert erklären.

3. Die Umkehrung der Exponentialfunktion liefert die **Logarithmusfunktion**. Die Eigenschaften der Logarithmusfunktion und die Logarithmengesetze ergeben sich aus den Eigenschaften der Exponentialfunktion. Eine spezielle Logarithmusfunktion ist die zur Basis e, der natürliche Logarithmus. Jede Exponentialfunktion läßt sich als e^{kx} schreiben.

4. Die e-Funktion dient zur **Beschreibung vieler Naturvorgänge**. Beispiele dafür sind das Anwachsen einer Bakterienkultur und der radioaktive Zerfall.

8.1 Exponentialfunktionen

Bei der Bildung von Differentialquotienten und Integralen haben Sie bisher Potenzfunktionen betrachtet, die durch die Gleichung

$$y = x^n \quad \text{mit} \quad n \in \mathbb{Q}\,, \; x \in \mathbb{R}$$

beschrieben waren. n war dabei also eine rationale Zahl, die für eine bestimmte Funktion festlag, konstant war. Die Variable x stand als Basis der Potenz. Betrachtet man nun Funktionen, deren Funktionsvorschrift ebenfalls durch eine Potenz angegeben wird, bei der jedoch nun die Basis der Potenz konstant und der Exponent variabel ist, so kommt man zu den Exponentialfunktionen, deren Funktionsvorschrift durch die Gleichung

$$y = a^x \qquad a \in \mathbb{R}^+$$

beschrieben wird. Solche Exponentialfunktionen kennen Sie bereits aus der Algebra (vgl. Algebra, Band 3, Lektion 36.3, Seite 132).

Zeichnet man den Graphen einer solchen Funktion, zum Beispiel

der Funktion $y = 2^x$,

so ergibt sich die Schwierigkeit, daß man zwar für alle rationalen x-Werte Funktionswerte berechnen kann, aber Potenzen mit irrationalen Exponenten nicht erklärt sind.
Auch auf diese Schwierigkeit wurde in der Algebra bereits hingewiesen. Dort wurde mit Näherungswerten gerechnet, die für praktische Belange ausreichen. Durch den Grenzwertbegriff und den Begriff der Intervallschachtelung stehen Ihnen jetzt mathematische Methoden zur Verfügung, die das Problem genauer lösen lassen.

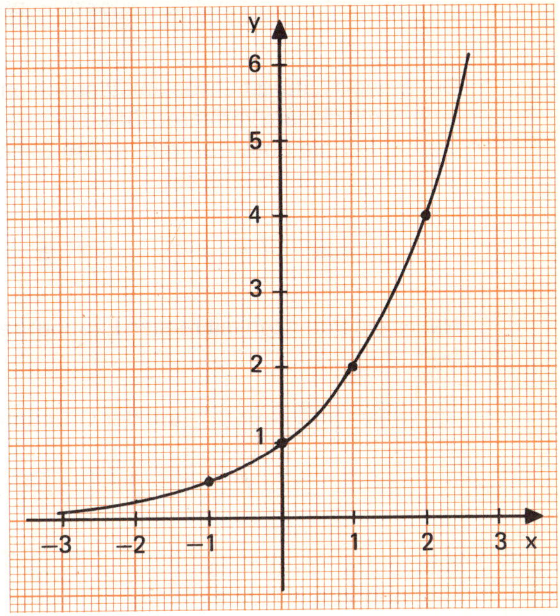

Aus dem Band Analysis, Folgen und Grenzwerte, Lektion 6 Abschnitt 2, wissen Sie, daß jedem Punkt der Zahlengeraden eine reelle Zahl entspricht und daß demnach durch eine Intervallschachtelung eine reelle Zahl bestimmt wird.

Für $\sqrt{2}$ zum Beispiel bilden die beiden Folgen

$$a_n = \{ 1; 1{,}4; 1{,}41; 1{,}414; 1{,}4142; \ldots\ldots \}$$

und $$b_n = \{ 2; 1{,}5; 1{,}42; 1{,}415; 1{,}4143; \ldots\ldots \}$$

eine Intervallschachtelung und es gilt $\lim a_n = \lim b_n = \sqrt{2}$.

Will man nun Potenzen mit reellem Exponenten erklären, zum Beispiel $2^{\sqrt{2}}$, so muß man eine Intervallschachtelung angeben, die diese Zahl $2^{\sqrt{2}}$ definiert.

Dazu bildet man die Folgen

$$c_n = \{ 2^1; 2^{1{,}4}; 2^{1{,}41}; 2^{1{,}414}; 2^{1{,}4142}; \ldots\ldots \}$$

und $$d_n = \{ 2^2; 2^{1{,}5}; 2^{1{,}42}; 2^{1{,}415}; 2^{1{,}4143}; \ldots\ldots \}$$

und zeigt, daß diese Folgen eine Intervallschachtelung darstellen. Nach der Lektion 7 Abschnitt 1 (Seite 82) des Bandes über Folgen und Grenzwerte bilden die zwei Folgen dann eine **Intervallschachtelung**, wenn sie die folgenden Eigenschaften besitzen:

(1) Die Folge c_n ist monoton wachsend.

(2) Die Folge d_n ist monoton fallend.

(3) Die Folge $d_n - c_n$ ist eine Nullfolge.

Der Beweis dafür ist etwas umständlich und wird hier übergangen. Grundsätzlich läßt sich jedoch mit diesem Verfahren für jedes $a > 0$ die Potenz a^x für beliebiges reelles x definieren. Für die Potenzen mit reellen Exponenten lassen sich dann auch die bekannten Potenzgesetze beweisen:

$a^x \cdot a^y = a^{x+y}$ $\quad$ $1 : a^y = a^{-y}$ $\quad$ $a^x : a^y = a^{x-y}$ $\quad$ $(a^x)^y = a^{xy}$

Nachdem Potenzen mit reellen Exponenten definiert sind, kann man die Exponentialfunktion

$y = a^x$ mit $a > 0$ auf der Grundmenge $\mathbb{R}$ betrachten. Das heißt

$y = a^x$ $(a > 0)$ hat den Definitionsbereich $\mathbb{R}$.

Betrachtet man die Graphen von verschiedenen Exponentialfunktionen, so kann man weitere Eigenschaften dieser Funktionen vermuten:

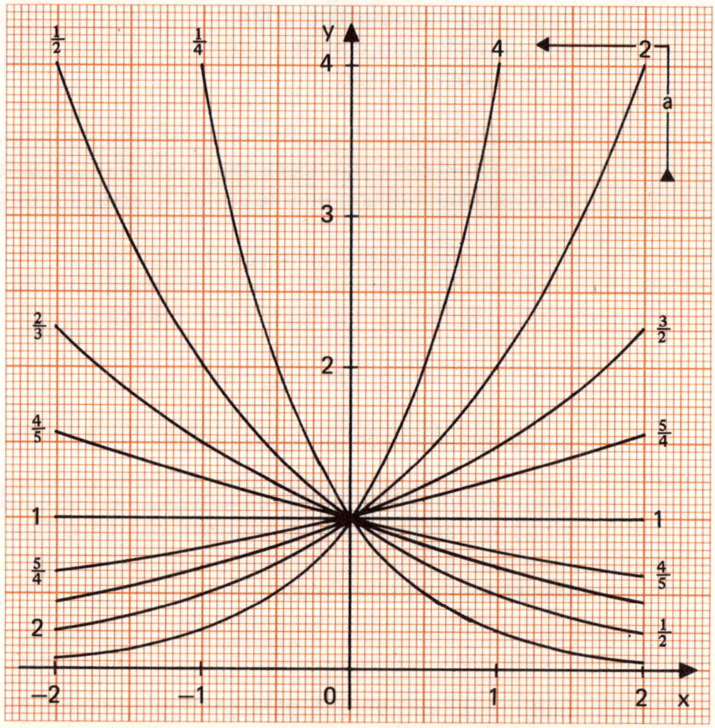

1. Alle Exponentialfunktionen gehen durch den Punkt $(0|1)$.

2. Die x-Achse ist Asymptote, d. h. $\lim_{x \to \infty} a^x = 0 \quad (0 < a < 1)$

   bzw. $\lim_{x \to -\infty} a^x = 0 \quad (a > 1)$

3. $y = a^x$ ist stets positiv.

4. Die Exponentialfunktion $y = a^x$ ist für $a > 1$ monoton wachsend und für $0 < a < 1$ monoton fallend.

5. Die Exponentialfunktion ist nach oben unbeschränkt, das heißt

   $\lim_{x \to -\infty} a^x = \infty$ für $0 < a < 1$ $\quad \lim_{x \to \infty} a^x = \infty$ für $a > 1$

6. Die Exponentialfunktion $y = a^x$ ist stetig.

Die Aussage 1 ergibt sich aus der Festlegung $a^0 = 1$.

Zur Aussage 2 stellen Sie bitte folgende Überlegung an: Es sei die Exponentialfunktion $y = 2^x$ gegeben. Geben Sie ein x an, so daß der Funktionswert 2^x kleiner als $\frac{1}{10000}$ ist. Probieren Sie mit Ihrem Taschenrechner.

→ (3)

Die Aussagen 3 und 4 ergeben sich aus den Potenzgesetzen und der Bedingung $a > 0$.

Die Aussage 5 verdeutlichen Sie sich bitte, indem Sie für die Funktion $y = 2^x$ x die Folge $\{1; 10; 100; 1000; \ldots..\}$ durchlaufen lassen und – soweit wie möglich – 2^x mit Ihrem Taschenrechner ausrechnen.

→ (7)

Die Aussage 6 kann hier noch nicht bewiesen werden. In der folgenden Lektion wird aber gezeigt, daß die Funktion $y = a^x$ differenzierbar ist. Aus der Differenzierbarkeit folgt bekanntlich die Stetigkeit (vgl. Lektion 5 aus dem Band Differentialrechnung.)

Die Aussagen 1 bis 6 zeigen:

Der Wertebereich der Exponentialfunktion $y = a^x$ $(a > 0)$ ist die Menge der positiven reellen Zahlen $\mathbb{R}^+$.

$y = a^x$ ist also eine Funktion von $\mathbb{R}$ auf $\mathbb{R}^+$.

Mit anderen Worten:
Für jede reelle Zahl x läßt sich der Wert a^x $(a > 0)$ berechnen und ist positiv.
Umgekehrt: Jede positive reelle Zahl läßt sich als a^x mit beliebigem $a > 0$ darstellen.

Aufgaben zu 8.1

1. Berechnen Sie mit Ihrem Taschenrechner unter Verwendung der y^x Taste:

a) $2^{3,4}$ b) $3^{-1,2345}$ c) $2^{\sqrt{3}}$ d) $10^{\sqrt{2}}$ e) $5^{\sqrt{17}}$ f) $10^{-\sqrt{3}}$

2. Stellen Sie eine Wertetabelle auf, die auch irrationale Werte wie $\sqrt{2}$, $\sqrt{3}$, $-\sqrt{2}$, $-\sqrt{3}$ enthält, und zeichnen Sie den Graphen der Funktion

a) $y = 3^x$ b) $y = \left(\frac{1}{2}\right)^x$

8.2 Die e-Funktion

In der Algebra (vgl. Algebra 3, Lektion 39.1, Seite 166) haben Sie die Zinseszinsrechnung kennengelernt. Wird bei der Zinseszinsrechnung die Verzinsung nicht jeweils nach bestimmten Zeitabschnitten, sondern dauernd, in jedem Moment durchgeführt, so spricht man von einer stetigen Verzinsung. Bei dieser stetigen Verzinsung tritt die Folge

$$a_n = \left(1 + \frac{1}{n}\right)^n$$

auf, deren Grenzwert man berechnen muß. In der Lektion 6 (Abschnitt 3) des Bandes Analysis, Folgen und Grenzwerte, haben Sie gesehen, daß diese Folge tatsächlich konvergiert und den Grenzwert $e \approx 2{,}71828$, die sogenannte Eulersche Zahl besitzt.

$$e = \lim_{n \to \infty} \left(1 + \frac{1}{n}\right)^n$$

Die Exponentialfunktion mit dieser Zahl e als Basis, also die Funktion $y = e^x$, heißt Funktion des natürlichen Wachstums oder kurz **e-Funktion**.

Hier rechts finden Sie den Graphen der e-Funktion gezeichnet. Da die e-Funktion eine spezielle Exponentialfunktion und $e > 1$ ist, besitzt sie natürlich alle Eigenschaften der Exponentialfunktion $y = a^x$ für $a > 1$. Es sind dies:

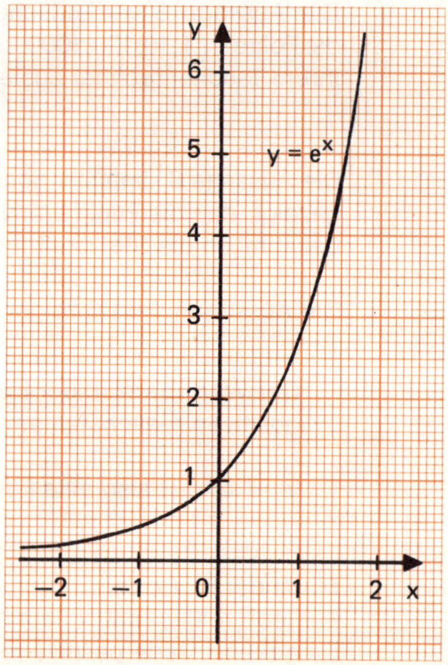

1. Die e-Funktion geht durch den Punkt (0|1).

$$e^0 = 1$$

2. Die x-Achse ist Asymptote.

$$\lim_{x \to -\infty} e^x = 0$$

3. $y = e^x$ ist stets positiv.

$$e^x > 0$$

4. Die e-Funktion $y = e^x$ ist monoton wachsend.

$$x < y \quad \Leftrightarrow \quad e^x < e^y$$

5. Die e-Funktion wächst unbeschränkt.

$$\lim_{x \to \infty} e^x = \infty$$

6. Die e-Funktion ist stetig.
   (Die Differenzierbarkeit der e-Funktion wird in Lektion 9 bewiesen werden.)

7. Die e-Funktion bildet die Menge der reellen Zahlen auf die Menge der positiven reellen Zahlen ab.

Da die Potenzgesetze für alle $a > 0$ und alle $x \in \mathbb{R}$ gelten, gilt speziell auch für die e-Funktion: (Bitte vervollständigen Sie die folgenden Gesetze!)

8. Es gelten die Gesetze

   $e^x \cdot e^y =$ ______ $\quad 1 : e^y =$ ______ $\quad e^x : e^y =$ ______ $\quad (e^x)^y =$ ______

→ 1

Wie bei der allgemeinen Exponentialfunktion folgt auch:

9. Für beliebiges $a > 0$ gibt es stets ein $x \in \mathbb{R}$ mit $e^x = a$.

Aufgabe:

Mit Hilfe der Eigenschaften der e-Funktion kann man auch die Eigenschaften einer Funktion $y = e^{kx}$ erhalten.

Zeichnen Sie die Funktion $y = e^{\frac{1}{2}x}$ und prüfen Sie, ob auch für diese Funktion die Eigenschaften 1 bis 7 gelten.

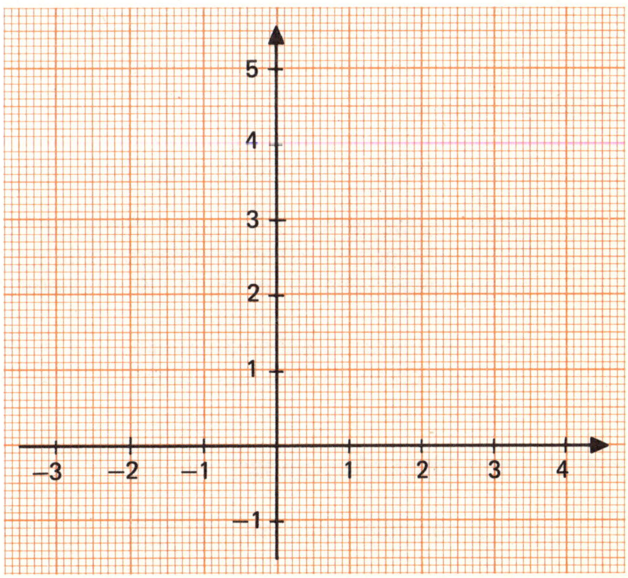

→ 4

Die Zahl e wurde durch den $\lim\limits_{n \to \infty} \left(1 + \frac{1}{n}\right)^n$ erklärt, e^x ist dann $\left[\lim\limits_{n \to \infty} \left(1 + \frac{1}{n}\right)^n\right]^x$

Ist x rational, also $x = \frac{p}{q}$, so gilt aufgrund der Grenzwertsätze (vgl. Analysis, Folgen und Grenzwerte, Lektion 5):

$$\left[\lim_{n \to \infty} \left(1 + \frac{1}{n}\right)^n\right]^x = \lim_{n \to \infty} \left[\left(1 + \frac{1}{n}\right)^{nx}\right]$$

Wählt man nun für n nicht die Folge der natürlichen Zahlen, sondern die Teilfolge der Vielfachen von q $\{q; 2q; 3q; 4q; 5q; \ldots.\}$, dann strebt die Folge $\left(1 + \frac{1}{n}\right)^n$ natürlich gegen denselben Grenzwert und man kann $nx = m$ setzen, wobei die Zahlen m wieder eine Folge durchlaufen und zwar $\{p; 2p; 3p; 4p; 5p; \ldots.\}$, also gegen ∞ streben.

Da $nx = m$ gesetzt wurde, ist $n = \frac{m}{x}$, und man erhält die Beziehung

$$\left[\lim_{n \to \infty} \left(1 + \frac{1}{n}\right)^n\right]^x = \lim_{n \to \infty} \left[\left(1 + \frac{1}{n}\right)^{nx}\right] = \lim_{m \to \infty} \left(1 + \frac{1}{\frac{m}{x}}\right)^m = \lim_{m \to \infty} \left(1 + \frac{x}{m}\right)^m$$

Durch Grenzwertbetrachtungen kann man zeigen, daß diese Beziehung auch für reelle x-Werte gilt:

$$e^x = \lim_{m \to \infty} \left(1 + \frac{x}{m}\right)^m \qquad x \in \mathbb{R}$$

Diese Beziehung hätte man zur Definition der Funktion e^x verwenden können.

Auch aus ihr lassen sich die Eigenschaften der Funktion e^x ableiten.

Aufgaben zu 8.2

1. Bestimmen Sie aus der Beziehung $e^x = \lim\limits_{n \to \infty} \left(1 + \frac{x}{n}\right)^n$ mit Ihrem Taschenrechner

   Näherungswerte für $e^{\sqrt{2}}$, indem Sie eine Reihe von Werten (für $n = 10; 100; \ldots; 100\,000$) berechnen. (Dieses Verfahren müßte man anwenden, wenn der Taschenrechner keine eigene Taste für e^x hätte.) Kontrollieren Sie Ihr Ergebnis mit Hilfe der Taste e^x.

2. Zeichnen Sie den Graphen der Funktion $y = e^{-x}$ und geben Sie die Eigenschaften dieser Funktion an, die den Eigenschaften der e-Funktion Nr. 1 bis 7 entsprechen.

8.3 Logarithmusfunktionen

Die Exponentialfunktionen $y = a^x \quad x \in \mathbb{R} \quad a > 0$

haben die Eigenschaft, daß jeder reellen Zahl x eine positive reelle Zahl y zugeordnet wird.

Auch umgekehrt ist die Zuordnung eindeutig: Jeder positiven reellen Zahl y wird eine reelle Zahl x zugeordnet. Wie Sie wissen bedeutet das

Die Exponentialfunktionen sind umkehrbar.

Sie erinnern sich sicher noch (vgl. Algebra 2, Lektion 17 und Algebra 3, Lektion 37.1):

Aus dem Graphen einer Funktion erhält man den Graphen der Umkehrfunktion durch Spiegeln an der ersten Winkelhalbierenden. Hier unten finden Sie die Graphen der Funktionen $y = 2^x$ und $y = e^x$. Zeichnen Sie die Graphen der Umkehrfunktionen ein.

Aus der Funktionsgleichung einer Funktion erhält man die Funktionsgleichung der Umkehrfunktion, indem man

y statt x und x statt y

schreibt und die Gleichung nach dem neuen y auflöst.

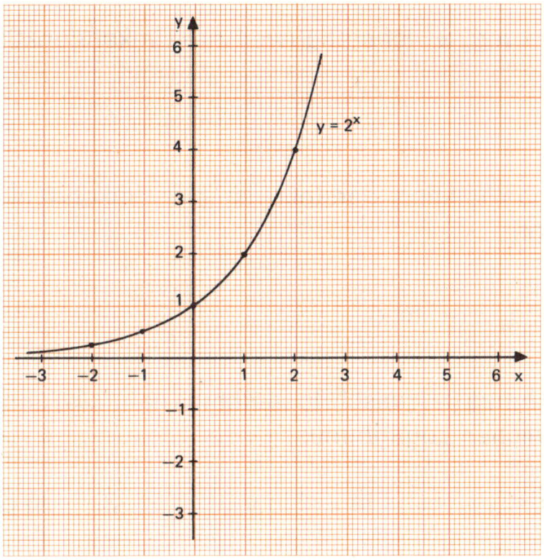

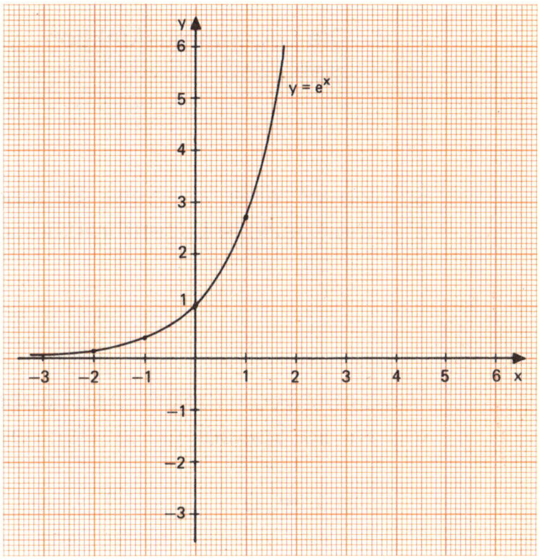

→ 6

Die Gleichung der Umkehrfunktion der Exponentialfunktion $y = a^x$ erhält man demnach als

$$x = a^y$$

Auflösen nach y bedeutet: y ist der Exponent zur Basis a, so daß $a^y = x$ ergibt.

Diese Umkehrung der Exponentialfunktion heißt **Logarithmusfunktion**; die Funktionsgleichung schreibt man als

$$y = \log_a x$$ (gesprochen: Logarithmus x zur Basis a)

Die Eigenschaften der Logarithmusfunktion erhält man leicht aus den Eigenschaften der Exponentialfunktion:

1. Alle Logarithmusfunktionen gehen durch den Punkt $(1|0)$. $\log_a 1 = 0$
2. Die y-Achse ist Asymptote, d.h. $\lim\limits_{x \to 0} \log_a x = -\infty$ für $a > 1$
3. Die Logarithmusfunktion ist nur für positive x-Werte definiert.
4. Die Logarithmusfunktion ist für $a > 1$ monoton wachsend, für $0 < a < 1$ monoton fallend.
5. Die Logarithmusfunktion ist nach oben unbeschränkt, das heißt

$$\lim_{x \to \infty} \log_a x = \infty \quad \text{für } a > 1$$

6. Die Logarithmusfunktion $y = \log_a x$ ist stetig (weil ihre Umkehrfunktion stetig ist).

So wie e^x eine spezielle Exponentialfunktion darstellt, ist die Umkehrfunktion von e^x eine spezielle Logarithmusfunktion:

$$\boxed{y = \log_e x = \ln x}$$

Man spricht vom **natürlichen Logarithmus** (lateinisch: logarithmus naturalis) und kürzt ihn mit **ln** ab. Speziell gilt für den natürlichen Logarithmus:

1. $\ln 1 = 0$ 2. $0 < x < y \iff \ln x < \ln y$ 3. $\ln e = 1$

Aus den Potenzgesetzen ergeben sich die Logarithmengesetze (vgl. Algebra 3, Lektion 37.3):

$$(1)\quad \log_a(u \cdot v) = \log_a u + \log_a v$$
$$(2)\quad \log_a(u : v) = \log_a u - \log_a v$$
$$(3)\quad \log_a v^x = x \cdot \log_a v$$

Das dritte Logarithmengesetz dient insbesondere auch dazu, Gleichungen der Form

$a^x = b$ zu lösen.

Lösen Sie die Gleichung $3^x = 5$. (Verwenden Sie zur Ausrechnung die Taste [ln] auf Ihrem Taschenrechner.)

→ (2)

Jede Exponentialfunktion $y = a^x$ läßt sich umschreiben in eine Funktion der Gestalt $y = e^{kx}$. Dies läßt sich ebenfalls mit Hilfe des dritten Logarithmengesetzes zeigen; dabei wird auch das k bestimmt:

Für welches k ist $a^x = e^{kx}$?

Logarithmieren ergibt $\ln a^x = \ln e^{kx}$

$$x \cdot \ln a = kx \cdot \ln e = kx \qquad (\text{da } \ln e = 1)$$

Daraus ergibt sich $k = \ln a$

Also ist $y = a^x = e^{x \cdot \ln a}$

Diese Beziehung wird es ermöglichen, Ableitungen von allgemeinen Exponentialfunktionen zu berechnen, wenn die Ableitung der e-Funktion bekannt ist. Die Lektion 9 wird mehr darüber bringen.

Aufgaben zu 8.3

1. Bilden Sie die Umkehrfunktion zu a) $y = 10^x$ b) $y = \left(\frac{1}{2}\right)^x$
2. Lösen Sie die folgenden Gleichungen a) $2^x = 10$ b) $10^x = 2$ c) $e^x = 5$
3. Schreiben Sie die folgenden Funktionen um in Funktionen mit der Basis e.

   a) $y = 2^x$ b) $y = 10^x$ *c) $y = (2e)^x$

8

8.4 Anwendungen der e-Funktion

Wie Sie schon aus Lektion 39 der Algebra Band 3 wissen, lassen sich viele Vorgänge in der Natur mit Hilfe der e-Funktion beschreiben. Dies ist auch der Grund dafür, daß man die e-Funktion die Funktion des natürlichen Wachstums nennt. Zur Wiederholung finden Sie hier nochmals zwei Beispiele:

Beispiel 1

Die **Vermehrung von Bakterien** geht exponentiell vor sich. Das bedeutet: Sind zu einem Zeitpunkt zum Beispiel in einer Nährlösung N_0 Bakterien vorhanden, so sind nach der Zeit t in dieser Lösung

$$N = N_0 \cdot e^{at}$$

Bakterien. a ist dabei eine Materialkonstante, die von der Art der Bakterien und den Verhältnissen der Nährlösung (z.B. Temperatur) abhängt.

Die Anzahl der Bakterien in einer Lösung sei innerhalb einer Stunde von 9000 auf 32000 gestiegen. Nach wieviel Minuten verdoppelt sich jeweils die Bakterienanzahl?

Zur Lösung der Aufgabe muß zunächst die Materialkonstante a bestimmt werden. Diese findet man aus der Gleichung

$$32000 = 9000 \cdot e^{a \cdot 60} \quad ,$$

wenn man die Zeit in Minuten angibt. (Man kann natürlich auch die Zeit in Sekunden, Stunden oder Jahren schreiben; a bezieht sich immer auf die gewählte Zeiteinheit.)

Zur Lösung der Gleichung rechnet man

$$32 = 9 \cdot e^{60a}$$

$$e^{60a} = \frac{32}{9}$$

$$\ln e^{60a} = \ln 32 - \ln 9$$

$$60a \cdot \ln e = \ln 32 - \ln 9$$

$$a = \frac{\ln 32 - \ln 9}{60} \qquad (\text{da } \ln e = 1)$$

Berechnen Sie diesen Ausdruck mit Ihrem Taschenrechner! a = ______________

→ (5)

Die Zeit, in der sich die Bakterienzahl verdoppelt, ergibt sich mit dieser Konstanten a aus der Gleichung

$$2 = e^{at}$$

Da die Konstante a mit der Zeiteinheit Minuten berechnet wurde, gibt die Lösung die Zeit in Minuten an. Führen Sie die Rechnung zu Ende.

→ (8)

Beispiel 2

Beim **radioaktiven Zerfall** wandelt sich ein chemischer Stoff unter Aussendung von radioaktiver Strahlung in einen anderen Stoff um. Der ursprüngliche Stoff nimmt also ab. Der Vorgang muß mit einer abnehmenden Exponentialfunktion beschrieben werden. Um die Basis e weiterhin verwenden zu können, nimmt man den Exponenten negativ. Ist N_0 die Anzahl der ursprünglich vorhandenen Atome des Stoffes und N die Anzahl nach einer bestimmten Zeitspanne, so lautet die Funktionsgleichung für den radioaktiven Zerfall

$$N = N_0 \cdot e^{-at}$$

a ist die Zerfallskonstante, die für jeden Stoff einen spezifischen Wert hat.

Meistens wird beim radioaktiven Zerfall die sogenannte Halbwertszeit angegeben: Das ist die Zeit, in der die Hälfte der zu Beginn vorhandenen Atome zerfallen ist. Aus der Halbwertszeit kann man die Zerfallskonstante berechnen.

Wismut 210 zerfällt mit einer Halbwertszeit von 5 Tagen in Polonium 210. Nach welcher Zeit bleiben von 10 g Wismut 210 nur noch 2 g übrig?

Aus der Halbwertszeit ergibt sich die Zerfallskonstante:

$$0{,}5 = e^{-a \cdot 5}$$

$$\ln 0{,}5 = -a \cdot 5$$

$$a = \frac{\ln 2}{5}$$

$$a \approx 0{,}1386$$

Zur Berechnung der Zeit, nach der von 10 g nur noch 2 g übriggeblieben sind, stellt man die folgende Gleichung auf:

$$2 = 10 \cdot e^{-0{,}1386 \cdot t}$$

Daraus ergibt sich $0{,}2 = e^{-0{,}1386 \cdot t}$

$$\ln 0{,}2 = -0{,}1386 \cdot t$$

$$t = \frac{\ln 5}{0{,}1386}$$

$$t \approx 11{,}6 \text{ Tage}$$

Aufgabe zu 8.4

In einer Bakterienkultur wächst die Anzahl der Bakterien innerhalb von 12 Stunden auf das Zwanzigfache. In welcher Zeit ist das 1000-fache erreicht?

8

Wiederholungsaufgaben

1. Berechnen Sie a) $5^{2,5}$ b) 2^{-7} c) $\left(\frac{1}{2}\right)^{-\sqrt{3}}$ d) $2^{\sqrt{3}}$

2. Stellen Sie auswendig die Eigenschaften der Funktion $y = \left(\frac{1}{3}\right)^x$ zusammen.

3. Bilden Sie die Umkehrfunktion von a) $y = 2^{-x}$ b) $y = \log_3 x$ c) $y = \left(\frac{1}{4}\right)^x$ d) $y = e^{5x}$ *e) $y = 3 \ln x$ *f) $y = 4e^{-2x}$

4. Lösen Sie die Gleichungen a) $5^x = 2{,}17$ b) $3^{2x} = 5$ *c) $7^{2 \cdot x} = e$

5. In einem Kubikzentimeter Milch hat man zwei Stunden nach dem Melken 4000 Keime gemessen, eine Stunde später waren es 14 000 Keime. Wieviel Keime waren zur Zeit des Melkens vorhanden?

*6. Diskutieren Sie die Angabe: Ein radioaktiver Stoff hat eine Halbwertszeit von 5000 Jahren. Erläutern Sie mit Beispielrechnungen.

7. Berechnen Sie a) $\log_7 6$ b) $\log_3 e$ *c) $\log_{12} 5$

9. Wachstumsgeschwindigkeit

Vor der Sendung

Aus der vorigen Lektion kennen Sie Wachstums- und Zerfallsprozesse, die sich mit Hilfe von Exponentialfunktionen beschreiben lassen. Exponentielles Wachstum kann nach einiger Zeit zu einer explosionsartigen Entwicklung führen, weil die Wachstumsgeschwindigkeit sehr schnell zunimmt. In dieser Lektion wird geklärt, was unter Wachstumsgeschwindigkeit zu verstehen ist; der Begriff wird auf die Exponentialfunktion angewendet. Dazu ist es nötig, daß Sie lernen, wie man die Exponentialfunktion differenziert.

Übersicht

1. Zunächst wird der Begriff der Wachstumsgeschwindigkeit geklärt.
2. Es wird bewiesen, daß die Exponentialfunktion differenzierbar ist und mit ihrer Ableitungsfunktion übereinstimmt.
3. Bei zahlreichen Naturvorgängen ist die Wachstumsgeschwindigkeit einer Größe zu einem Zeitpunkt immer proportional dem Wert der Größe zum gleichen Zeitpunkt (stetiges Wachstum). Es wird gezeigt, daß stetiges Wachstum durch Exponentialfunktionen beschrieben wird.

9.1 Der Begriff der Wachstumsgeschwindigkeit

Wir wollen den Begriff der Wachstumsgeschwindigkeit zunächst bei linearem Wachstum und anschließend bei nichtlinearem Wachstum klären.

Beispiel

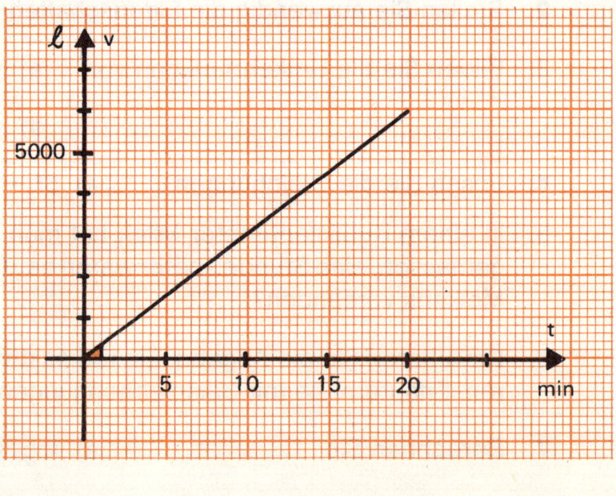

Ein leerer Öltank mit einem Fassungsvermögen von 6000 Litern wird in 20 Minuten gefüllt. Aus dem Graphen kann man sehen, wieviel Liter Öl nach t Minuten in dem Tank sind. Das Volumen ist eine Funktion der Zeit und zwar eine **lineare Funktion**; es wächst im Laufe der Zeit linear an. Was versteht man hier unter der Zulauf- oder Wachstumsgeschwindigkeit? Die Zulaufgeschwindigkeit ist die Menge Öl, die in der Zeiteinheit 1 Minute zuläuft. In unserem

Beispiel ist sie $\frac{6000\,l}{20\,min} = 300\,\frac{l}{min}$. An dem Graphen sehen Sie, daß die **Wachstumsgeschwindigkeit** der **Steigung der Geraden** entspricht. Würde der Zulauf gedrosselt, so würden in 1 Minute weniger als 300 Liter Öl einfließen. Die entsprechende Gerade würde flacher verlaufen. Bei einer Erhöhung der Wachstumsgeschwindigkeit verläuft die Gerade steiler. Das heißt:

Bei linearem Wachstum gibt die Steigung der Geraden die Wachstumsgeschwindigkeit an.

Dieses Ergebnis wollen wir nun auf den nichtlinearen Fall übertragen.

Beispiel

Durch eine Schleuse wird Wasser in ein Becken eingelassen. Da sich die Schleuse öffnet, ist die Wassermenge, die pro Minute zuläuft, nicht konstant.

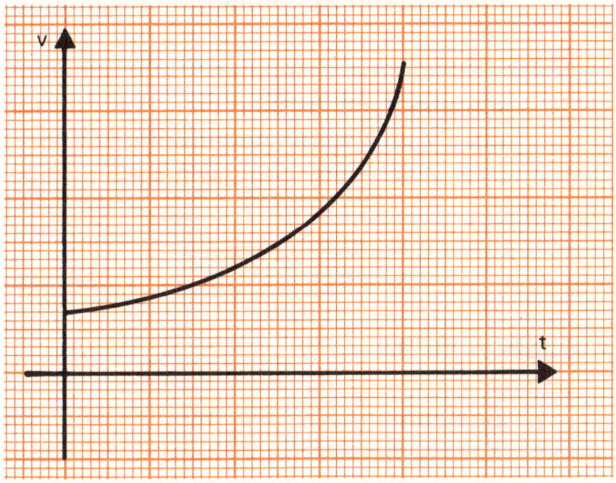

Sie nimmt von Augenblick zu Augenblick zu. Man kann deshalb in einem solchen Fall nur eine **momentane Wachstumsgeschwindigkeit** in einem bestimmten Zeitpunkt angeben. Was versteht man darunter?

Wir gehen davon aus, daß eine Größe y sich zeitlich verändert und daß zwischen y und der Zeit t die Beziehung

$$y = f(t)$$

besteht. f(t) sei eine differenzierbare Funktion der Zeit.

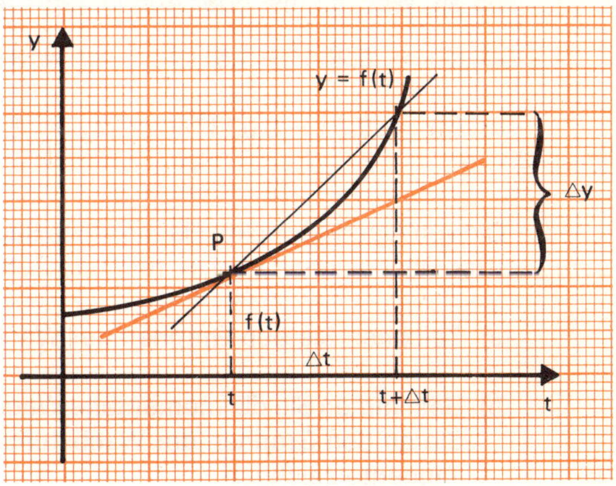

Dann bedeutet:

$\Delta y = f(t + \Delta t) - f(t)$ die Größenänderung im Zeitraum Δt und

$\frac{\Delta y}{\Delta t} = \frac{f(t + \Delta t) - f(t)}{\Delta t}$ die mittlere Wachstumgsgeschwindigkeit im Zeitraum Δt

(Steigung der Sekante).

Läßt man $\Delta t \to 0$ gehen, so erhält man die momentane Wachstumsgeschwindigkeit im Zeitpunkt t . (Steigung der Tangente).

9

$$y' = \lim_{\Delta t \to 0} \frac{f(t + \Delta t) - f(t)}{\Delta t}$$ stellt die momentane Wachstumsgeschwindigkeit im Zeitpunkt t dar.

Die momentane Wachstumsgeschwindigkeit ist also der Differentialquotient der Wachstumsfunktion zum Zeitpunkt t bzw. die Steigung des Graphen dieser Funktion im Punkt $P(t|f(t))$.

Die Überlegungen, die zum Begriff der momentanen Wachstumsgeschwindigkeit führten, lassen sich auch auf Vorgänge anwenden, bei denen eine Größe mit der Zeit abnimmt (Abnahmeprozesse). In diesem Fall gibt der Differentialquotient der Abnahmefunktion die **momentane Abnahmegeschwindigkeit** an.

Wachstum und Abnahme unterscheiden sich dadurch, daß im ersten Fall der Graph monoton steigt, im zweiten Fall monoton fällt. Der Differentialquotient ist also im ersten Fall positiv, im zweiten negativ. Wir können deshalb Abnahme auch als „Wachstum mit negativer Wachstumsgeschwindigkeit (negatives Wachstum)" bezeichnen.

Aufgaben zu 9.1

1. Bestimmen Sie die momentane Wachstums- bzw. Abnahmegeschwindigkeit zur Zeit t_0 bei der Wachstums- bzw. Abnahmefunktion $y = f(t)$. Entscheiden Sie jeweils, ob ein Wachstums- oder Abnahmeprozeß vorliegt.

a) $f(t) = 0{,}25\,t^2 + 1{,}5$; $t_0 = 3{,}5$

b) $f(t) = 0{,}7\,t - 0{,}02\,t^3$; $t_0 = 1{,}6$

c) $f(t) = 4 - 0{,}3\,t$; $t_0 = 2{,}5$

d) $f(t) = \frac{0{,}3}{t}$; $t_0 = 0{,}5$

2. Die von Algen bedeckte Fläche eines Baggersees wächst nach der Funktion $f(t) = e^{0{,}4 \cdot t}$ (Der Flächeninhalt wird in m^2, die Zeit in Wochen angegeben).

a) Zeichnen Sie den Graphen der Wachstumsfunktion im Intervall $0 \leqq t \leqq 3$.

b) Bestimmen Sie die momentane Wachstumsgeschwindigkeit zur Zeit $t_0 = 1$, indem Sie an den Graphen der Wachstumsfunktion an der Stelle t_0 möglichst genau eine Tangente zeichnen.

9.2 Die Ableitung der Exponentialfunktion

In den Aufgaben zu 9.1 sollten Sie zu gegebenen Funktionen die momentane Wachstumsgeschwindigkeit bestimmen. Dies war in all den Fällen einfach, in denen Sie in der Lage waren, mit Hilfe der Ableitungsregeln die Ableitungsfunktion zu der gegebenen Wachstumsfunktion aufzustellen. In Aufgabe 2 konnten Sie bei exponentiellem Wachstum die momentane Wachstumsgeschwindigkeit zu einem Zeitpunkt t_0 nur graphisch bestimmen, da Sie noch nicht wissen, wie man eine Exponentialfunktion differenziert. Diese Lücke wollen wir jetzt schließen.

In der Fernsehsendung wurde näherungsweise die Ableitung von $f(x) = e^x$ an mehreren Stellen mit Hilfe eines Tangentensteigungsmeßgeräts bestimmt. Sie sollen dieses Verfahren nun zeichnerisch nachvollziehen.

Aufgabe: Zeichnen Sie den Graphen von $f(x) = e^x$ im Intervall $-1 \leqq x \leqq 2{,}5$. Zeichnen Sie dann die Tangenten an den Graphen in den angegebenen Stellen und bestimmen Sie jeweils die Tangentensteigung.

x	0	1	1,5	2
f(x)	1	2,7	4,5	7,4
f′(x)				

→ (12)

Sie entdecken einen erstaunlichen Zusammenhang. Die Ableitung der e-Funktion stimmt an jeder betrachteten Stelle mit dem Funktionswert überein. Dies gilt nicht nur an den vier Stellen, sondern allgemein.

Satz 1

Die Exponentialfunktion $f(x) = e^x$ ist für alle $x \in \mathbb{R}$ differenzierbar, und es gilt:

$$f'(x) = e^x$$

Beweis

Wir greifen auf die Definition des Differentialquotienten

$$\lim_{h \to 0} \frac{f(x+h) - f(x)}{h} \quad (h \neq 0)$$

zurück und setzen für $f(x)$ die Funktion e^x ein:

$$\lim_{h \to 0} \frac{e^{x+h} - e^x}{h} \quad (h \neq 0)$$

Der Term wird umgeformt:

$$= \lim_{h \to 0} \frac{e^x \cdot e^h - e^x}{h}$$

Begründen Sie den Umformungsschritt.

→ (10)

$$= \lim_{h \to 0} \frac{e^x (e^h - 1)}{h}$$

Begründen Sie den Umformungsschritt. → (3)

$$= e^x \cdot \lim_{h \to 0} \frac{e^h - 1}{h}$$

Begründen Sie den Umformungsschritt.
Welche Voraussetzung liegt der Umformung zugrunde? → (14)

Die Behauptung des Satzes ist bewiesen, wenn sichergestellt ist,
daß der Grenzwert 1 ist:

$$= e^x \cdot \underbrace{\lim_{h \to 0} \frac{e^h - 1}{h}}_{1}$$

daß also gilt: $\lim_{h \to 0} \frac{e^h - 1}{h} = 1$

Man kann sich die Richtigkeit dieser Beziehung anschaulich klarmachen, wenn man die Existenz des Grenzwertes voraussetzt und eine geometrische Veranschaulichung sucht.

Angenommen $\lim_{h \to 0} \frac{e^h - 1}{h} = g$, dann kann man die Ableitung der Exponentialfunktion schreiben als

$$f'(x) = e^x \cdot g$$

Setzt man $x = 0$, so erfährt man die geometrische Bedeutung von g:

$$f'(0) = e^0 \cdot g = 1 \cdot g = g$$

g ist also die Steigung des Graphen der Exponentialfunktion im Punkt $(0|1)$.

Diese Steigung haben Sie im Abschnitt 9.1 bereits näherungsweise bestimmt. Bitte schauen Sie nach.

Es gilt $f'(0) = 1$, also $g = 1$, also

$$\lim_{h \to 0} \frac{e^h - 1}{h} = 1$$

Dies ist natürlich kein Beweis. Um ihn zu führen, benötigen wir folgenden

Hilfssatz

a) $1 + x \leqq e^x$ für alle $x \in \mathbb{R}$

b) $e^x \leqq \frac{1}{1-x}$ für $x < 1$

Beweis des Hilfssatzes

a) Nach Lektion 8 gilt für alle $x \in \mathbb{R}$: $e^x = \lim\limits_{n \to \infty} \left(1 + \frac{x}{n}\right)^n$

Dabei ist die Folge $\left(1 + \frac{x}{n}\right)^n$ für $n > |x|$ monoton wachsend, so daß:

$$\left(1 + \frac{x}{n}\right)^n \leqq e^x$$

Mit der Bernoullischen Ungleichung (TK II, Analysis, Folgen und Grenzwerte, Lektion 3) folgt:

$$1 + x = 1 + n \cdot \frac{x}{n} \leqq \left(1 + \frac{x}{n}\right)^n \leqq e^x$$

und daraus die erste Ungleichung.

b) Wegen $e^{-x} = \frac{1}{e^x}$ und der soeben bewiesenen Ungleichung gilt:

$$1 - x \leqq e^{-x} = \frac{1}{e^x}$$

Für $1 - x > 0$ (also $x < 1$) folgt für die Kehrwerte: $\frac{1}{1-x} \geqq e^x$

9

Behauptung

Für $h \neq 0$ gilt: $\lim\limits_{h \to 0} \frac{e^h - 1}{h} = 1$

Beweis

Der Beweis erfolgt mit Hilfe des Hilfssatzes, denn für $h < 1$ gelten beide Ungleichungen

$$1 + h \leqq e^h \leqq \frac{1}{1-h}$$

Daraus folgt durch Subtraktion von 1 (wegen $\frac{1}{1-h} - 1 = \frac{1-(1-h)}{1-h} = \frac{h}{1-h}$):

$$h \leqq e^h - 1 \leqq \frac{h}{1-h}$$

Für $h > 0$ folgt daraus durch Division

$$1 \leqq \frac{e^h - 1}{h} \leqq \frac{1}{1-h}$$

Wegen $\lim\limits_{h \to 0} \frac{1}{1-h} = 1$ folgt daraus: $\lim\limits_{h \to 0^+} \frac{e^h - 1}{h} = 1$

Für $h < 0$ folgt entsprechend:

$$1 \geqq \frac{e^h - 1}{h} \geqq \frac{1}{1-h}$$ und daraus: $\lim\limits_{h \to 0^-} \frac{e^h - 1}{h} = 1$

Aus beidem zusammen folgt die Behauptung.

Es ist schon eine interessante Eigenschaft der e-Funktion, daß ihr das Differenzieren nichts anhaben kann. Man könnte sich vorstellen, daß es noch andere Funktionen mit dieser Eigenschaft $f'(x) = f(x)$ für alle $x \in \mathbb{R}$ gibt.

Bestimmen Sie die Ableitungen von $y = b \cdot e^x$, $y = e^{ax}$, $y = e^x + c$.

Welche Funktionen erfüllen die Bedingung: $f'(x) = f(x)$ für alle $x \in \mathbb{R}$?

→ 7

Wir untersuchen zunächst nur die e-Funktion selbst.

Satz 2

Die Exponentialfunktion $f(x) = e^x$ ist die **einzige** Funktion mit:
$f'(x) = f(x)$ für alle $x \in \mathbb{R}$ und $f(0) = 1$.

Beweis

Daß die e-Funktion diese beiden Eigenschaften besitzt, ist bereits bewiesen (Satz 1). Es ist also nur noch zu beweisen, daß sie die **einzige** Funktion dieser Art ist; es gibt keine andere, das heißt:

Wenn man von irgendeiner Funktion $f(x)$ weiß, daß sie die beiden Eigenschaften $f'(x) = f(x)$ und $f(0) = 1$ erfüllt, dann gilt:

$$f(x) = e^x \quad \text{bzw.} \quad \frac{f(x)}{e^x} = 1$$

Um dies zu zeigen, untersuchen wir die Funktion

$$F(x) = \frac{f(x)}{e^x}$$

Wir bilden die Ableitung nach der Quotientenregel:

$F'(x) =$ ______________________________ → (5)

Nach Voraussetzung ist $f'(x) = f(x)$. Also ist

$$F'(x) = 0 \qquad \text{für alle } x \in \mathbb{R}$$

Daher ist nach Lektion 3 $F(x)$ eine konstante Funktion:

$$F(x) = c \qquad \text{für alle } x \in \mathbb{R}$$

Diese Konstante c kann man bestimmen, wenn man $x = 0$ setzt und beachtet, daß nach Voraussetzung auch gilt: $f(0) = 1$

$$c = F(0) = \frac{f(0)}{e^0} = \frac{1}{1} = 1$$

Also ist $F(x) = 1$, das heißt $\frac{f(x)}{e^x} = 1$ und mit e^x multipliziert:

$$f(x) = e^x \qquad \text{für alle } x \in \mathbb{R}$$

Aufgaben zu 9.2

1. An welcher Stelle x_0 hat die e-Funktion a) die Steigung 1, b) die Steigung 2?
2. Bestimmen Sie die Gleichung der Ableitungsfunktion.

   a) $f(x) = e^{-2x}$ b) $f(x) = \frac{1}{3}e^{x^3}$ c) $f(x) = 2e^{\sqrt{x}}$ $(x > 0)$

   d) $f(x) = x^2 \cdot e^{3x}$ (Produktregel beachten!) e) $f(x) = e^{-x} \cdot \sin x$

[3.] Zeigen Sie, daß jede Exponentialfunktion $f(x) = a^x$ mit einer Basis $a > 0$ differenzierbar ist, und bestimmen Sie die Ableitungsfunktion.
Hinweis: Benutzen Sie: $a^x = e^{x \cdot \ln a}$ aus Lektion 8.

9.3 Stetiges Wachstum

Bei vielen Vorgängen in der Natur ist der Zuwachs (bzw. die Abnahme) der doppelten Menge doppelt, der Zuwachs (die Abnahme) der dreifachen Menge dreimal so groß wie der Zuwachs (die Abnahme) der einfachen Menge. Es besteht daher zwischen der Wachstumsgeschwindigkeit $f'(t)$ im Zeitpunkt t und der zu diesem Zeitpunkt vorhandenen Menge $f(t)$ Proportionalität:

$$f'(t) = a \cdot f(t)$$

Einen Wachstumsprozeß, der dieser Bedingung genügt, nennt man **stetiges Wachstum**.

9

Folgende Beispiele haben Sie bereits in der Sendung kennengelernt:

(1) Wachstum einer Bakterienkultur: $f'(t) = a \cdot f(t)$ $a > 0$

Je mehr Bakterien vorhanden sind, desto mehr vermehren sie sich, desto größer ist daher die Anzahl der Bakterien, die pro Zeiteinheit neu hinzukommen. Wenn also z. B. doppelt, drei- oder viermal so viele Bakterien vorhanden sind, dann kommen jeweils auch doppelt, drei- oder viermal so viele neu hinzu. Dies bedeutet: Der momentane Zuwachs f' ist proportional zur bereits vorhandenen Anzahl f mit einem konstanten Faktor $a > 0$.

(2) Radioaktiver Zerfall: $f'(t) = a \cdot f(t)$ $a < 0$

Je größer die Anzahl der vorhandenen radioaktiven Atome, desto mehr zerfallen pro Zeiteinheit. Genauer: die momentane Abnahme f' durch Zerfall ist proportional zur Anzahl f der noch vorhandenen Atome. Weil die Anzahl f durch den Zerfall nicht vergrößert, sondern verringert wird (negativer Zuwachs), ist der Proportionalitätsfaktor negativ: $a < 0$.

Wenn man nun z. B. in der Biologie, Chemie, Medizin, Soziologie oder Physik bei einem Wachstumsvorgang festgestellt hat, daß die Funktionswerte $f(t)$ proportional zu den Zuwächsen $f'(t)$ sind, $f' = a \cdot f$, dann kann man als Wachstumsfunktion ansetzen:

$$f(t) = b \cdot e^{at} \quad a, b \in \mathbb{R}, a \neq 0$$

Zeigen Sie, daß $f(t) = b \cdot e^{at}$ die Bedingung $f' = a \cdot f$ erfüllt, indem Sie $f(t)$ nach t differenzieren.

→ 13

Daß $f(t) = b \cdot e^{at}$ die **einzige** Funktion ist, die die Bedingung $f'(t) = a \cdot f(t)$ für alle $t \in \mathbb{R}$ erfüllt, können Sie in Aufgabe 4 unter Anleitung selbst beweisen. Man nennt die Exponentialfunktion $f(t) = b \cdot e^{at}$ die Funktion des **stetigen Wachstums**. a ist dabei die auf die Mengen**einheit** bezogene Wachstumsgeschwindigkeit. Im Fall $a > 0$ liegt Zunahme, im Fall $a < 0$ Abnahme vor. Die Konstante b stellt den Anfangsbestand $f(0)$ dar.

Zeigen Sie dies, indem Sie in der Funktionsgleichung des stetigen Wachstums $t = 0$ setzen.

→ 6

Die Wachstumsfunktion lautet dann:

$$f(t) = f(0) \cdot e^{at}$$

Beispiel: Bevölkerungswachstum

Eine Stadt zählte 1985 350000 Einwohner. 1975 hatte sie 300000 Einwohner. Gesucht ist die Wachstumsgeschwindigkeit im Jahr 1985 und die im Jahr 2000 (unter gleichen Wachstumsbedingungen) zu erwartende Einwohnerzahl.

Angenommen es liegt stetiges Wachstum vor. Der Ansatz lautet dann:

$$f(t) = f(0) \cdot e^{at}$$

Wir setzen die angegebenen Werte ein. (Die Einheit für t sei 1 Jahr; für 1975 setzen wir t = 0).

$$f(10) = f(0) \cdot e^{a \cdot 10}$$

$$350000 = 300000 \cdot e^{a \cdot 10}$$

Lösen Sie die Gleichung nach a auf.

a = ______________________ → (9)

Die Wachstumsgeschwindigkeit im Jahre 1985 beträgt:

$$f'(10) = a \cdot f(10)$$

f′(10) = ______________________ → (1)

Um die zu erwartende Einwohnerzahl im Jahre 2000 zu berechnen, muß man den Wert f(25) berechnen:

$$f(25) = f(0) \cdot e^{a \cdot 25}$$

f(25) = ______________________ → (11)

Beispiel: Bakterienwachstum

Eine Wasserprobe enthielt eine Stunde nach der Entnahme aus dem Gewässer 40000 Bakterien, und der Zuwachs betrug zu diesem Zeitpunkt 80 Bakterien pro Minute.

Wieviele Bakterien enthielt die Probe zum Zeitpunkt der Entnahme, und wie groß war zu dieser Zeit der Zuwachs?

Das Wachstum erfolgte nach dem Gesetz: $f(t) = f(0) \cdot e^{at}$

Dabei sind die Konstanten f(0) und a noch unbekannt. t = 0 ist der Zeitpunkt der Entnahme. Da der Zuwachs in Bakterien pro **Minute** angegeben ist, wird die Zeit zweckmäßig in Minuten angegeben.

Die Funktion y = f(t) hat die folgende Ableitung:

f′(t) = ______________________ → (8)

Die Werte f(60) und f′(60) nach 1 Stunde (= 60 Minuten) sind bekannt; indem man diese Werte und t = 60 einsetzt, erhält man

f(60) = ____________ = ____________

f′(60) = ____________ = ____________

9

Durch Division erhält man daraus:

$$\frac{f'(60)}{f(60)} = \_\_\_\_\_\_\_\_ = a = \_\_\_\_\_\_\_\_$$ → (4)

Wenn man diesen Wert von a in die Gleichung für f(60) einsetzt, kann man daraus die Anzahl f(0) der bei Entnahme vorhandenen Bakterien bestimmen:

$f(0) = \_\_\_\_\_\_\_\_\_\_\_\_$ (auf Tausend gerundet)

Der zugehörige Zuwachs beträgt dann:

$f'(0) = \_\_\_\_\_\_\_\_\_\_\_\_$ (auf Zehn gerundet) → (2)

Beispiel: $^{14}_{6}C$-Methode

Pflanzen nehmen aus der Atmosphäre das radioaktive Kohlenstoffisotop $^{14}_{6}C$ auf. Solange eine Pflanze lebt, besteht ein Gleichgewicht zwischen neu aufgenommenen und zerfallenden $^{14}_{6}C$-Atomen, so daß der Anteil von $^{14}_{6}C$-Atomen im lebenden Pflanzengewebe konstant bleibt. Wenn die Pflanze aber stirbt, unterbleibt die Aufnahme neuer Atome, die Anzahl der vorhandenen $^{14}_{6}C$-Atome verringert sich durch Zerfall.

Dies kann man zur Altersbestimmung organischer Stoffe (z. B. Holz) verwenden. Dabei setzt man voraus, daß die $^{14}_{6}C$-Konzentration in der Atmosphäre von der Vergangenheit bis heute konstant war, so daß eine längst abgestorbene Pflanze zu Lebzeiten denselben $^{14}_{6}C$-Anteil aufwies wie eine heute lebende Pflanze.

Im Jahre 1950 wurde damit das Alter von Holzkohleresten in der Höhle von Lascaux (Frankreich) auf folgende Weise bestimmt. Zunächst wurde an der Holzkohle und an frischem Holz gemessen, wieviele $^{14}_{6}C$-Atome jeweils pro Zeit- und Gewichtseinheit zerfielen:

an der Holzkohle:	$f'(t) = 0{,}97$
an lebendem Holz:	$f'(0) = 6{,}68$

Wegen $f(t) = f(0)e^{at}$ und $f'(t) = a\,f(t)$ gilt außerdem:

$$\frac{f'(t)}{f'(0)} = \frac{a \cdot f(t)}{a \cdot f(0)} = \frac{f(t)}{f(0)} = e^{at}$$

Mit den Meßwerten für $f'(t)$ und $f'(0)$ erhält man daraus:

$$e^{at} = \frac{0{,}97}{6{,}68}$$

Aus der Halbwertszeit von $^{14}_{6}C$ (5730 Jahre) kann man die Zerfallskonstante a berechnen: $a = -0{,}000121$

Indem man zu den Logarithmen übergeht, erhält man wegen $\ln(e^x) = x$:

$$-0{,}000121 \cdot t = \ln \frac{0{,}97}{6{,}68}$$

Nach t aufgelöst, ergibt sich:

$$t \approx 15950 \text{ Jahre}$$

Die Holzkohle und damit auch die mit ihr gemalten Wandbilder waren also im Jahre 1950 ungefähr 15950 Jahre alt, stammten also aus der Zeit um 14000 v. Chr.

Nun ein Beispiel, bei dem die Abnahme nicht mit der Zeit, sondern mit der Höhe erfolgt.

Beispiel: Luftdruck

Anstelle von t setzen wir jetzt in den entsprechenden Gleichungen die Höhe h ein.

Mit zunehmender Höhe h wird der Luftdruck $p(h)$ geringer, aber **nicht** proportional zur Höhe, denn in verschiedenen Schichten wird die Luft durch das Gewicht der darüberliegenden Schichten verschieden stark zusammengepreßt. Unter der Voraussetzung, die Temperatur sei in jeder Höhe dieselbe, ergibt sich aus anderen physikalischen Gesetzen (Gasgesetze), daß die Druck**änderung** $p'(h)$ zum Luftdruck proportional ist:

$$p'(h) = a \cdot p(h) \qquad \text{mit einer Konstanten } a < 0$$

Daraus ergibt sich die Gleichung für den Druck, die sogenannte

Barometerformel: $p(h) = p_0 e^{ah}$ $\quad a < 0$

Dabei ist p_0 der Luftdruck auf Meeresniveau $p(0)$. Bei einer Temperatur von $0°$ Celsius beträgt die Konstante $a = -\frac{1}{7{,}99} \frac{1}{\text{km}}$; die Höhe h ist in km anzugeben.

9

Aufgaben zu 9.3

1. Ein stetiger Wachstumsvorgang gehorche der Bedingung $f'(t) = 0{,}02 \cdot f(t)$. Zur Zeit $t = 0$ war die Anzahl der Individuen 3000 . Wie groß ist ihre Zahl 50 Zeiteinheiten später und wie groß ist dann die Wachstumsgeschwindigkeit?

2. Ein Waldbestand beträgt zur Zeit 69000 fm*) . 12 Jahre lang wurde kein Holz geschlagen. Die Wachstumsgeschwindigkeit beträgt zur Zeit 2346 fm pro Jahr. Wie groß war der Waldbestand vor 12 Jahren? Um wieviel % des damaligen Bestands hat sich der Wald vermehrt?

---

*) Abkürzung für Festmeter, in der Forstwirtschaft üblicher Name für 1 m^3 feste Holzmasse.

3. Auf Meeresniveau $(h = 0)$ sei der Luftdruck 760 mm Hg .

a) Wie groß ist dort die Druckabnahme $p'(0)$? $(a = -\frac{1}{7{,}99}\,\frac{1}{\text{km}})$

b) In welcher Höhe h beträgt die Druckabnahme $p'(h)$ 10 mm Hg pro km?

[4.] Beweisen Sie: Wenn f eine Funktion ist, die die Bedingungen $f'(x) = a \cdot f(x)$ für alle $x \in \mathbb{R}$ und $f(0) = b$ $(b \neq 0)$ erfüllt, dann gilt: $f(x) = b \cdot e^{ax}$
(Anleitung: Zeigen Sie – in Analogie zum Beweis auf Seite 118 –
daß $F(x) = \frac{f(x)}{b \cdot e^{ax}} = 1$ für alle $x \in \mathbb{R}$ ist.)

Wiederholungsaufgaben

1. Bestimmen Sie die Gleichung der Ableitungsfunktion

a) $f(x) = e^{x^3-4}$ b) $f(x) = e^{\frac{1}{x}}$ $(x \neq 0)$ c) $f(x) = e^{\frac{1}{x^2+1}}$

d) $f(x) = 3^x$ *e) $f(x) = 3^{2x+1}$ *f) $f(x) = 2^{\sqrt{x}}$ $(x > 0)$

2. Diskutieren Sie den Kurvenverlauf (mit Skizze):

a) $f(x) = \frac{1}{2}(e^x + e^{-x})$ b) $f(x) = e^{1-x^2}$ c) $f(x) = e^x \cdot (e^x - 4)$

3. a) Wie groß ist der Luftdruck auf dem Mt. Everest (8800 m) bei 760 Torr auf Meeresniveau und konstanter Temperatur von 0°C ? (1 Torr = 1 mm Hg)

b) In welcher Höhe beträgt der Luftdruck 10 Torr ?

c) Um wieviel Torr pro km ändert sich der Luftdruck in beiden Höhen?

4. Zwei Stunden nach dem Ansetzen bedeckt eine Hefekultur eine Fläche von $350\,\text{cm}^2$ und wächst zu diesem Zeitpunkt um $14\,\text{cm}^2$ pro Minute.
Welche Fläche bedeckte sie zu Anfang, als sie angesetzt wurde?

5. Wie alt ist Holzkohle, bei der 3,34 $^{14}_{6}C$-Atome pro Zeit- und Gewichtseinheit zerfallen?
$(a = -0{,}000121\,\frac{1}{\text{Jahr}}$; pro Zeit- und Gewichtseinheit zerfallen an lebendigem Holz 6,68 $^{14}_{6}C$-Atome.)

[6.] Röntgenstrahlung wird durch Blei absorbiert, wobei die Intensitätsabnahme $I'(x)$ pro mm Bleischicht proportional zur noch vorhandenen Intensität $I(x)$ ist.

a) Geben Sie die Funktion $I = I(x)$ an, mit x für die Dicke der Bleischicht.

b) Durch eine 5 mm dicke Bleischürze kommt nur $\frac{1}{100}$ der ursprünglichen Intensität I_0 durch. Welcher Anteil wird durch eine halb so dicke Schürze durchgelassen?

10. Das Integral $\int_1^x \frac{1}{u}\,du$

Vor der Sendung

Zu allen Potenzfunktionen $f(x) = x^r$ können Sie mittlerweile die Stammfunktion angeben: $F(x) = \frac{x^{r+1}}{r+1} + c$ mit einer einzigen Ausnahme: $r = -1$. Denn wenn man in dem Term für $F(x)$ r gleich -1 setzt, wird der Nenner null.

Diese Lücke soll in dieser Lektion geschlossen werden. Einziges Ziel der Lektion ist es, die Stammfunktionen zu $f(x) = \frac{1}{x}$ zu bestimmen.

Die Integralfunktion $L(x) = \int_1^x \frac{1}{u}\,du$ ist eine solche Stammfunktion. Ihr gilt das besondere Interesse. In der Sendung werden zunächst Eigenschaften dieser Funktion anschaulich aus der Tatsache gewonnen, daß die Funktionswerte von $L(x)$ als orientierte Flächeninhalte unter der Randfunktion $f(x) = \frac{1}{x}$ dargestellt werden können. Zur Vorbereitung auf die Sendung empfehlen wir Ihnen deshalb eine Wiederholung von Abschnitt 4.4. Im Anschluß daran wird für $L(x)$ eine Funktionsvorschrift angegeben. Die zugehörigen Herleitungen und Beweise finden Sie im Begleitmaterial.

Übersicht

1. Es werden Eigenschaften der Funktion $L(x) = \int_1^x \frac{1}{u}\,du$ anschaulich gewonnen. Sie führen zu der Vermutung, daß $L(x)$ eine Logarithmusfunktion ist.

2. Die Funktion $L(x)$ erfüllt die Logarithmengesetze. Sie wird als Logarithmusfunktion identifiziert.

3. Um zu zeigen, daß die Basis die Eulersche Zahl e ist, wird die Funktion $f(x) = \ln x$ differenziert.

Hinweis

Die Abschnitte 10.1 bis 10.3 dienen der schrittweisen Herleitung der am Ende der Lektion angegebenen Beziehung (Seite 135). Diese Herleitungen sind nicht Gegenstand des Übens und Festigens. Deshalb entfallen in dieser Lektion die Aufgaben nach den einzelnen Abschnitten. Trainieren müssen Sie die Anwendungen des Ergebnisses. Die entsprechenden Aufgaben finden Sie am Ende der Lektion.

10.1 Eigenschaften der Funktion $L(x) = \int_1^x \frac{1}{u}\,du$

Wie Sie aus der Fernsehsendung wissen, ist das Ziel dieser Lektion:

Bestimmung einer Stammfunktion zu $f(x) = \frac{1}{x}$

Wir zeichnen den Weg, der in der Sendung beschritten wurde, im folgenden nach, wobei einzelne Rechnungen und Beweise ergänzt werden.

Aus Lektion 3 wissen Sie, daß jede Integralfunktion eine Stammfunktion ist. Für unser Problem ist also

$$L(x) = \int_1^x \frac{1}{u}\,du \qquad (x > 0)$$

eine Stammfunktion von $f(x) = \frac{1}{x}$. Wie bei einem Indizienbeweis werden wir schrittweise Eigenschaften dieser Funktion $L(x)$ sammeln, um sie dann – wie Sie aus der Sendung wissen – als Logarithmusfunktion zu identifizieren.

Eigenschaft 1: $L(x) > 0$ für $x > 1$

Die Werte der Funktion $L(x)$ lassen sich für $x > 1$ als Flächeninhalte unter der Hyperbel $f(x) = \frac{1}{x}$ zwischen den Grenzen 1 und x veranschaulichen (vgl. Lektion 4, Abschnitt 4.4). Da $\frac{1}{x} > 0$ für $x > 1$, ist $L(x) > 0$ für alle $x > 1$. Mehr noch:

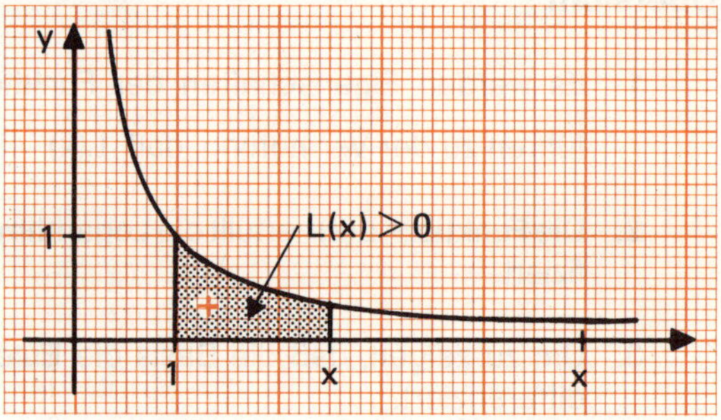

Mit wachsendem x nimmt auch der Flächeninhalt unter dem Graphen, (d.h. die Funktionswerte von $L(x)$), ständig zu. Also gilt:

Eigenschaft 2: $L(x)$ ist streng monoton wachsend für $x > 1$

Wenn $x = 1$ ist, dann ist der zugehörige Flächeninhalt null: $\int_1^1 \frac{1}{u}\,du = 0$.

Eigenschaft 3: $L(1) = 0$

Wir betrachten nun x-Werte, für die gilt: $0 < x < 1$. Jetzt ist die obere Grenze **kleiner** als die untere. Aus Lektion 5 wissen Sie, daß der Wert der Integralfunktion in einem solchen Fall negativ wird, wenn die Randfunktion f positiv ist. Die Werte der Funktion L(x) im Intervall $0 < x < 1$ sind also die „negativen Flächeninhalte" unter $f(x) = \frac{1}{x}$ zwischen x und 1 .

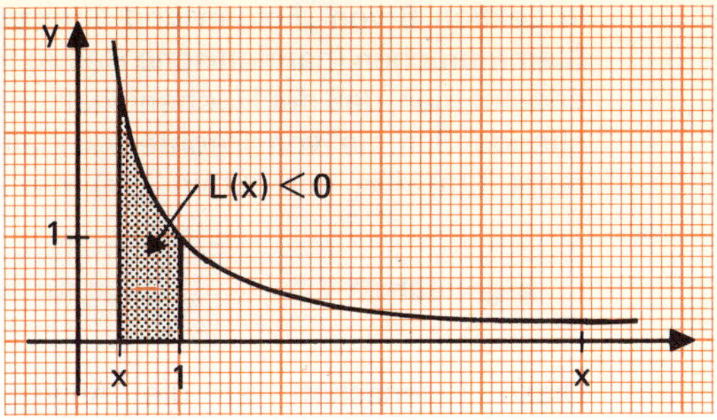

Eigenschaft 4: $L(x) < 0$ für $0 < x < 1$

Läßt man nun x im Intervall $0 < x < 1$ wachsen, so wird der Flächeninhalt unter dem Graphen dem **Betrag** nach kleiner. Zum Beispiel ist in der Zeichnung $|L(x_2)| < |L(x_1)|$. Da $L(x_1)$ und $L(x_2)$ aber in diesem Falle negativ sind, folgt $L(x_2) > L(x_1)$; das heißt: Je größer der x-Wert, desto größer der Funktionswert von L(x) . Dies ist die Aussage von

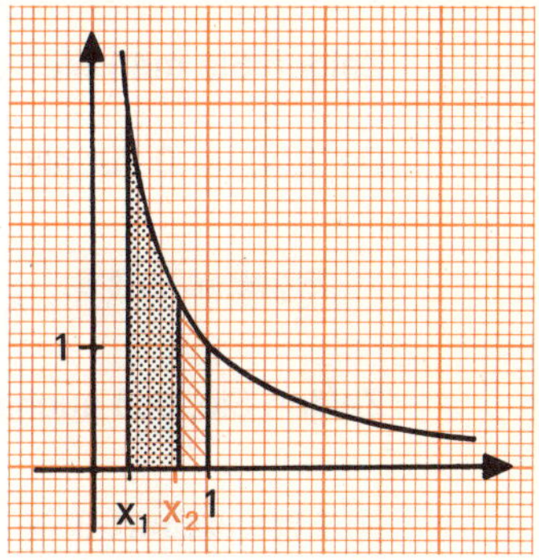

Eigenschaft 5: L(x) ist streng monoton wachsend für $0 < x < 1$.

In der Fernsehsendung wurde als nächstes untersucht, ob die Funktion L(x) für $x \to \infty$ über alle Grenzen wächst, oder ob sie nach oben beschränkt ist.

Eigenschaft 6: L(x) wächst unbeschränkt.

In der Sendung wurden die Flächeninhalte von Rechtecken unterhalb der Hyperbel addiert. Aus der Zeichnung können Sie entnehmen, daß das erste Rechteck den Inhalt $\frac{1}{2}$, das zweite $\frac{1}{3}$, das dritte $\frac{1}{4}$ usw. besitzt. Die Summe aller Rechteckinhalte von 1 bis n ($n \in \mathbb{N}^*$) ist kleiner als der Flächeninhalt L(n) unter der Hyperbel.

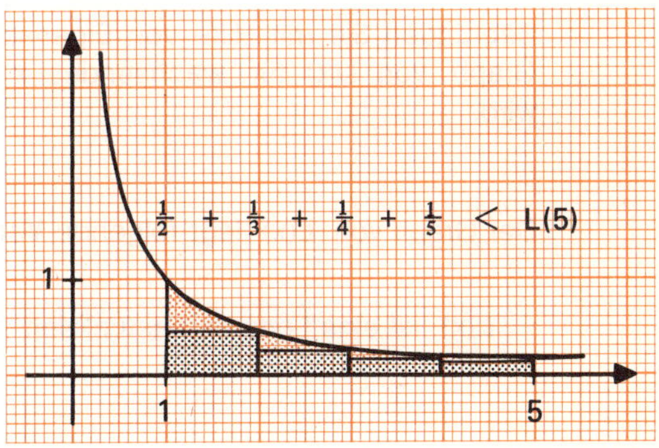

$$L(n) > \underbrace{\frac{1}{2} + \frac{1}{3} + \frac{1}{4} + \ldots\ldots + \frac{1}{n}}_{s_n}$$

In Lektion 6 von „Folgen und Grenzwerte“ wurde bewiesen, daß die Summe s_n von Stammbrüchen (harmonische Reihe) für $n \to \infty$ unbeschränkt wächst. In der Zeichnung erkennt man, daß der Flächeninhalt unter dem Graphen immer größer ist, als die entsprechende Summe von Rechtecksinhalten. Wenn $s_n \to \infty$ für $n \to \infty$, dann geht erst recht $L(n) \to \infty$ und mithin $L(x) \to \infty$.

Eigenschaft 7: $L(x)$ ist für $x > 0$ differenzierbar, und es gilt: $L'(x) = \frac{1}{x}$

Diese Eigenschaft ist die Anwendung des Hauptsatzes (Lektion 3) auf die Funktion $L(x) = \int_1^x \frac{1}{u}\,du$.

Zeigen Sie mit Hilfe von Eigenschaft 7: $L(x)$ ist monoton wachsend für $x > 0$.

Da $L(x) \neq 0$ für alle $x > 0$ ist, gilt:

→ 8

Eigenschaft 8: $L(x)$ hat für $x > 0$ keine lokalen Extremwerte.

Zeigen Sie, daß auch die folgende Eigenschaft gilt:

Eigenschaft 9: $L(x)$ hat für $x > 0$ keine Wendepunkte.

→ 6

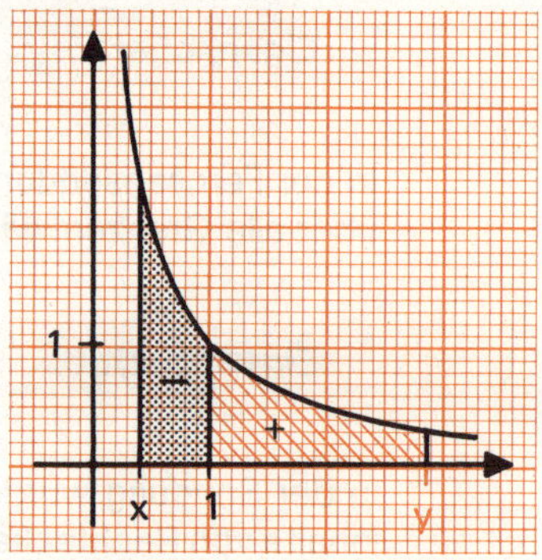

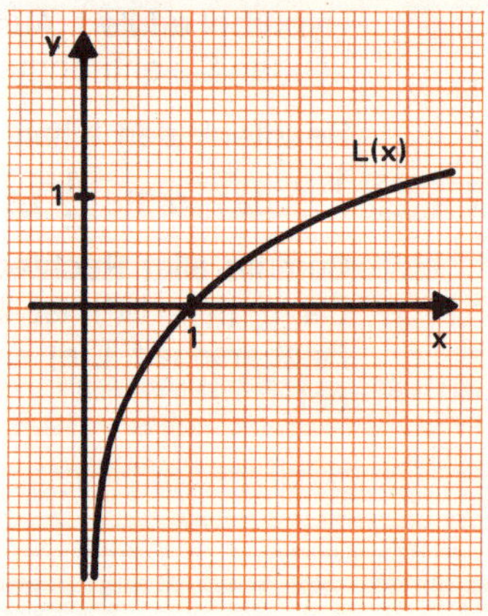

Aus den Eigenschaften der Funktion $L(x)$ kann man sich ein vorläufiges Bild über den Verlauf des Graphen machen.

Im Bereich $0 < x < 1$ verläuft er unterhalb der x-Achse, bei $x = 1$ schneidet er die x-Achse, und für $x > 1$ verläuft er oberhalb der x-Achse. Er ist monoton steigend, hat keine Extremwerte und keine Wendepunkte und wächst für $x \to \infty$ unbeschränkt.

Begründen Sie mit Hilfe von Eigenschaft 7, daß der Graph von $L(x)$ für wachsendes x immer flacher wird.

→ 3

Der Graph von $L(x)$ legt folgende **Vermutung** nahe:

$L(x)$ ist eine Logarithmusfunktion.

10.2 Identifizierung der Funktion L(x)

Um die Funktion L(x) als Logarithmusfunktion zu identifizieren, zeigen wir zunächst, daß die Ihnen aus der Algebra bekannten Logarithmengesetze von der Funktion L(x) erfüllt werden. Hier nochmals zur Erinnerung die Gesetze (vgl. Algebra 3, Abschnitt 37.3):

$$\log_a (u \cdot v) = \log_a u + \log_a v \qquad (u, v > 0)$$

$$\log_a \left(\frac{u}{v}\right) = \log_a u - \log_a v \qquad (u, v > 0)$$

$$\log_a v^r = r \cdot \log_a v \qquad (v > 0, r \in \mathbb{R})$$

Um zu zeigen, daß das erste Logarithmengesetz für die Funktion L(x) gilt, muß man beweisen:

(1) $L(x \cdot y) = L(x) + L(y)$ für alle $x, y > 0$

Beweis

Wir wählen y beliebig, aber fest: $y = c > 0$ und betrachten die Funktion $F(x) = L(c \cdot x)$ für $x > 0$.

F(x) ist differenzierbar; die Ableitung F'(x) erhält man mit der Kettenregel.

$$F(x) = L(c \cdot x)$$

$$F'(x) = \underbrace{\frac{1}{c \cdot x}}_{\text{Ableitung von } L} \cdot \underbrace{c}_{\text{Ableitung von } c \cdot x}$$

Daraus folgt:

$$F'(x) = \frac{1}{c \cdot x} \cdot c = \frac{1}{x} = L'(x) \qquad \text{(nach Eigenschaft 7)}$$

Da $F'(x) = L'(x)$, gilt (vgl. Lektion 3)

(*) $F(x) = L(x) + k$

Um die Konstante k zu bestimmen, setzt man $x = 1$:

$$F(1) = L(1) + k$$

$$L(c \cdot 1) = 0 + k$$

$$L(c) = k$$

10

Eingesetzt in (*):

$$F(x) = L(x) + L(c)$$
$$L(x \cdot c) = L(x) + L(c)$$

Setzen wir für c wieder y :

$$L(x \cdot y) = L(x) + L(y)$$

Und dies ist die zu beweisende Gleichung (1).

Mit Hilfe des Gesetzes (1) läßt sich das zweite Logarithmengesetz für die Funktion $L(x)$ beweisen:

(2) $L\left(\frac{x}{y}\right) = L(x) - L(y)$ für alle $x, y > 0$

Beweis:

Setzen Sie in (1) $x = \frac{c}{d}$ und $y = d$:

____ → 4

Lösen Sie die Gleichung nach $L\left(\frac{c}{d}\right)$ auf:

____ → 9

Setzen Sie für $c = x$ und $d = y$:

____ → 1

Damit ist (2) bewiesen.

Nun zum dritten Logarithmengesetz für $L(x)$.

(3) $L(x^r) = r \cdot L(x)$ für alle $x > 0$, $r \in \mathbb{R}$

Beweis:

Wir zeigen die Gültigkeit in vier Schritten.

1. Schritt: $r = n \in \mathbb{N}$

Aus dem Gesetz (1) folgt:

$$L(x_1 \cdot x_2 \cdot x_3 \cdot \ldots \cdot x_n) = L(x_1) + L(x_2) + L(x_3) + \ldots + L(x_n)$$

Wenn $x_1 = x_2 = \ldots = x_n = x$, ergibt sich

$$L(x^n) = n \cdot L(x) \qquad n \in \mathbb{N}^*$$

Für $n = 0$ gilt: $L(x^0) = L(1) = 0 = 0 \cdot L(x)$ (Eigenschaft 3 in 10.1)

Also gilt Regel (3) für alle $r \in \mathbb{N}$.

2. Schritt: $r \in \mathbb{Z}^-$

das heißt $r = -m$ ($m \in \mathbb{N}^*$). Dann gilt:

$$L(x^m) + L(x^{-m}) = L(x^m \cdot x^{-m}) = L(1)$$

$$L(1) = 0 \qquad \text{(Eigenschaft 3)}$$

$$L(x^m) + L(x^{-m}) = 0$$

$$L(x^{-m}) = -L(x^m)$$

Da $m \in \mathbb{N}^*$ ist, kann man rechts das Gesetz (3) anwenden.

$$L(x^{-m}) = -mL(x)$$

3. Schritt: $r \in \mathbb{Q}$

das heißt $r = \frac{p}{q}$ ($p \in \mathbb{Z}, q \in \mathbb{N}^*$). Aus dem bislang Bewiesenen folgt:

$$L\left((x^{\frac{p}{q}})^q\right) = L\left(x^{\frac{p \cdot q}{q}}\right) = L(x^p)$$

$$\downarrow \qquad\qquad \downarrow$$

$$\underbrace{q \cdot L(x^{\frac{p}{q}}) \qquad\qquad p \cdot L(x)}_{=}$$

$$\Rightarrow \quad L(x^{\frac{p}{q}}) = \frac{p}{q} L(x)$$

Dies ist Gesetz (3) für $r \in \mathbb{Q}$.

4. Schritt:

Da jede irrationale Zahl durch eine Intervallschachtelung rationaler Zahlen dargestellt werden kann und $L(x)$ stetig ist, gilt das Gesetz (3) für jedes beliebige $r \in \mathbb{R}$. Auf Einzelheiten wollen wir bei diesem letzten Schritt verzichten.

Nun können wir den Nachweis, daß $L(x)$ eine Logarithmusfunktion ist, erbringen.

Nach Definition des Logarithmus sind die beiden Gleichungen $y = \log_a x$ und $x = a^y$ ($a, x, y > 0, a \neq 1$) äquivalent.

Setzt man $\log_a x$ in die rechte Gleichung für y ein , so erhält man:

$$x = a^{\log_a x}$$

Unsere gesuchte Funktion L(x) kann man jetzt schreiben als:

$$L(x) = L(a^{\log_a x}) = \log_a x \cdot L(a)$$

(Anwendung des Gesetzes (3) mit $r = \log_a x$)

L(a) ist eine Konstante. Die Funktion L(x) unterscheidet sich also von der Funktion $\log_a x$ nur durch einen konstanten Faktor. Der Wert dieses konstanten Faktors hängt von der Basis a des Logarithmus ab. Bei geeigneter Wahl der Basis kann man den Faktor L(a) gleich 1 machen. Dann sind L(x) und $\log_a x$ identisch.

Die Funktion L(x) ist identisch mit $\log_a x$, wobei a durch die Bedingung $L(a) = 1$ festgelegt ist.

Welchen Wert hat a ?

Aufgabe:

a) Geben Sie den Wert für $\int_1^2 \frac{1}{x}dx$ an, indem Sie in nebenstehender Zeichnung den entsprechenden Flächeninhalt durch Auszählen der Millimeterquadrate näherungsweise bestimmen.

→ 7

b) Bestimmen Sie auf die gleiche Weise $\int_1^3 \frac{1}{x}dx$.

→ 2

c) Suchen Sie nach diesem Verfahren eine obere Grenze a so, daß $\int_1^a \frac{1}{x}dx = 1$ ist.

→ 5

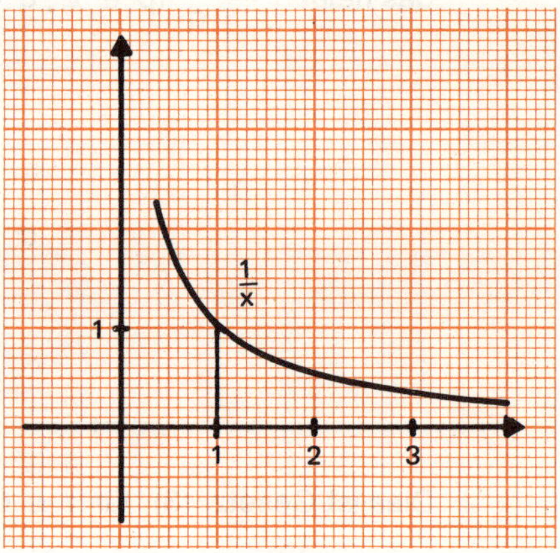

Aus Teil c) der Aufgabe ergibt sich die Vermutung, daß a gleich der Eulerschen Zahl e = 2,71828 ... ist. Wenn dies zutrifft, dann ist L(x) der Logarithmus von x zur Basis e . Aus Lektion 8 wissen Sie, daß $\log_e x = \ln x$ natürlicher Logarithmus genannt wird. Wir formulieren deshalb jetzt wie folgt unsere **Vermutung**:

$$L(x) = \ln x \quad (x > 0)$$

Diese Vermutung wird im nächsten Abschnitt bewiesen.

10.3 Die Ableitung der Logarithmusfunktion ln x

Es geht um den Beweis, daß die im vorigen Abschnitt definierte Funktion L mit dem natürlichen Logarithmus übereinstimmt:

$$L(x) = \ln x \quad \text{für } x > 0$$

Dazu wird bewiesen, daß nicht nur L, sondern auch ln eine Stammfunktion von $\frac{1}{x}$ ist:

$$\ln'(x) = \frac{1}{x} \quad \text{für } x > 0$$

Beide Funktionen unterscheiden sich daher höchstens um einen konstanten Summanden (Lektion 3): $L(x) = \ln x + c$. Wegen $L(1) = 0 = \ln 1$ gilt $c = 0$, und daraus folgt, daß beide Funktionen gleich sind.

Kernstück dieser kurzen Überlegung ist der

Satz

Die Logarithmusfunktion $f(x) = \ln x$ ist für alle $x > 0$ differenzierbar, und es gilt:

$$f'(x) = \frac{1}{x}$$

Wenn man als bekannt voraussetzt, daß die Logarithmusfunktion überhaupt differenzierbar ist, kann man ihre Ableitungsfunktion mit der Kettenregel und der Ableitung der Exponentialfunktion berechnen.

Aus den beiden äquivalenten Gleichungen $y = \ln x$ und $x = e^y$ folgt:

$$x = e^{\ln x}$$

Differenziert man auf beiden Seiten nach x, so ergibt sich

$$1 = e^{\ln x} \cdot (\ln x)' \qquad \text{(Kettenregel)}$$

$$1 = x \cdot (\ln x)'$$

$$\frac{1}{x} = (\ln x)'$$

Wie bereits gesagt, gilt diese Gleichung nur unter der Voraussetzung, daß die Logarithmusfunktion überhaupt differenzierbar ist.

Um dies zu beweisen, benötigt man folgenden

Hilfssatz $\quad 1 - \frac{1}{x} \leqq \ln x \leqq x - 1 \quad \text{für alle } x > 0$

10

Beweis

(a) Für alle $x \in \mathbb{R}$ gilt: $1 + x \leqq e^x$ (Lektion 9, Hilfssatz, Seite 117)
Dies gilt dann auch für $\ln x$ an Stelle von x:

$$1 + \ln x \leqq e^{\ln x} = x$$

Und daraus folgt dann die „rechte" Ungleichung des Hilfssatzes

$$\ln x \leqq x - 1 \quad \text{für } x > 0$$

(b) Indem man die soeben bewiesene Ungleichung auf $\frac{1}{x}$ an Stelle von x anwendet, beweist man die „linke" Ungleichung des Hilfssatzes

$$\ln \frac{1}{x} \leqq \frac{1}{x} - 1$$

$$-\ln x \leqq \frac{1}{x} - 1 \quad \Rightarrow \quad \ln x \geqq 1 - \frac{1}{x}$$

Mit diesem Hilfssatz führen wir jetzt den

Beweis des Satzes

Zunächst betrachtet man den Differenzenquotienten von $\ln$ für $x, x + h > 0$ mit $h \neq 0$:

$$\frac{\ln(x+h) - \ln x}{h} = \frac{\ln\left(\frac{x+h}{x}\right)}{h} \qquad \text{wegen } \ln a - \ln b = \ln\left(\frac{a}{b}\right)$$

$$= \frac{1}{h} \cdot \ln\left(1 + \frac{h}{x}\right)$$

Es ist also zu zeigen, daß der folgende Grenzwert existiert und den angegebenen Wert besitzt:

$$\lim_{h \to 0} \frac{1}{h} \cdot \ln\left(1 + \frac{h}{x}\right) = \frac{1}{x}$$

Dieser Beweis gelingt mit den Ungleichungen des obigen Hilfssatzes. Denn danach gilt für $1 + \frac{h}{x}$ an Stelle von x:

$$1 - \frac{1}{1 + \frac{h}{x}} \leqq \ln\left(1 + \frac{h}{x}\right) \leqq \left(1 + \frac{h}{x}\right) - 1$$

Wegen $1 - \frac{1}{1 + \frac{h}{x}} = 1 - \frac{x}{x+h} = \frac{x + h - x}{x+h} = \frac{h}{x+h}$ folgt:

$$\frac{h}{x+h} \leqq \ln\left(1 + \frac{h}{x}\right) \leqq \frac{h}{x}$$

Für $h > 0$ erhält man daraus durch Multiplikation mit $\frac{1}{h}$:

$$\frac{1}{x+h} \leqq \frac{1}{h} \cdot \ln\left(1 + \frac{h}{x}\right) \leqq \frac{1}{x}$$

Wegen $\lim_{h \to 0} \frac{1}{x+h} = \frac{1}{x}$ folgt daraus:

$$\lim_{h \to 0^+} \frac{1}{h} \cdot \ln\left(1 + \frac{h}{x}\right) = \frac{1}{x}$$

Für $h < 0$ erhält man dieselben Ungleichungen mit „≧" statt „≦" , und es folgt:

$$\lim_{h \to 0^-} \frac{1}{h} \cdot \ln\left(1 + \frac{h}{x}\right) = \frac{1}{x}$$

Beides zusammen ergibt die zu beweisende Behauptung.

Die Überlegungen dieser Lektion lassen sich wie folgt zusammenfassen:

$$\int_1^x \frac{1}{u}\,du = \ln x \quad \text{für alle } x > 0$$

Die Ableitung von $f(x) = \ln x$ ist $f'(x) = \frac{1}{x}$ $(x > 0)$

Aufgaben

1. Berechnen Sie

a) $\int_1^5 \frac{1}{x}\,dx$ b) $\int_2^5 \frac{1}{x}\,dx$ c) $\int_8^1 \frac{1}{x}\,dx$ d) $\int_e^{2e} \frac{1}{x}\,dx$

2. Für welche Zahl $a \in \mathbb{R}$ gilt: $\int_1^a \frac{1}{x}\,dx = 2$?

3. Welches ist der Neigungswinkel α der Tangente an den Graphen $f(x) = \ln x$ in

a) $P_1(1|\ln 1)$ b) $P_2(2|\ln 2)$ c) $P_3(5|\ln 5)$?

4. In welchen Punkten hat der Graph $f(x) = \ln x$ die Steigung

a) 7°24′ b) 36°34′ c) 53°8′ d) 63°26′ ?

5. Für welchen Punkt des Graphen $f(x) = \ln x$ geht die Tangente durch den Ursprung?

6. Beweisen Sie: $\int_a^b \frac{1}{x}\,dx$ behält seinen Wert, wenn die Integrationsgrenzen mit der gleichen Zahl $c > 0$ multipliziert werden.

10

7. Für welche Zahl $a > 1$ hat der Flächeninhalt der Fläche unter der Hyperbel $f(x) = \frac{1}{x}$ von 1 bis a den Wert 10 ?

8. Differenzieren Sie:

a) $y = \ln \sin x$ b) $y = \ln \cos x$ c) $y = \ln \cos 2x$

d) $y = x \cdot \ln x$ e) $y = x^3 \cdot \ln x$ f) $y = \sqrt{x} \cdot \ln x$

g) $y = \frac{\ln x}{x}$ h) $y = \frac{1}{\ln x}$ i) $y = \frac{x}{\ln x}$

k) $y = (\ln x)^2$ l) $y = \sqrt{\ln x}$

9. Bestimmen Sie für $y = \frac{x}{\ln x}$ $(x > 0\ , x \neq 1)$ die Extremwerte und den Wendepunkt und skizzieren Sie den Verlauf des Graphen für $0 < x \leqq 5$.

10. In welchem Punkt des Graphen von

a) $y = \ln x$ ist die Tangente parallel zur Geraden $x - 3y + 6 = 0$?

b) $y = x^2 + \ln x$ hat die Tangente die Steigung 3 ?

c) $y = x \cdot \ln x$ ist die Tangente unter $63°26'$ gegen die x-Achse geneigt?

11. An den Graphen der Funktion $y = \ln x$ wird in einem beliebigen Punkt $P(x_1|y_1)$ des Graphen eine Tangente gelegt. Der Schnittpunkt der Tangente mit der y-Achse sei A . Zeigen Sie, daß die senkrechte Projektion der Strecke AP auf die y-Achse immer gleich 1 ist, unabhängig von der Wahl von P .

[12.] Berechnen Sie die Ableitung der Logarithmusfunktion $f(x) = \log_a x$ $(x > 0, a > 0)$. (Anleitung: Zeigen Sie, daß $\log_a x = \frac{\ln x}{\ln a}$ ist, und differenzieren Sie auf beiden Seiten.)

Lösungen

Lektion 1

Aufgaben im Text

1 $O_n = \frac{16}{n^2} \cdot \frac{n}{2} \cdot (n+1) = 8 \cdot \frac{n+1}{n} = 8 \cdot \left(1 + \frac{1}{n}\right)$

2 $\approx 267\ \text{mm}^2$

3 Grundseite x_0; Höhe $m \cdot x_0$;

Flächeninhalt $A_\Delta = \frac{1}{2} x_0 \cdot m x_0 = m \cdot \frac{x_0^2}{2}$

4 $\lim\limits_{n \to \infty} U_n = 8$; $\lim\limits_{n \to \infty} O_n = 8$

5 $n = 4 \quad U_4 = 8 \cdot \left(1 - \frac{1}{4}\right) = 6$

$n = 8 \quad U_8 = 8 \cdot \left(1 - \frac{1}{8}\right) = 7$

$n = 16 \quad U_{16} = 8 \cdot \left(1 - \frac{1}{16}\right) = 7{,}5$

6
$$\begin{aligned} O_n &= \frac{x_0}{n}\left[\left(m \cdot \frac{x_0}{n} + c\right) + \left(m \cdot 2 \cdot \frac{x_0}{n} + c\right) + \ldots + \left(m \cdot n \cdot \frac{x_0}{n} + c\right)\right] \\ &= \frac{x_0}{n}\left[\left(m \cdot \frac{x_0}{n} + m \cdot 2\frac{x_0}{n} + \ldots + m\,x_0\right) + (c + c + \ldots + c)\right] \\ &= m \cdot \frac{x_0^2}{n^2}[1 + 2 + \ldots + n] + \frac{x_0}{n} \cdot nc = m \cdot \frac{x_0^2}{n^2} \cdot \frac{n}{2} \cdot (n+1) + cx_0 \\ &= m \cdot \frac{x_0^2}{2} \cdot \left(1 + \frac{1}{n}\right) + cx_0 \end{aligned}$$

$$\lim_{n \to \infty} O_n = m \cdot \frac{x_0^2}{2} + cx_0$$

L

Lösungen der Aufgaben

1.1

1. a) x-Achse; $y = \frac{1}{2}x^2$; $x = 2$.

b) x-Achse; $y = \frac{1}{2}x$; $x = 4$.

c) x-Achse; $y = \sqrt{x}$; $x = 3$.

2. a) $y = \frac{1}{4}x^2$; 0; 3.

b) $y = \sin x$; 0; π.

c) $y = 2x^2$; 0; $1{,}5$.

1.2

1. a) $F_0(5) = 7 \cdot 5 = 35$

   b) $F_0(3{,}5) = \frac{1}{2} \cdot \frac{3{,}5^2}{2} = 3{,}0625$

   c) $F_0(12) = \frac{1}{4} \cdot \frac{12^2}{2} + 1 \cdot 12 = 30$

2. a)

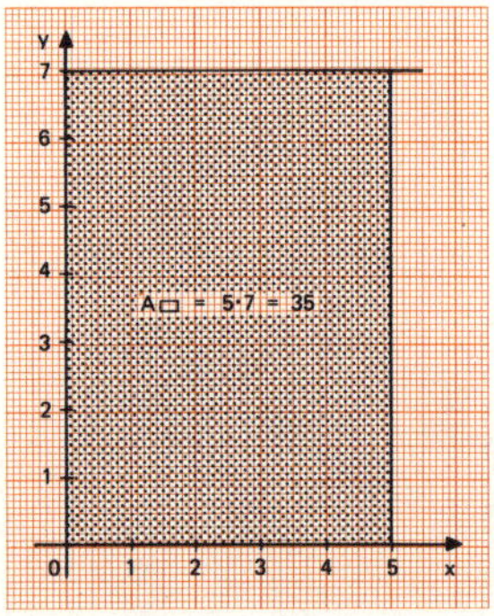

b)

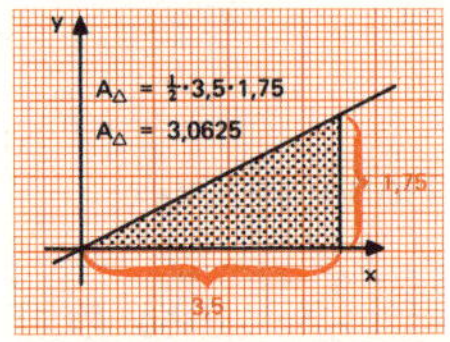

c)

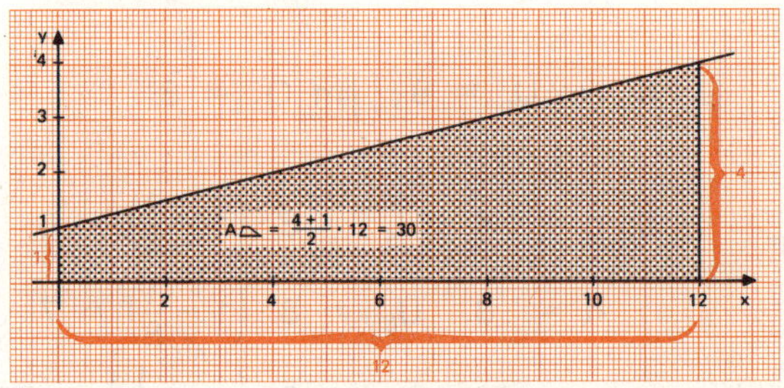

1.3

1. a) $F_0(1) = \frac{1}{3} \cdot 1^3 = \frac{1}{3}$

   b) $F_0(10) = \frac{1}{3} \cdot 10^3 = \frac{1000}{3} = 333\frac{1}{3}$

   *c) $F_0(3{,}3) = \frac{1}{3} \cdot 3{,}3^3 = 11{,}979$

2. a) $U_n = \frac{x_0}{n} \cdot \left[a \cdot 0^2 + a \cdot \frac{x_0^2}{n^2} + a \cdot 2^2 \cdot \frac{x_0^2}{n^2} + \ldots + a \cdot (n-1)^2 \cdot \frac{x_0^2}{n^2}\right]$

   $U_n = a \cdot \frac{x_0^3}{n^3} \cdot \left[0^2 + 1^2 + 2^2 + \ldots + (n-1)^2\right] = a \cdot \frac{x_0^3}{6} \cdot \left(1 - \frac{1}{n}\right) \cdot 1 \cdot \left(2 - \frac{1}{n}\right)$

   $\lim\limits_{n \to \infty} U_n = a \cdot \frac{x_0^3}{3}$

   $O_n = \frac{x_0}{n} \cdot \left[a \cdot \frac{x_0^2}{n^2} + a \cdot 2^2 \cdot \frac{x_0^2}{n^2} + \ldots + a \cdot n^2 \cdot \frac{x_0^2}{n^2}\right]$

   $O_n = a \cdot \frac{x_0^3}{n^3} \cdot \left[1^2 + 2^2 + \ldots + n^2\right] = a \cdot \frac{x_0^3}{6} \cdot 1 \cdot \left(1 + \frac{1}{n}\right) \cdot \left(2 + \frac{1}{n}\right)$

   $\lim\limits_{n \to \infty} O_n = a \cdot \frac{x_0^3}{3} \qquad \Rightarrow \qquad F_0(x_0) = a \cdot \frac{x_0^3}{3}$

b) $U_n = \frac{x_0}{n} \cdot \left[0^3 + \frac{x_0^3}{n^3} + 2^3 \cdot \frac{x_0^3}{n^3} + \ldots + (n-1)^3 \cdot \frac{x_0^3}{n^3}\right]$

$$U_n = \frac{x_0^4}{n^4} \cdot [0^3 + 1^3 + 2^3 + \ldots + (n-1)^3] = \frac{x_0^4}{n^4} \cdot \frac{1}{4} \cdot (n-1)^2 \cdot n^2$$

$$= \frac{x_0^4}{4} \cdot \left(1 - \frac{1}{n}\right)^2 \cdot 1$$

$$\lim_{n \to \infty} U_n = \frac{x_0^4}{4}$$

$$O_n = \frac{x_0}{n} \cdot \left[\frac{x_0^3}{n^3} + 2^3 \cdot \frac{x_0^3}{n^3} + 3^3 \cdot \frac{x_0^3}{n^3} + \ldots + n^3 \cdot \frac{x_0^3}{n^3}\right] = \frac{x_0^4}{n^4} \cdot [1^3 + 2^3 + 3^3 + \ldots + n^3]$$

$$O_n = \frac{x_0^4}{n^4} \cdot \frac{1}{4} \cdot n^2 \cdot (n+1)^2 = \frac{x_0^4}{4} \cdot 1 \cdot \left(1 + \frac{1}{n}\right)^2$$

$$\lim_{n \to \infty} O_n = \frac{x_0^4}{4} \qquad \Rightarrow \qquad F_0(x_0) = \frac{x_0^4}{4}$$

Wiederholungsaufgaben

1. a) $F_0(4) = 0{,}3 \cdot \frac{4^2}{2} + 1{,}2 \cdot 4 = 7{,}2$

b) $F_0(2{,}2) = 3 \cdot \frac{2{,}2^3}{3} = 10{,}648$

c) $F_0(0{,}5) = 0{,}5 \cdot \frac{0{,}5^3}{3} + 5 \cdot 0{,}5 = \frac{625}{30000} + 2\frac{1}{2} = 2\frac{25}{48} \approx 2{,}52$

*d) $F_0(25) = \frac{25^3}{3} + \frac{25^2}{2} = \frac{15625}{3} + \frac{625}{2} \approx 5520{,}8$

2. a) $F_0(x_0) = a \cdot \frac{x_0^3}{3} + cx_0$

*b) $F_0(x_0) = a \cdot \frac{x_0^4}{4}$

***3.**

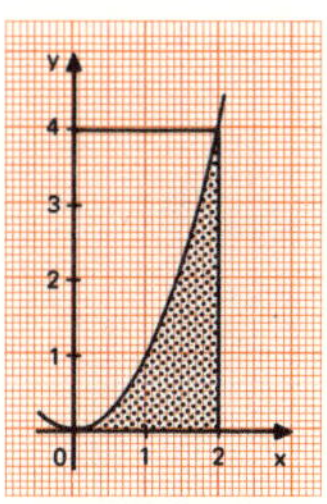

$A_{\square} = 2 \cdot 4 = 8$

$F_0(2) = \frac{2^3}{3} = \frac{8}{3}$

$8 - \frac{8}{3} = \frac{16}{3}$

$\frac{16}{3} : \frac{8}{3} = 2 : 1$

[4.]

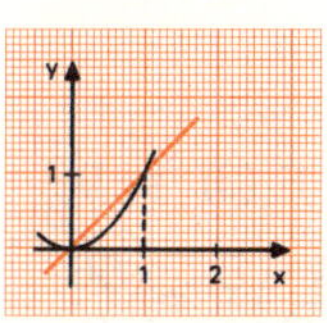

$A_{\triangle} = \frac{1}{2} \cdot 1 \cdot 1 = \frac{1}{2}$

$F_0(1) = \frac{1^3}{3} = \frac{1}{3}$ eingeschlossenes Flächenstück $A = \frac{1}{2} - \frac{1}{3} = \frac{1}{6}$

Lektion 2

Aufgaben im Text

1 $F_0(10) + F_{10}(25) + F_{25}(35) = \frac{1}{2} \cdot 10 \cdot 0{,}1\,l + 15 \cdot 0{,}1\,l + \frac{1}{2} \cdot 10 \cdot 0{,}1\,l = \frac{1}{2}l + 1\frac{1}{2}l + \frac{1}{2}l = 2\frac{1}{2}l$

2 $\int_2^4 x^2\,dx = \frac{1}{3} \cdot 4^3 - \frac{1}{3} \cdot 2^3 = \frac{1}{3}(64 - 8) = \frac{56}{3} = 18\frac{2}{3}$

3 für $f(x) = x$ ist $F_2(5) = \frac{1}{2} \cdot 5^2 - \frac{1}{2} \cdot 2^2 = 12\frac{1}{2} - 2 = 10\frac{1}{2}$

für $f(x) = x^2$ ist $F_2(5) = \frac{1}{3} \cdot 5^3 - \frac{1}{3} \cdot 2^3 = \frac{1}{3} \cdot (125 - 8) = \frac{117}{3} = 39$

Lösungen der Aufgaben

2.1

1. a) $F_0(3) = 3$

b) $F_2(12) = 12 - 2 = 10$

*c) $F_{1,2}(9{,}8) = 9{,}8 - 1{,}2 = 8{,}6$

2. a) $F_1(6) = \frac{6^2}{2} - \frac{1^2}{2} = 17\frac{1}{2}$

b) $F_{12}(12) = 0$

*c) $F_{0,5}(2{,}5) = \frac{2{,}5^2}{2} - \frac{0{,}5^2}{2} = 3$

3. a) $F_1(6) = \frac{6^3}{3} - \frac{1^3}{3} = \frac{215}{3} = 71\frac{2}{3}$

b) $F_6(11) = \frac{11^3}{3} - \frac{6^3}{3} = \frac{1115}{3} = 371\frac{2}{3}$

c) $F_{0,5}(1{,}5) = \frac{1{,}5^3}{3} - \frac{0{,}5^3}{3} = \frac{3{,}25}{3} = \frac{325}{300} = 1\frac{25}{300} = 1\frac{1}{12}$

4. a) $F_1(2) = 2^2 - 1^2 = 3$ $F_2(3) = \frac{3^3}{3} - \frac{2^3}{3} = 9 - \frac{8}{3} = 6\frac{1}{3}$ $F_1(3) = 9\frac{1}{3}$

b) $F_{0,5}(2) = 2^2 - 0{,}5^2 = 3{,}75 = 3\frac{3}{4}$ $F_2(4) = \frac{4^3}{3} - \frac{2^3}{3} = \frac{64 - 8}{3} = \frac{56}{3} = 18\frac{2}{3}$

$F_{0,5}(4) = 22\frac{5}{12}$

c) $F_3(3) = 0$

*d) $F_{1,5}(2) = 2^2 - 1{,}5^2 = 1\frac{3}{4}$ $\qquad F_2(2{,}5) = \frac{2{,}5^3}{3} - \frac{2^3}{3} = \frac{15{,}625 - 8}{3} = \frac{7{,}625}{3}$

$F_{1,5}(2{,}5) = 4\frac{7}{24}$ $\qquad = \frac{7625}{3000} = 2\frac{1625}{3000} = 2\frac{13}{24}$

2.2

1. a) $F_1(4) = -\frac{4^2}{2} + \frac{1^2}{2} = -7\frac{1}{2}$

b) $F_1(4) = \left(-\frac{4^2}{2} + 2 \cdot 4\right) - \left(-\frac{1^2}{2} + 2 \cdot 1\right) = 0 - 1\frac{1}{2} = -1\frac{1}{2}$

c) $F_1(4) = -\frac{4^3}{3} + \frac{1^3}{3} = -\frac{63}{3} = -21$

2. a) $F_0(4) = -\frac{4^3}{3} + 4 \cdot 4 = 16 - \frac{64}{3} = 16 - 21\frac{1}{3} = -5\frac{1}{3}$

b) $F_1(3) = \left(-\frac{3^3}{3} + 4 \cdot 3\right) - \left(-\frac{1^3}{3} + 4 \cdot 1\right) = 3 - 3\frac{2}{3} = -\frac{2}{3}$

c) $F_1(5) = \left(-\frac{5^3}{3} + 4 \cdot 5\right) - \left(-\frac{1^3}{3} + 4 \cdot 1\right) = -21\frac{2}{3} - 3\frac{2}{3} = -25\frac{1}{3}$

d) $F_2(4) = \left(-\frac{4^3}{3} + 4 \cdot 4\right) - \left(-\frac{2^3}{3} + 4 \cdot 2\right) = -5\frac{1}{3} - 5\frac{1}{3} = -10\frac{2}{3}$

3. a) $F_0(2) = -\frac{2^2}{2} + 2 \cdot 2 = 2$ $\qquad F_2(4) = \left(-\frac{4^2}{2} + 2 \cdot 4\right) - 2 = -2$

$A = |2| + |-2| = 4$

b) $F_1(2) = 2 - \left(-\frac{1^2}{2} + 2 \cdot 1\right) = 2 - 1\frac{1}{2} = \frac{1}{2}$

$F_2(3) = \left(-\frac{3^2}{2} + 2 \cdot 3\right) - 2 = 1\frac{1}{2} - 2 = -\frac{1}{2}$

$A = \left|\frac{1}{2}\right| + \left|-\frac{1}{2}\right| = 1$

c) $F_1(2) = \frac{1}{2}$ $\qquad F_2(4) = -2$ $\qquad A = \left|\frac{1}{2}\right| + \left|-2\right| = 2\frac{1}{2}$

d) $F_2(5) = \left(-\frac{5^2}{2} + 2 \cdot 5\right) - 2 = -2{,}5 - 2 = -4{,}5$ $\qquad A = 4{,}5$

L

4. $V = \frac{1}{2} \cdot 10 \cdot 0{,}2l + 20 \cdot 0{,}2l + \frac{1}{2} \cdot 5 \cdot 0{,}2l - \frac{1}{2} \cdot 10 \cdot 0{,}2l + \frac{1}{2} \cdot 15 \cdot 0{,}2l$

$= 1l + 4l + \frac{1}{2}l - 1l + 1\frac{1}{2}l = 6l$

2.3

1. a) $\int_0^5 3\,dt = 3 \cdot 5 = 15$

b) $\int_1^7 t\,dt = \frac{49}{2} - \frac{1}{2} = 24$

c) $\int_0^3 t^2\,dt = \frac{3^3}{3} = 9$

d) $\int_{1,5}^3 t\,dt = \frac{3^2}{2} - \frac{1{,}5^2}{2} = \frac{9 - 2\frac{1}{4}}{2} = 3\frac{3}{8}$

e) $\int_2^3 (t + 5)\,dt = \left(\frac{3^2}{2} + 5 \cdot 3\right) - \left(\frac{2^2}{2} + 5 \cdot 2\right) = 19\frac{1}{2} - 12 = 7\frac{1}{2}$

f) $\int_0^3 (-t + 1)\,dt = \left(-\frac{3^2}{2} + 1 \cdot 3\right) = -1{,}5$

*g) $\int_5^5 t^2\,dt = 0$

*h) $\int_1^2 (t^2 - 1)\,dt = \left(\frac{2^3}{3} - 1 \cdot 2\right) - \left(\frac{1^3}{3} - 1 \cdot 1\right) = \frac{2}{3} + \frac{2}{3} = 1\frac{1}{3}$

*i) $\int_0^4 (-t^2 - 1)\,dt = -\frac{4^3}{3} - 1 \cdot 4 = -\frac{64}{3} - 4 = -21\frac{1}{3} - 4 = -25\frac{1}{3}$

2. $F_1(x) = \frac{x^3}{3}$; $F_2(x) = \frac{x^3}{3} + 1$; $F_3(x) = \frac{x^3}{3} - 12$

3. a) $f(t) = t$

b) $f(t) = 1$

*c) $f(t) = t^2$

*d) $f(t) = t^2$

Wiederholungsaufgaben

1. a) $\int_2^4 \frac{1}{2}x^2\,dx = \frac{4^3}{6} - \frac{2^3}{6} = \frac{32-4}{3} = \frac{28}{3} = 9\frac{1}{3}$

b) $\int_1^5 (-x^2+4)\,dx = \left(-\frac{5^3}{3} + 4\cdot 5\right) - \left(-\frac{1^3}{3} + 4\cdot 1\right) = \left(-41\frac{2}{3} + 20\right) - \left(-\frac{1}{3} + 4\right)$

$= -21\frac{2}{3} - 3\frac{2}{3} = -25\frac{1}{3}$

c) $\int_2^{2,5} (x-1)\,dx = \left(\frac{2{,}5^2}{2} - 1\cdot 2{,}5\right) - \left(\frac{2^2}{2} - 1\cdot 2\right) = \left(3\frac{1}{8} - 2\frac{1}{2}\right) - \left(2-2\right) = \frac{5}{8}$

d) $\int_1^{1,5} (-2x)\,dx = -1{,}5^2 + 1^2 = -1\frac{1}{4}$

2. Da alle angegebenen Funktionen stetig sind, sind sie auch integrierbar (für den gegebenen Definitionsbereich).

3. a) $F(x) = \frac{x^2}{2} - x$ b) $F(x) = 5x$

*c) $F(x) = -\frac{x^3}{3}$

4. a) wahr b) wahr

c) falsch *d) falsch

5. a) $F_1(2) = \left(-\frac{1}{2}\cdot\frac{2^2}{2} + 1\cdot 2\right) - \left(-\frac{1}{2}\cdot\frac{1^2}{2} + 1\cdot 1\right) = 1 - \frac{3}{4} = \frac{1}{4}$

$F_2(3) = \left(-\frac{1}{2}\cdot\frac{3^2}{2} + 1\cdot 3\right) - 1 = \frac{3}{4} - 1 = -\frac{1}{4}$ $A = \left|\frac{1}{4}\right| + \left|-\frac{1}{4}\right| = \frac{1}{2}$

*b) $\int_{0,5}^{\sqrt{3}} (3-t^2)\,dt = \left(3\cdot\sqrt{3} - \frac{\sqrt{3}^3}{3}\right) - \left(3\cdot 0{,}5 - \frac{0{,}5^3}{3}\right) = 2\sqrt{3} - 1\frac{11}{24}$

$\int_{\sqrt{3}}^{3,5} (3-t^2)\,dt = \left(3\cdot 3{,}5 - \frac{3{,}5^3}{3}\right) - 2\sqrt{3} = \left(10\frac{1}{2} - 14\frac{7}{24}\right) - 2\sqrt{3} = -3\frac{19}{24} - 2\sqrt{3}$

$A = \left|2\sqrt{3} - 1\frac{11}{24}\right| + \left|-3\frac{19}{24} - 2\sqrt{3}\right| = 2\sqrt{3} - 1\frac{11}{24} + 3\frac{19}{24} + 2\sqrt{3} = 4\sqrt{3} + 2\frac{1}{3}$

$\approx 9{,}2615$

L

Lektion 3

Aufgaben im Text

1 Stammfunktionen von $f(x) = x^3$ sind:

$y = \frac{1}{4}x^4 - \frac{1}{4}$, $y = \frac{1}{4}x^4$, $y = \frac{1}{4}x^4 + 2$

2 $G'(x) = x^4$

3

Funktion f	Stammfunktionen G
$f(x) = \frac{1}{x^n} = x^{-n}$, $x \neq 0$ $(n \in \mathbb{N}, n \neq 1)$	$G(x) = \frac{1}{-n+1}x^{-n+1} + c$, $x \neq 0$ $(n \in \mathbb{N}, n \neq 1)$
$f(x) = \frac{1}{2\sqrt{x}}$, $x > 0$	$G(x) = \sqrt{x} + c$, $x > 0$
$f(x) = \sin x$	$G(x) = -\cos x + c$
$f(x) = \cos x$	$G(x) = \sin x + c$
$f(x) = \sqrt{x} = x^{\frac{1}{2}}$, $x > 0$	$G(x) = \frac{2}{3} \cdot x^{\frac{3}{2}} + c$, $x > 0$

4 $G(1) = 0$

5 $G(x) = \frac{1}{5}x^5$

6 $F_1(x) = \int_1^x t^3\,dt$

7

Randfunktion f	Integralfunktion $F_0(x)$	Differentialquotient der Integralfunktion
$f(x) = x$	$F_0(x) = \frac{1}{2}x^2$	$F_0'(x) = x$
$f(x) = x^2$	$F_0(x) = \frac{1}{3}x^3$	$F_0'(x) = x^2$

8 $\int_0^2 t^4\,dt = \frac{1}{5} \cdot 2^5 = \frac{32}{5}$

9 $G(x) = \frac{1}{4}x^4 - \frac{1}{4}$

10 $f(x) = x^3$

11 $\int_1^2 x^3\,dx = \frac{16}{4} - \frac{1}{4} = \frac{15}{4}$

Lösungen der Aufgaben

3.1

1. $k = \frac{F_0(70) - F_0(30)}{h} = \frac{1,2}{40} = 0,03$ Die Strömungsstärke k beträgt 0,03 l/s .

2. a) $k = \dfrac{F_0(x+h) - F_0(x)}{h}$ b) Differenzenquotient

3.2 a) Nach Hauptsatz: $F_0'(x) = x^2 \Rightarrow F_0'(2{,}5) = 6{,}25$

b) $F_2'(x) = \frac{1}{2}x - 4 \Rightarrow F_2'(4) = -2$

c) $F_{-1}'(x) = x^3 + 2 \Rightarrow F_{-1}'(0) = 2$

d) $F_0'(x) = \sin x \Rightarrow F_0'\left(\frac{\pi}{2}\right) = 1$

3.3 und 3.4

1. a) $G(x) = \frac{1}{7}x^7 + c$ b) $G(x) = \cos x + c$ c) $G(x) = \frac{1}{3}x^6 + c$

d) $G(x) = \frac{1}{x} + c \quad (x \neq 0)$ e) $G(x) = 2\sqrt{x} + c \quad (x > 0)$ f) $G(x) = \frac{1}{4}x^4 + \frac{1}{3}x^3 + c$

2.

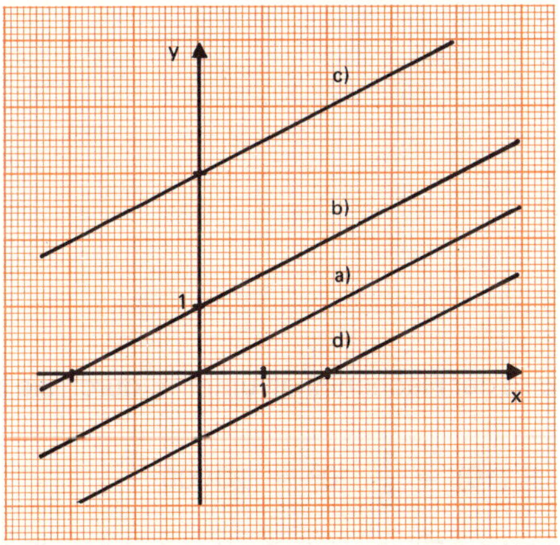

a) $G(x) = \frac{1}{2}x$

b) $G(x) = \frac{1}{2}x + 1$

c) $G(x) = \frac{1}{2}x + 3$

d) $G(x) = \frac{1}{2}x - 1$

3. a) $F_0(x) = \frac{1}{8}x^8$

b) $F_0(x) = -\cos x + 1$

c) $F_0(x) = \sin x$

d) $F_1(x) = \frac{1}{3}x^3 - \frac{1}{3}$

e) $F_4(x) = \frac{2}{3}x^{\frac{3}{2}} - \frac{16}{3}$

denn: $F_4(4) = \frac{2}{3} \cdot 4^{\frac{3}{2}} - \frac{16}{3} = 0$

Wiederholungsaufgaben

1. $f(x) = \sin x$;
wegen $\cos' x = -\sin x$ sind die Stammfunktionen von f:

$G(x) = -\cos x + c$

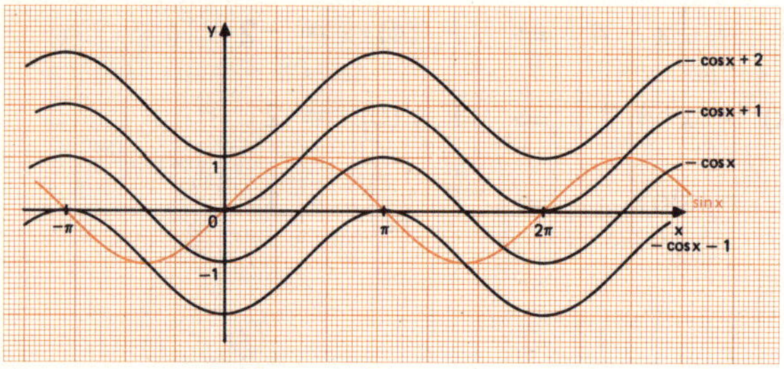

2. a) $F_0'(x) = \cos x$; $F_0'\left(\frac{\pi}{2}\right) = 0$

b) $F_{-1}'(x) = x^2 + 1$; $F_{-1}'(-0{,}5) = 1{,}25$

c) $F_4'(x) = \sqrt{x}$; $F_4'(4) = 2$

3. a) $F_0(x) = \frac{1}{2}x^6 + \frac{4}{3}x^3$

b) $F_1(x) = \frac{4}{3}\sqrt{x^3} + \frac{1}{x} - \frac{7}{3}$

c) $F_{-\pi}(x) = 2\sin t$

4. a) Wegen $f(x) \geqq 0$ für $0 \leqq x \leqq 10$ wird der Flächeninhalt unter f durch die Integralfunktion angegeben:

$$F_0(x) = \frac{1}{5}x^5 \quad \Rightarrow \quad F_0(10) = \frac{1}{5} \cdot 10^5 = 20000$$

b) Wegen $\sin x \geqq 0$ für $0 \leqq x \leqq \pi$ wird der Flächeninhalt unter f durch die Integralfunktion angegeben:

$$F_0(x) = -\cos x + 1 \quad \Rightarrow \quad F_0(\pi) = -\cos \pi + 1 = 2$$

[5.] $F_0'(x) = ax + b$; $F_0'(0) = a \cdot 0 + b$, weil $F_0'(0) = 2 \Rightarrow b = 2$

$F_0(x) = \int_0^x (at + 2)\,dt = \frac{a}{2}x^2 + 2x$

$F_0(4) = \frac{a}{2} \cdot 16 + 2 \cdot 4$, weil $F_0(4) = 10 \Rightarrow a = \frac{1}{4}$

Lektion 4

Aufgaben im Text

1 positiv

2 $72 + 36 - 9 - 9 = 90$

3 $]a; x_0[$ und $]x_2; x_3[$

4 $]x_0; x_2[$

5 $G(x) = \frac{1}{3}x^3 + x^2$

6 x_0, x_2

7 x_0, x_2

8 $\frac{1}{3}6^3 + 6^2 - \left(\frac{1}{3}3^3 + 3^2\right)$

9 negativ

10 $2 - 1 = 1$

11 $]x_0; x_2[$

12 $\left[\frac{1}{3}x^3 + x^2\right]_3^6$

13 $]a; x_0[$ und $]x_2; x_3[$

14 $\left[\sqrt{x}\right]_1^4$

15 positiv

Lösungen der Aufgaben

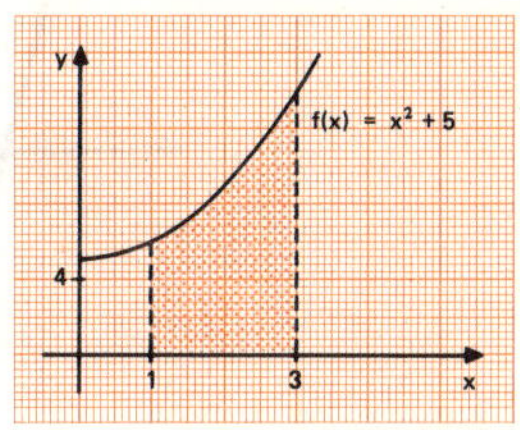

4.1 und 4.2

1. $\int_1^3 (x^2 + 5)\,dx = \left[\frac{x^3}{3} + 5x\right]_1^3 = \frac{27}{3} + 15 - \left(\frac{1}{3} + 5\right) = 18\frac{2}{3}$

2. a) $\int_0^3 (10 - x^2)\,dx = \left[10x - \frac{x^3}{3}\right]_0^3 = 30 - \frac{27}{3} - 0 = 21$

b) $\int_2^5 (x - 1)^2\,dx = \left[\frac{(x-1)^3}{3}\right]_2^5 = \frac{64}{3} - \frac{1}{3} = 21$

Man kann auch zunächst ausmultiplizieren: $(x - 1)^2 = x^2 - 2x + 1$
und dann so rechnen:

$$\int_2^5 (x - 1)^2\,dx = \int_2^5 (x^2 - 2x + 1)\,dx = \left[\frac{x^3}{3} - x^2 + x\right]_2^5$$

$$= \frac{125}{3} - 25 + 5 - \left(\frac{8}{3} - 4 + 2\right) = 21$$

c) $\int_{-1}^2 (x^3 - x + 1)\,dx = \left[\frac{x^4}{4} - \frac{x^2}{2} + x\right]_{-1}^2 = \frac{16}{4} - \frac{4}{2} + 2 - \left(\frac{1}{4} - \frac{1}{2} - 1\right) = 5\frac{1}{4}$

$$\text{d)}\quad \int_{-3}^{0} (5 - x)\,dx = \left[5x - \frac{x^2}{2}\right]_{-3}^{0} = 0 - \left(-15 - \frac{9}{2}\right) = 19\frac{1}{2}$$

$$\text{e)}\quad \int_{1}^{2} \frac{1}{x^2}\,dx = \left[-\frac{1}{x}\right]_{1}^{2} = -\frac{1}{2} - (-1) = -\frac{1}{2} + 1 = \frac{1}{2}$$

$$\text{f)}\quad \int_{0}^{\pi} \sin x\,dx = \left[-\cos x\right]_{0}^{\pi} = -(-1) - (-1) = 2$$

$$\text{[g)]}\quad \int_{1}^{4} \sqrt{x}\,dx = \int_{1}^{4} x^{\frac{1}{2}}\,dx = \left[\frac{1}{1+\frac{1}{2}}\,x^{1+\frac{1}{2}}\right]_{1}^{4} = \left[\frac{2}{3}\sqrt{x^3}\right]_{1}^{4} = \frac{2}{3}\sqrt{64} - \frac{2}{3}\sqrt{1} = 4\frac{2}{3}$$

$$\text{[h)]}\quad \int_{0}^{\frac{\pi}{2}} 2\sin x\cos x\,dx = \left[\sin^2 x\right]_{0}^{\frac{\pi}{2}} = 1 - 0 = 1$$

4.3

1.

a)

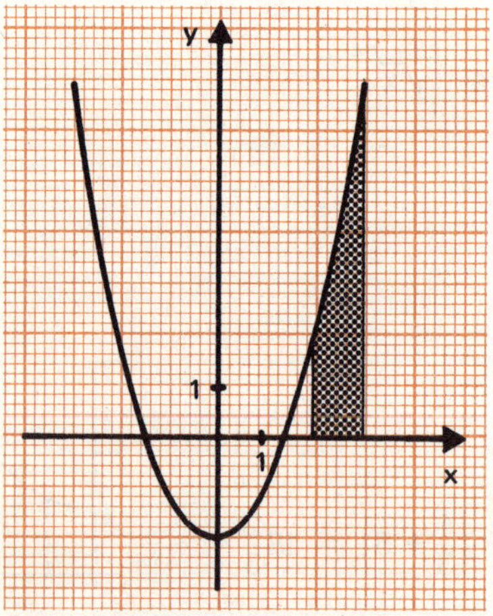

b)

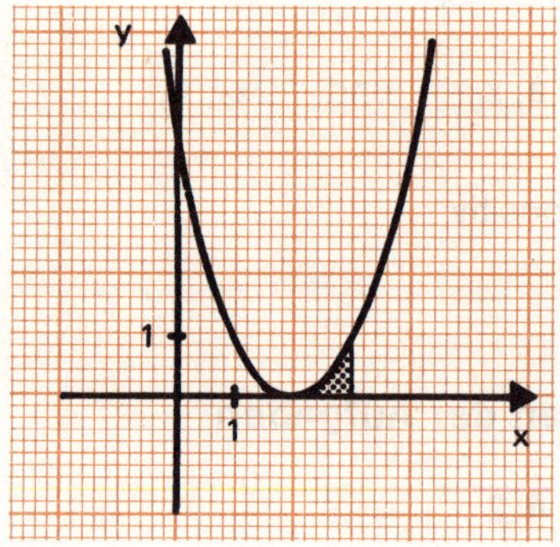

c)

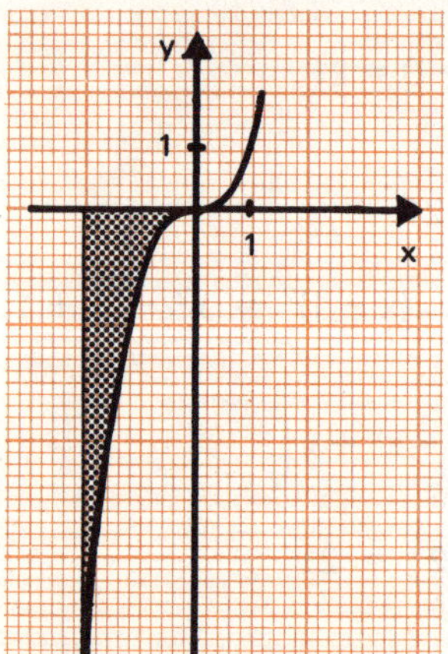

d)

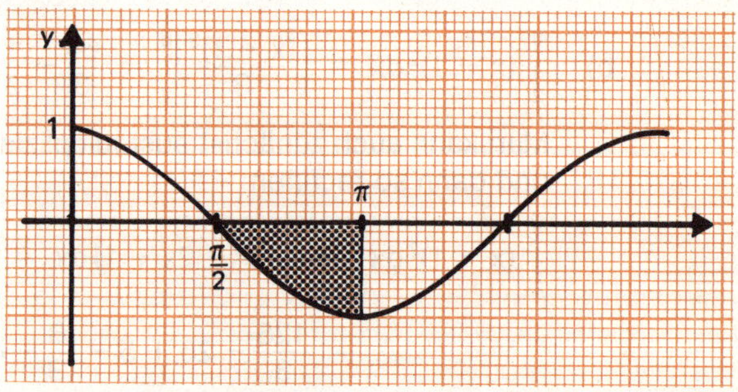

e)

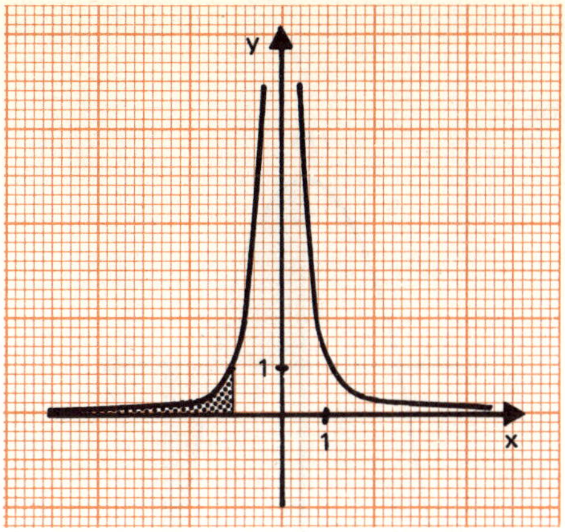

f)

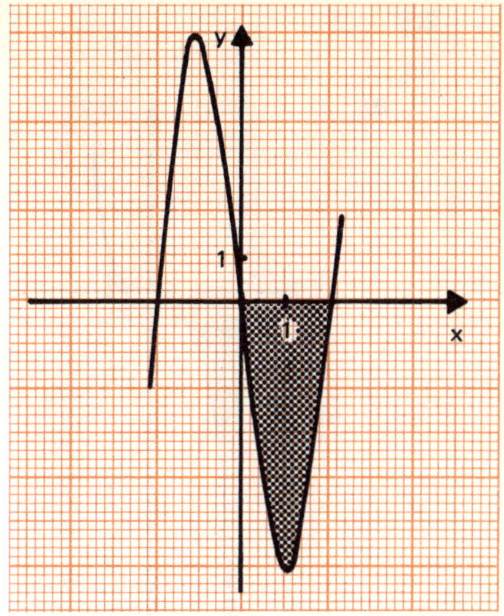

a) $\int_2^3 (x^2 - 2)\,dx = \left[\frac{1}{3}x^3 - 2x\right]_2^3 = 9 - 6 - \left(\frac{8}{3} - 4\right) = \frac{13}{3}$

b) $\int_2^3 (x - 2)^2 dx = \int_2^3 (x^2 - 4x + 4)\,dx = \left[\frac{1}{3}x^3 - 2x^2 + 4x\right]_2^3 = \frac{1}{3}$

c) $\int_{-2}^0 x^3 dx = \left[\frac{1}{4}x^4\right]_{-2}^0 = 0 - \frac{1}{4} \cdot 2^4 = -4$

d) $\int_{\frac{\pi}{2}}^{\pi} \cos x\,dx = \left[\sin x\right]_{\frac{\pi}{2}}^{\pi} = 0 - 1 = -1$

e) $\int_{-4}^{-1} \frac{1}{x^2}dx = \left[-\frac{1}{x}\right]_{-4}^{-1} = \frac{3}{4}$

f) $\int_0^2 (2x^3 - 8x)\,dx = \left[\frac{1}{2}x^4 - 4x^2\right]_0^2 = -8$

L

2.

a)

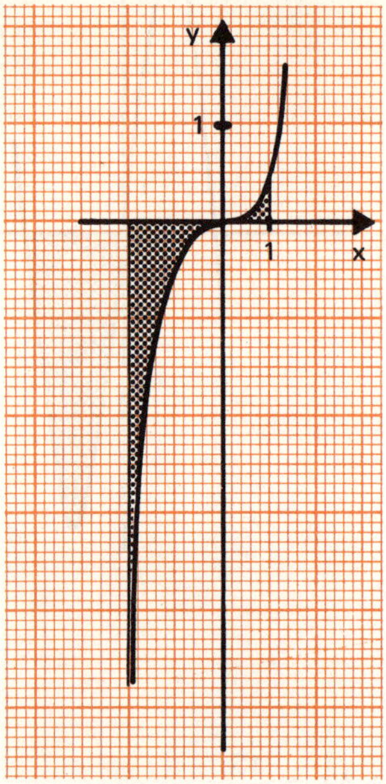

b)

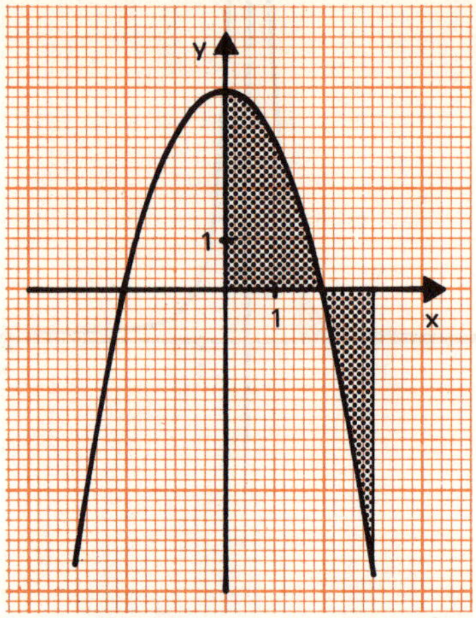

c)

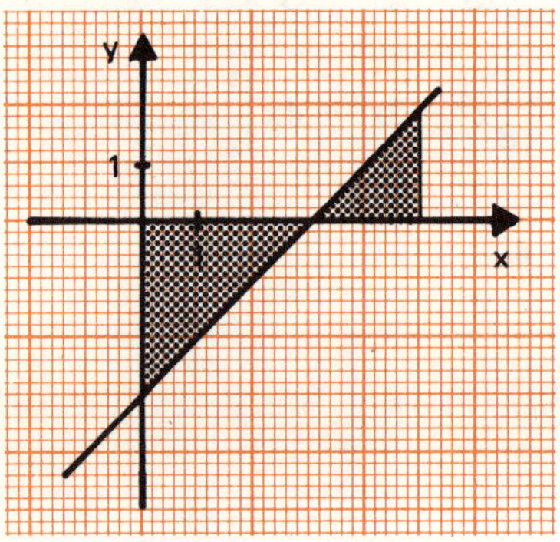

d)

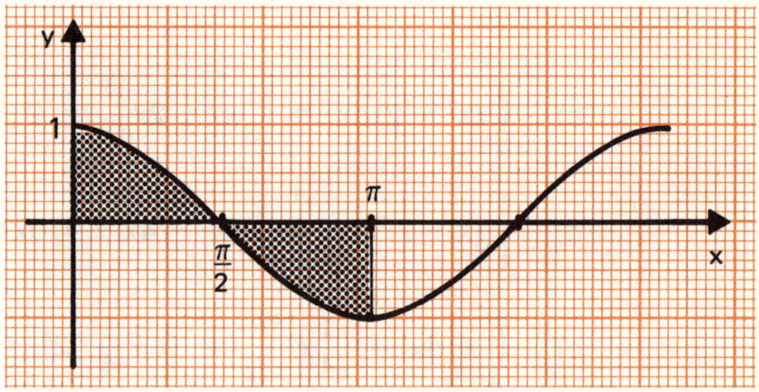

e)

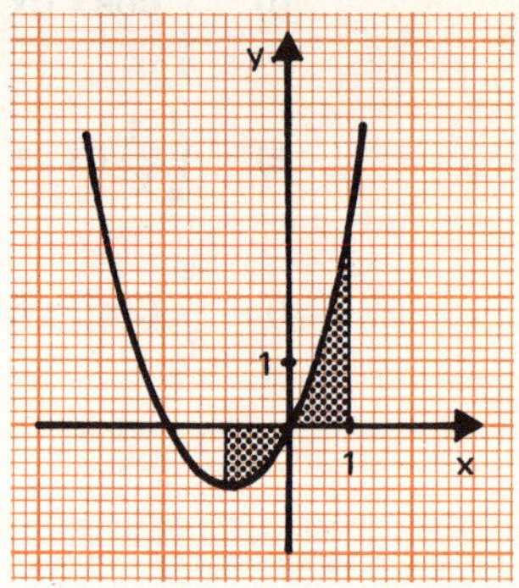

a) $\int_{-2}^{1} x^5 dx = \left[\frac{1}{6}x^6\right]_{-2}^{1} = \frac{1}{6} - \frac{64}{6} = -\frac{63}{6}$

b) $\int_{0}^{3} (4 - x^2) dx = \left[4x - \frac{1}{3}x^3\right]_{0}^{3} = 3$

c) $\int_{0}^{5} (x - 3) dx = \left[\frac{1}{2}x^2 - 3x\right]_{0}^{5} = -\frac{5}{2}$

d) $\int_{0}^{\pi} \cos x \, dx = \left[\sin x\right]_{0}^{\pi} = 0$

e) $\int_{-1}^{1} (x^2 + 2x) dx = \left[\frac{1}{3}x^3 + x^2\right]_{-1}^{1} = \frac{2}{3}$

1. a) $F_a(x)$ ist im Intervall $]a; x_0[$ negativ, weil der „orientierte Flächeninhalt zwischen Randfunktion f und x-Achse" negativ zählt; die Funktion $F_a(x)$ ist in diesem Intervall monoton fallend. In x_0 hat sie ein Minimum, da sich der Funktionswert für $F_a(x)$ für $x \in]x_0; x_1[$ aus dem „negativen Anteil" (zwischen a und x_0) und dem „positiven Anteil" (von x_0 bis x) zusammensetzt. Wenn beide Flächeninhalte dem Betrag nach gleich sind, ist F_a null. Dies ist in x_1 der Fall.

b) Im Intervall $]a; x_0[$ ist $F_a(x)$ monoton fallend; die Steigung ist negativ. Also sind die Funktionswerte von f in diesem Intervall negativ. In x_0 hat F_a die Steigung Null; also ist $f(x_0) = 0$.
Im Intervall $]x_0; x_1[$ ist die Steigung von F_a positiv. Daher sind auch die Funktionswerte von f positiv.

2.

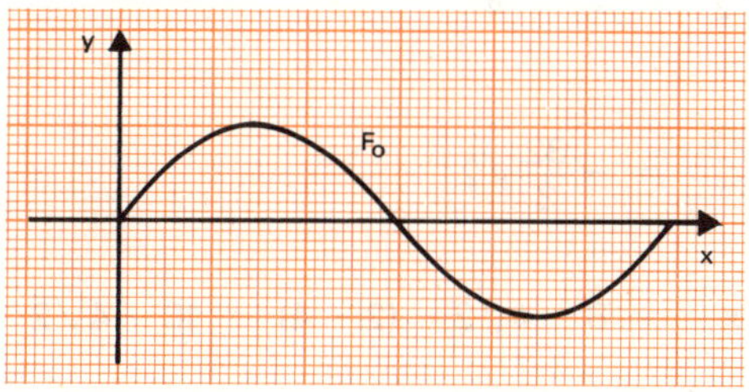

3. $F_a(x)$ ist im Intervall $]a; x_1[$ monoton steigend, weil der Flächeninhalt „unter dem Graphen von f " wächst, wenn x von a nach x_1 läuft. Im Intervall $]a; x_0[$ ist die „Wachstumsgeschwindigkeit" jedoch größer als im Intervall $]x_0; x_1[$. (Dies erkennt man, wenn man das Intervall $]a; x_1[$ in gleichbreite Abschnitte Δx zerlegt und die jeweiligen Zuwachsraten ΔA des Flächeninhalts links und rechts von x_0 vergleicht.)
Die Funktionswerte von F_a wachsen also für $x < x_0$ stärker als für $x > x_0$. Also hat F_a in x_0 einen Wendepunkt.

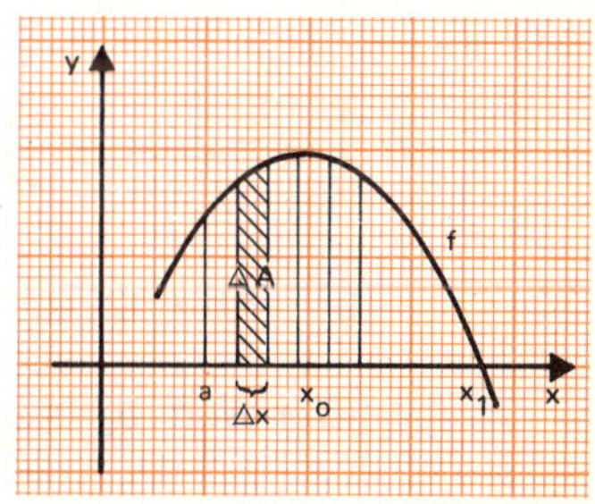

Wiederholungsaufgaben

1. a) $\int_0^1 (x^2 - x^3)\,dx = \left[\frac{x^3}{3} - \frac{x^4}{4}\right]_0^1 = \frac{1}{3} - \frac{1}{4} = \frac{1}{12} \approx 0{,}08$

b) $\int_1^4 \left(\sqrt{x} - \frac{1}{x^2}\right)dx = \left[\frac{2}{3}\sqrt{x^3} + \frac{1}{x}\right]_1^4 = \frac{2}{3}\sqrt{64} + \frac{1}{4} - \frac{2}{3} - 1 = \frac{47}{12} \approx 3{,}9$

c) $\int_{-\frac{\pi}{2}}^{\frac{\pi}{2}} \cos x\,dx = [\sin x]_{-\frac{\pi}{2}}^{\frac{\pi}{2}} = \sin\frac{\pi}{2} - \sin\left(-\frac{\pi}{2}\right) = 1 - (-1) = 2$

Wegen $\cos(-x) = \cos x$ gilt auch:

$$\int_{-\frac{\pi}{2}}^{\frac{\pi}{2}} \cos x \, dx = 2 \cdot \int_{0}^{\frac{\pi}{2}} \cos x \, dx$$

2. a) $\int_{0}^{3} (2x^2 - 3)\,dx = \left[\frac{2}{3}x^3 - 3x\right]_0^3 = \frac{2}{3} \cdot 27 - 9 - 0 = 9$

b) $\int_{-2}^{1} (x^3 + 3x)\,dx = \left[\frac{x^4}{4} + \frac{3}{2}x^2\right]_{-2}^{1} = \frac{1}{4} + \frac{3}{2} - \left(\frac{16}{4} + \frac{3}{2} \cdot 4\right) = -8\frac{1}{4} = -8{,}25$

c) $\int_{-1}^{1} (2x^4 + x + 1)\,dx = \left[\frac{2}{5}x^5 + \frac{x^2}{2} + x\right]_{-1}^{1} = \frac{2}{5} + \frac{1}{2} + 1 - \left(-\frac{2}{5} + \frac{1}{2} - 1\right) = 2\frac{4}{5} = 2{,}8$

d) $\int_{-\sqrt{3}}^{0} \left(\frac{1}{3}x^3 - 3x\right)dx = \left[\frac{1}{12}x^4 - \frac{3}{2}x^2\right]_{-\sqrt{3}}^{0} = \frac{15}{4}$

e) $\int_{-\sqrt{2}}^{\sqrt{2}} (x^2 - 6)\,dx = \left[\frac{1}{3}x^3 - 6x\right]_{-\sqrt{2}}^{\sqrt{2}} = -\frac{32}{3}\sqrt{2}$

f) $\int_{1}^{2} \left(4x - \frac{2}{\sqrt{x}}\right)dx = \left[2x^2 - 4\sqrt{x}\right]_1^2 = 8 - 4\sqrt{2} - (2 - 4) = 10 - 4\sqrt{2} \approx 4{,}3$

g) $\int_{0}^{\pi} (x^2 - \sin x)\,dx = \left[\frac{x^3}{3} + \cos x\right]_0^{\pi} = \frac{\pi^3}{3} + \cos\pi - (0 + \cos 0) = \frac{\pi^3}{3} - 1 - 1 \approx 8{,}3$

3. a) $\int_{0}^{b} x^3\,dx = \left[\frac{1}{4}x^4\right]_0^b = \frac{1}{4}b^4 = 4 \Rightarrow b^4 = 16,\ b = 2$

b) $\int_{0}^{b} (x - 2)\,dx = \left[\frac{1}{2}x^2 - 2x\right]_0^b = \frac{1}{2}b^2 - 2b = 6 \Rightarrow$

$b^2 - 4b - 12 = 0 \Rightarrow b_1 = 6,\ b_2 = -2$

(Der Wert $b_2 = -2$ scheidet aus, weil $b > 0$ vorausgesetzt wurde.)

4. $\int_{0}^{3} kx^2\,dx = \left[\frac{k}{3}x^3\right]_0^3 = 9k = 3 \Rightarrow k = \frac{1}{3}$

[5.] a) $\int_{0}^{1} (4(x^2 + 3)^3 \cdot 2x)\,dx = \left[(x^2 + 3)^4\right]_0^1 = 256$

b) $\int_{0}^{3} \frac{x}{\sqrt{x^2 + 1}}\,dx = \left[\sqrt{x^2 + 1}\right]_0^3 = \sqrt{10}$

c) $\int_{0}^{\frac{\pi}{2}} (\sin x \cos x)\,dx = \left[\frac{1}{2}\sin^2 x\right]_0^{\frac{\pi}{2}} = \frac{1}{2}$

Lektion 5

Aufgaben im Text

1 $\int_0^\pi (x + \cos x)\,dx = \int_0^\pi x\,dx + \int_0^\pi \cos x\,dx = \left[\frac{x^2}{2}\right]_0^\pi + \left[\sin x\right]_0^\pi$

$= \frac{\pi^2}{2} + \sin\pi = \frac{\pi^2}{2} + 0 = \frac{\pi^2}{2} \approx 4{,}93$

2 $F(x) = -x\cos x + \sin x$

$F'(x) = -1\cdot\cos x + x\cdot\sin x + \cos x = x\cdot\sin x$

3 $(x)' = 1\,;\ \left(\frac{1}{2}x^2\right)' = 2\cdot\frac{1}{2}x = x\,;\ \left(\frac{1}{3}x^3\right)' = 3\cdot\frac{1}{3}\cdot x^2 = x^2\,;$

$(\sin x)' = \cos x\,;\ \left(\frac{1}{2}x^2 + x\right)' = x + 1\,;\ \left(\frac{1}{3}x^3 + x^2\right)' = x^2 + 2x\,.$

4 $\int_a^b c\cdot f(x)\,dx = \int_a^b c\cdot F'(x)\,dx = \int_a^b (c\cdot F(x))'\,dx = \left[c\cdot F(x)\right]_a^b = c\cdot F(b) - c\cdot F(a)$

$= c\cdot(F(b) - F(a)) = c\cdot\left[F(x)\right]_a^b = c\cdot\int_a^b F'(x)\,dx = c\cdot\int_a^b f(x)\,dx$

5 $\int_a^b (f(x) - g(x))\,dx = \int_a^b (F'(x) - G'(x))\,dx = \int_a^b (F(x) - G(x))'\,dx = \left[F(x) - G(x)\right]_a^b$

$= (F(b) - G(b)) - (F(a) - G(a)) = (F(b) - F(a)) - (G(b) - G(a))$

$= \left[F(x)\right]_a^b - \left[G(x)\right]_a^b = \int_a^b f(x)\,dx - \int_a^b g(x)\,dx$

Lösungen der Aufgaben

5.1

1.

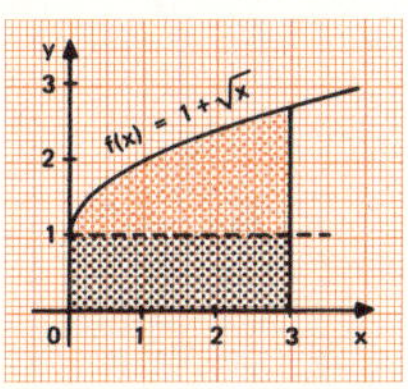

2.

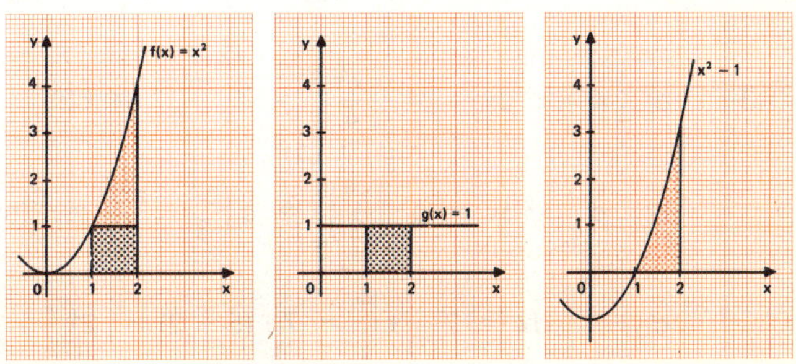

5.2

1. a) $\int_0^1 x^3 dx + \int_0^1 x dx = \left[\frac{x^4}{4}\right]_0^1 + \left[\frac{x^2}{2}\right]_0^1 = \frac{1}{4} + \frac{1}{2} = \frac{3}{4}$

b) $\int_1^3 x dx + \int_1^3 7 dx = \left[\frac{x^2}{2}\right]_1^3 + \left[7x\right]_1^3 = \frac{9}{2} - \frac{1}{2} + 21 - 7 = 18$.

c) $\int_0^2 x^2 dx + \int_0^2 x dx + \int_0^2 dx = \left[\frac{x^3}{3}\right]_0^2 + \left[\frac{x^2}{2}\right]_0^2 + \left[x\right]_0^2 = \frac{8}{3} + \frac{4}{2} + 2 = 6\frac{2}{3}$

d) $\int_0^x t\,dt + \int_0^x t^2\,dt = \left[\frac{t^2}{2}\right]_0^x + \left[\frac{t^3}{3}\right]_0^x = \frac{x^2}{2} + \frac{x^3}{3}$

*e) $\int_0^1 x^5 dx + \int_0^1 x^3 dx + \int_0^1 dx = \left[\frac{x^6}{6}\right]_0^1 + \left[\frac{x^4}{4}\right]_0^1 + \left[x\right]_0^1 = \frac{1}{6} + \frac{1}{4} + 1 = 1\frac{5}{12}$

*f) $\int_0^{\frac{\pi}{2}} \sin x\,dx + \int_0^{\frac{\pi}{2}} x\,dx = \left[-\cos x\right]_0^{\frac{\pi}{2}} + \left[\frac{x^2}{2}\right]_0^{\frac{\pi}{2}} = -\cos\frac{\pi}{2} + \cos 0 + \frac{\pi^2}{8} = 1 + \frac{\pi^2}{8}$

2. a) $\int_0^\pi \sin x\,dx - \int_0^\pi \cos x\,dx = \left[-\cos x\right]_0^\pi - \left[\sin x\right]_0^\pi = -\cos\pi + \cos 0 = 2$

b) $\int_1^5 2\,dx - \int_1^5 \frac{1}{x^2} dx = \left[2x\right]_1^5 - \left[-\frac{1}{x}\right]_1^5 = (10 - 2) - \left(-\frac{1}{5} + 1\right) = 7\frac{1}{5}$

c) $\int_0^6 dx - \int_0^6 x\,dx + \int_0^6 x^2 dx = \left[x\right]_0^6 - \left[\frac{x^2}{2}\right]_0^6 + \left[\frac{x^3}{3}\right]_0^6 = 6 - 18 + 72 = 60$

d) $\int_1^2 \sqrt{x}\,dx - \int_1^2 dx = \left[\frac{2}{3}x^{\frac{3}{2}}\right]_1^2 - \left[x\right]_1^2 = \left(\frac{4}{3}\sqrt{2} - \frac{2}{3}\right) - (2 - 1) = \frac{4}{3}\sqrt{2} - 1\frac{2}{3}$

*e) $\int_{-\sqrt[4]{2}}^{+\sqrt[4]{2}} 2x^3\,dx - \int_{-\sqrt[4]{2}}^{+\sqrt[4]{2}} 4x^7\,dx = \left[\frac{1}{2}x^4\right]_{-\sqrt[4]{2}}^{+\sqrt[4]{2}} - \left[\frac{1}{2}x^8\right]_{-\sqrt[4]{2}}^{+\sqrt[4]{2}} = (1 - 1) - (2 - 2) = 0$

*f) $\int_a^b dx - \int_a^b \sin x\,dx = \left[x\right]_a^b - \left[-\cos x\right]_a^b = b - a + \cos b - \cos a$

*g) $\int_a^b 2t\,dt - \int_a^b \cos t\,dt = \left[t^2\right]_a^b - \left[\sin t\right]_a^b = b^2 - a^2 - \sin b + \sin a$

5.3 a) $4\int_0^5 x^3\,dx = 4 \cdot \left[\frac{x^4}{4}\right]_0^5 = 4 \cdot \frac{625}{4} = 625$

b) $c\int_a^b x^2 dx = c \cdot \left[\frac{x^3}{3}\right]_a^b = c\left(\frac{b^3}{3} - \frac{a^3}{3}\right) = \frac{c}{3}(b^3 - a^3)$

c) $7\int_2^5 dx = 7 \cdot \left[x\right]_2^5 = 7 \cdot (5 - 2) = 21$

*d) $n \int_a^b x^n\,dx = n \cdot \left[\frac{x^{n+1}}{n+1}\right]_a^b = \frac{n}{n+1}\left(b^{n+1} - a^{n+1}\right)$

e) $\int_0^{0,5} dx + 2\int_0^{0,5} x\,dx + 3\int_0^{0,5} x^2\,dx = \left[x\right]_0^{0,5} + 2 \cdot \left[\frac{x^2}{2}\right]_0^{0,5} + 3 \cdot \left[\frac{x^3}{3}\right]_0^{0,5}$

$= 0,5 + 0,25 + 0,125 = 0,875$

*f) $a^2 \int_0^{\frac{1}{3}} dx + 2ab \int_0^{\frac{1}{3}} x\,dx + b^2 \int_0^{\frac{1}{3}} x^2\,dx = a^2 \cdot \left[x\right]_0^{\frac{1}{3}} + 2ab \cdot \left[\frac{x^2}{2}\right]_0^{\frac{1}{3}} + b^2 \cdot \left[\frac{x^3}{3}\right]_0^{\frac{1}{3}}$

$= \frac{1}{3}a^2 + \frac{1}{9}ab + \frac{1}{81}b^2$

g) $2\int_0^{\frac{\pi}{2}} \sin x\,dx = 2 \cdot \left[-\cos x\right]_0^{\frac{\pi}{2}} = 2\left(-\cos\frac{\pi}{2} + \cos 0\right) = 2$

*h) $\int_{0,5}^{1,5} \sin x\,dx - 2\int_{0,5}^{1,5} \cos x\,dx = \left[-\cos x\right]_{0,5}^{1,5} - 2 \cdot \left[\sin x\right]_{0,5}^{1,5} \approx -0,2293$

5.5 a) $\int_a^b x \cdot \cos x\,dx = \left[x \cdot \sin x\right]_a^b - \int_a^b 1 \cdot \sin x\,dx = \left[x \cdot \sin x\right]_a^b + \left[\cos x\right]_a^b$

$\int_a^b u \cdot v'\,dx = \left[u \cdot v\right]_a^b - \int_a^b u' \cdot v\,dx$

b) $\int_0^{\frac{\pi}{2}} \sin x \cdot \sin x\,dx = \left[\sin x \cdot (-\cos x)\right]_0^{\frac{\pi}{2}} + \int_0^{\frac{\pi}{2}} \cos x \cdot \cos x\,dx$

$\int_a^b u \cdot v'\,dx = \left[u \cdot v\right]_a^b - \int_a^b u' \cdot v\,dx$

$\int_0^{\frac{\pi}{2}} \sin^2 x\,dx = \left[-\sin x \cos x\right]_0^{\frac{\pi}{2}} + \int_0^{\frac{\pi}{2}} \cos^2 x\,dx$

$\int_0^{\frac{\pi}{2}} \sin^2 x\,dx = \left[-\sin x \cos x\right]_0^{\frac{\pi}{2}} + \int_0^{\frac{\pi}{2}} (1 - \sin^2 x)\,dx$

$\int_0^{\frac{\pi}{2}} \sin^2 x\,dx = \left[-\sin x \cos x\right]_0^{\frac{\pi}{2}} + \int_0^{\frac{\pi}{2}} dx - \int_0^{\frac{\pi}{2}} \sin^2 x\,dx$

$2 \cdot \int_0^{\frac{\pi}{2}} \sin^2 x\,dx = \left[-\sin x \cos x\right]_0^{\frac{\pi}{2}} + \left[x\right]_0^{\frac{\pi}{2}}$

$\int_0^{\frac{\pi}{2}} \sin^2 x\,dx = \frac{1}{2}\left(-\sin\frac{\pi}{2} \cdot \cos\frac{\pi}{2} + \sin 0 \cdot \cos 0 + \frac{\pi}{2}\right) = \frac{\pi}{4}$

c) $\int_a^b x^2 \cdot \sin x\,dx = \left[x^2 \cdot (-\cos x)\right]_a^b + 2 \cdot \int_a^b x \cdot \cos x\,dx$

$u \quad v'$

$\int_a^b x^2 \cdot \sin x\,dx = \left[-x^2 \cdot \cos x + 2x \cdot \sin x + 2\cos x\right]_a^b$ vgl. Aufgabe a)

5.6 a) $\int_5^2 3x\,dx = -3\int_2^5 x\,dx = -3\cdot\left[\frac{x^2}{2}\right]_2^5 = -3\left(\frac{25}{2}-\frac{4}{2}\right) = -31{,}5$

b) $\int_4^0 (x^2-1)\,dx = -\int_0^4 x^2dx + \int_0^4 dx = -\left[\frac{x^3}{3}\right]_0^4 + \left[x\right]_0^4 = -\frac{64}{3}+4 = -17\frac{1}{3}$

c) $\int_3^1 (2x-x^2)\,dx = -2\int_1^3 x\,dx + \int_1^3 x^2dx = -2\cdot\left[\frac{x^2}{2}\right]_1^3 + \left[\frac{x^3}{3}\right]_1^3$

$= -2\left(\frac{9}{2}-\frac{1}{2}\right)+\left(9-\frac{1}{3}\right) = \frac{2}{3}$

d) $\int_2^{0,5} \frac{1}{x^2}dx = -\int_{0,5}^2 \frac{1}{x^2}\,dx = \left[\frac{1}{x}\right]_{0,5}^2 = \frac{1}{2}-2 = -1\frac{1}{2}$

Wiederholungsaufgaben

1. a) $4\int_{0,5}^2 x^2dx + \int_{0,5}^2 x\,dx = 4\cdot\left[\frac{x^3}{3}\right]_{0,5}^2 + \left[\frac{x^2}{2}\right]_{0,5}^2 = 4\left(\frac{8}{3}-\frac{1}{24}\right)+\left(2-\frac{1}{8}\right)$

$= 4\cdot\frac{63}{24}+1\frac{7}{8} = 10\frac{1}{2}+1\frac{7}{8} = 12\frac{3}{8}$

b) $\int_0^3 x^3dx - 5\int_0^3 x\,dx = \left[\frac{x^4}{4}\right]_0^3 - 5\cdot\left[\frac{x^2}{2}\right]_0^3 = \frac{81}{4}-\frac{45}{2} = -2\frac{1}{4}$

c) $\int_2^0 (x^4-4x^3+4x^2)\,dx = -\int_0^2 x^4dx + 4\int_0^2 x^3dx - 4\int_0^2 x^2dx$

$= -\left[\frac{x^5}{5}\right]_0^2 + 4\cdot\left[\frac{x^4}{4}\right]_0^2 - 4\cdot\left[\frac{x^3}{3}\right]_0^2 = -\frac{32}{5}+16-\frac{32}{3} = -1\frac{1}{15}$

d) $\frac{2}{9}\int_1^b \frac{1}{x^2}dx = \frac{2}{9}\cdot\left[-\frac{1}{x}\right]_1^b = -\frac{2}{9}\left(\frac{1}{b}-1\right) = \frac{2}{9}-\frac{2}{9b}$

e) $\frac{1}{2}\int_1^2 \frac{1}{x^3}dx - \frac{4}{2}\int_1^2 \frac{1}{x^2}dx = \frac{1}{2}\cdot\left[-\frac{1}{2x^2}\right]_1^2 - 2\left[-\frac{1}{x}\right]_1^2$

$= \frac{1}{2}\left(-\frac{1}{8}+\frac{1}{2}\right) - 2\left(-\frac{1}{2}+1\right) = \frac{1}{2}\cdot\frac{3}{8} - 2\cdot\frac{1}{2} = -\frac{13}{16}$

*f) $-2\int_1^{10} x\,dx + 6\int_1^{10} dx = -2\cdot\left[\frac{x^2}{2}\right]_1^{10} + 6\cdot\left[x\right]_1^{10} = -(100-1)+6(10-1)$

$= -99+54 = -45$

*g) $-\int_0^{10} (3x-x^2+2x-1)\,dx = -\int_0^{10} (-x^2+5x-1)\,dx$

$= \int_0^{10} x^2dx - 5\int_0^{10} x\,dx + \int_0^{10} dx = \left[\frac{x^3}{3}\right]_0^{10} - 5\cdot\left[\frac{x^2}{2}\right]_0^{10} + \left[x\right]_0^{10}$

$= \frac{1000}{3}-\frac{500}{2}+10 = 333\frac{1}{3}-250+10 = 93\frac{1}{3}$

h) $$-\int_{\frac{\pi}{2}}^{\pi} x\,dx - \int_{\frac{\pi}{2}}^{\pi} \cos x\,dx = -\left[\frac{x^2}{2}\right]_{\frac{\pi}{2}}^{\pi} - \Big[\sin x\Big]_{\frac{\pi}{2}}^{\pi}$$

$$= -\left(\frac{\pi^2}{2} - \frac{\pi^2}{8}\right) - \left(\sin\pi - \sin\frac{\pi}{2}\right) = -\frac{3}{8}\pi^2 + 1$$

2. $$\int_a^b c \cdot f(x)\,dx = c\int_a^b f(x)\,dx\,; \quad \int_a^b (f(x) \pm g(x))\,dx = \int_a^b f(x)\,dx \pm \int_a^b g(x)\,dx$$

$$\int_a^b u \cdot v'\,dx = \Big[u \cdot v\Big]_a^b - \int_a^b u' \cdot v\,dx$$

[3.] Vgl. Lektion 5.2

[4.] a) $$\int_0^{\frac{\pi}{2}} \cos x \cdot \cos x\,dx = \Big[\cos x \cdot \sin x\Big]_0^{\frac{\pi}{2}} + \int_0^{\frac{\pi}{2}} \sin x \cdot \sin x\,dx$$

$$= \Big[\sin x \cdot \cos x\Big]_0^{\frac{\pi}{2}} + \int_0^{\frac{\pi}{2}} dx - \int_0^{\frac{\pi}{2}} \cos^2 x\,dx$$

$$2\int_0^{\frac{\pi}{2}} \cos^2 x\,dx = \Big[\sin x \cdot \cos x\Big]_0^{\frac{\pi}{2}} + \Big[x\Big]_0^{\frac{\pi}{2}}$$

$$\int_0^{\frac{\pi}{2}} \cos^2 x\,dx = \frac{1}{2} \cdot \Big[\sin x \cdot \cos x + x\Big]_0^{\frac{\pi}{2}} = \frac{1}{2}\left(\sin\frac{\pi}{2} \cdot \cos\frac{\pi}{2} + \frac{\pi}{2} - \sin 0 \cdot \cos 0\right) = \frac{\pi}{4}$$

b) $$\int_a^b x^2 \cdot \cos x\,dx = \Big[x^2 \cdot \sin x\Big]_a^b - 2\int_a^b x \cdot \sin x\,dx$$

$$= \Big[x^2 \cdot \sin x + 2x \cdot \cos x - 2\sin x\Big]_a^b$$ (vgl. 5.3 1. Beispiel)

c) $$\int_0^t \sin^4 x\,dx = \int_0^t \sin^3 x \cdot \sin x\,dx = \Big[-\sin^3 x \cos x\Big]_0^t + 3\int_0^t \sin^2 x \cos^2 x\,dx$$

$$= \Big[-\sin^3 x \cos x\Big]_0^t + 3\int_0^t \sin^2 x\,dx - 3\int_0^t \sin^4 x\,dx$$

$$4\int_0^t \sin^4 x\,dx = \Big[-\sin^3 x \cos x\Big]_0^t + 3\int_0^t \sin^2 x\,dx$$

$$\int_0^t \sin^4 x\,dx = \frac{1}{4} \cdot \Big[-\sin^3 x \cos x - \frac{3}{2}\sin x \cos x + \frac{1}{2}x\Big]_0^t$$

d) $$\int_0^{\frac{\pi}{2}} t \cdot \cos(\omega t)\,dt = \left[t \cdot \frac{\sin(\omega t)}{\omega}\right]_0^{\frac{\pi}{2}} - \int_0^{\frac{\pi}{2}} \frac{\sin(\omega t)}{\omega}\,dt = \left[t \cdot \frac{\sin(\omega t)}{\omega}\right]_0^{\frac{\pi}{2}} + \left[\frac{\cos(\omega t)}{\omega^2}\right]_0^{\frac{\pi}{2}}$$

$$= \left[\frac{1}{\omega} \cdot t\sin(\omega t) + \frac{1}{\omega^2}\cos(\omega t)\right]_0^{\frac{\pi}{2}} = \left(\frac{\pi}{2\omega} \cdot \sin\left(\frac{\omega}{2}\pi\right) + \frac{1}{\omega^2}\cos\left(\frac{\omega}{2}\pi\right) - \frac{1}{\omega^2}\right)$$

L

Lektion 6

Aufgaben im Text

1 $A = \int_{-2}^{3} [x^2 - (x+6)]\,dx = \int_{-2}^{3} (x^2 - x - 6)\,dx = \left[\frac{x^3}{3} - \frac{x^2}{2} - 6x\right]_{-2}^{3}$

$= \left(9 - \frac{9}{2} - 18\right) - \left(-\frac{8}{3} - 2 + 12\right) = -13{,}5 - 7\frac{1}{3} = -20\frac{5}{6}$

2 $\int_{0}^{2} \left(\frac{1}{4}x^2 - 2x + 3\right)dx = \left[\frac{1}{12}x^3 - x^2 + 3x\right]_0^2 = \frac{2}{3} - 4 + 6 = 2\frac{2}{3}$

$\int_{2}^{6} \left(\frac{1}{4}x^2 - 2x + 3\right)dx = \left[\frac{1}{12}x^3 - x^2 + 3x\right]_2^6 = (18 - 36 + 18) - \left(2\frac{2}{3}\right) = -2\frac{2}{3}$

3 $\sin 0 + 1 = 1$ $\quad\sin 1{,}5\pi + 1 = 0$ $\quad\sin 2\pi + 1 = 1$

$\cos 0 = 1$ $\quad\cos 1{,}5\pi = 0$ $\quad\cos 2\pi = 1$

4 $= \left(\frac{11}{12}\pi - \cos\frac{11}{6}\pi\right) - \left(\frac{7}{12}\pi - \cos\frac{7}{6}\pi\right) \approx (2{,}880 - 0{,}866) - (1{,}833 + 0{,}866)$

$= 2{,}014 - 2{,}699 = -0{,}685$

Lösungen der Aufgaben

6.2

1. a) $\int_0^4 (2-x)(2+x)\,dx = \int_0^4 (4 - x^2)\,dx = \left[4x - \frac{x^3}{3}\right]_0^4 = 16 - \frac{64}{3} = -5\frac{1}{3}$

b) Nullstelle im Integrationsintervall $x_1 = 2$

$\int_0^2 (4 - x^2)\,dx = \left[4x - \frac{x^3}{3}\right]_0^2 = 8 - \frac{8}{3} = 5\frac{1}{3}$

$\int_2^4 (4 - x^2)\,dx = \left[4x - \frac{x^3}{3}\right]_2^4 = \left(16 - \frac{64}{3}\right) - \left(8 - \frac{8}{3}\right) = -5\frac{1}{3} - 5\frac{1}{3} = -10\frac{2}{3}$

$A = \left|5\frac{1}{3}\right| + \left|-10\frac{2}{3}\right| = 16$

2. a) $\int_{-3}^{2} (x^2 + x - 2)\,dx = \left[\frac{x^3}{3} + \frac{x^2}{2} - 2x\right]_{-3}^{2} = \left(\frac{8}{3} + 2 - 4\right) - \left(-9 + \frac{9}{2} + 6\right)$

$= \frac{2}{3} - 1\frac{1}{2} = -\frac{5}{6}$

b) Nullstellen: $x^2 + x - 2 = 0 \qquad x_{1/2} = -\frac{1}{2} \pm \sqrt{\frac{1}{4} + 2} \quad \Rightarrow$

$$x_{1/2} = -\frac{1}{2} \pm \frac{3}{2} \quad \Rightarrow \quad x_1 = 1 \quad x_2 = -2$$

Teilintervalle $\quad [-3; -2], [-2; 1], [1; 2]$

$$\int_{-3}^{-2} (x^2 + x - 2)\,dx = \left[\frac{x^3}{3} + \frac{x^2}{2} - 2x\right]_{-3}^{-2} = \left(-\frac{8}{3} + 2 + 4\right) - \left(-9 + \frac{9}{2} + 6\right)$$

$$= 3\frac{1}{3} - 1\frac{1}{2} = 1\frac{5}{6}$$

$$\int_{-2}^{1} (x^2 + x - 2)\,dx = \left[\frac{x^3}{3} + \frac{x^2}{2} - 2x\right]_{-2}^{1} = \left(\frac{1}{3} + \frac{1}{2} - 2\right) - 3\frac{1}{3} = -1\frac{1}{6} - 3\frac{1}{3} = -4\frac{1}{2}$$

$$\int_{1}^{2} (x^2 + x - 2)\,dx = \left[\frac{x^3}{3} + \frac{x^2}{2} - 2x\right]_{1}^{2} = \frac{2}{3} - \left(-1\frac{1}{6}\right) = 1\frac{5}{6}$$

$$A = \left|1\frac{5}{6}\right| + \left|-4\frac{1}{2}\right| + \left|1\frac{5}{6}\right| = 8\frac{1}{6}$$

3. a) $\displaystyle\int_{0}^{2\pi} \sin x\,dx = \Big[-\cos x\Big]_{0}^{2\pi} = (-1) - (-1) = 0$

b) Nullstellen: $\quad \sin x = 0 \quad \Rightarrow \quad x_1 = 0; \; x_2 = \pi; \; x_3 = 2\pi$

Teilintervalle $\quad [0; \pi], \; [\pi; 2\pi]$

$$\int_{0}^{\pi} \sin x\,dx = \Big[-\cos x\Big]_{0}^{\pi} = (-(-1) - (-1)) = 1 + 1 = 2$$

$$\int_{\pi}^{2\pi} \sin x\,dx = \Big[-\cos x\Big]_{\pi}^{2\pi} = (-1) - (-(-1)) = -1 - 1 = -2$$

$$A = |2| + |-2| = 4$$

6.3

1. Schnittpunkte: $\frac{1}{4}x^2 = 4 \quad \Rightarrow \quad x^2 = 16 \quad \Rightarrow \quad x_1 = 4; x_2 = -4$

$$\left|\int_{-4}^{4} \left(\frac{1}{4}x^2 - 4\right)dx\right| = \left|\left[\frac{x^3}{12} - 4x\right]_{-4}^{4}\right| = \left|\left(\frac{16}{3} - 16\right) - \left(-\frac{16}{3} + 16\right)\right|$$

$$= \left|-10\frac{2}{3} - 10\frac{2}{3}\right| = 21\frac{1}{3}$$

2. Schnittpunkte: $6 - \frac{1}{2}x^2 = 2 \quad \Rightarrow 4 = \frac{1}{2}x^2 \quad \Rightarrow \quad x^2 = 8 \quad \Rightarrow x_1 = 2\sqrt{2};$

$x_2 = -2\sqrt{2}$

$$\left|\int_{-2\sqrt{2}}^{+2\sqrt{2}} \left(4 - \frac{1}{2}x^2\right)dx\right| = \left|\left[4x - \frac{x^3}{6}\right]_{-2\sqrt{2}}^{+2\sqrt{2}}\right|$$

$$= \left|\left(8\sqrt{2} - \frac{8}{3}\sqrt{2}\right) - \left(-8\sqrt{2} + \frac{8}{3}\sqrt{2}\right)\right|$$

$$= \left|\frac{16}{3}\sqrt{2} + \frac{16}{3}\sqrt{2}\right| = 10\frac{2}{3} \cdot \sqrt{2}$$

***3.** Schnittpunkte:

$$\frac{3}{5}x^2 + 3x = -\frac{3}{2}x \quad \Rightarrow \quad \frac{3}{5}x^2 + \frac{9}{2}x = 0 \quad \Rightarrow \quad 6x^2 + 45x = 0$$

$$\Rightarrow \quad x(6x + 45) = 0 \qquad x_1 = 0; x_2 = -7{,}5$$

$$\left|\int_{-7,5}^{0} \left(\frac{3}{5}x^2 + 3x + \frac{3}{2}x\right)dx\right| = \left|\int_{-7,5}^{0} \left(\frac{3}{5}x^2 + \frac{9}{2}x\right)dx\right| = \left|\left[\frac{x^3}{5} + \frac{9}{4}x^2\right]_{-7,5}^{0}\right|$$

$$= |-(-84{,}375 + 126{,}5625)| = |-42{,}1875| = 42{,}1875$$

6.4

1. Schnittpunkte: $2x^3 - 2x^2 + x - 1 = x^3 + x^2 - x - 1$

$$x^3 - 3x^2 + 2x = 0 \quad \Rightarrow \quad x(x^2 - 3x + 2) = 0$$

$$\Rightarrow \quad x = 0 \quad \vee \quad x^2 - 3x + 2 = 0$$

$$\Rightarrow \quad x_1 = 0\,, \quad x_{2/3} = \frac{3}{2} \pm \sqrt{\frac{9}{4} - 2} \quad \Rightarrow \quad x_{2/3} = \frac{3}{2} \pm \frac{1}{2}$$

$$\Rightarrow \quad x_1 = 0 \quad x_2 = 2 \quad x_3 = 1 \qquad \text{Teilintervalle} \quad [0; 1], [1; 2]$$

$$\int_0^1 (x^3 - 3x^2 + 2x)\,dx = \left[\frac{x^4}{4} - x^3 + x^2\right]_0^1 = \left(\frac{1}{4} - 1 + 1\right) = \frac{1}{4}$$

$$\int_1^2 (x^3 - 3x^2 + 2x)\,dx = \left[\frac{x^4}{4} - x^3 + x^2\right]_1^2 = (4 - 8 + 4) - \left(\frac{1}{4} - 1 + 1\right) = -\frac{1}{4}$$

$$A = \left|\frac{1}{4}\right| + \left|-\frac{1}{4}\right| = \frac{1}{2}$$

2. Schnittpunkte: $x^3 - x^2 = 2x \quad \Rightarrow \quad x^3 - x^2 - 2x = 0 \quad \Rightarrow \quad x(x^2 - x - 2) = 0$

$$\Rightarrow \quad x = 0 \vee x^2 - x - 2 = 0$$

$$\Rightarrow \quad x_1 = 0 , \quad x_{2/3} = \frac{1}{2} \pm \sqrt{\frac{1}{4} + 2} \quad \Rightarrow \quad x_{2/3} = \frac{1}{2} \pm \frac{3}{2}$$

$$\Rightarrow \quad x_1 = 0 \quad x_2 = 2 \quad x_3 = -1 \qquad \text{Teilintervalle} \quad [-1;0], [0;2]$$

$$\int_{-1}^{0} (x^3 - x^2 - 2x)\,dx = \left[\frac{x^4}{4} - \frac{x^3}{3} - x^2\right]_{-1}^{0} = -\left(\frac{1}{4} + \frac{1}{3} - 1\right) = \frac{5}{12}$$

$$\int_{0}^{2} (x^3 - x^2 - 2x)\,dx = \left[\frac{x^4}{4} - \frac{x^3}{3} - x^2\right]_{0}^{2} = 4 - \frac{8}{3} - 4 = -2\frac{2}{3}$$

$$A = \left|\frac{5}{12}\right| + \left|-2\frac{2}{3}\right| = 3\frac{1}{12}$$

Wiederholungsaufgaben

1. a) $\int_{0}^{4} [(x-1)^2 + 1]\,dx = \int_{0}^{4} (x^2 - 2x + 2)\,dx = \left[\frac{x^3}{3} - x^2 + 2x\right]_{0}^{4} = \frac{64}{3} - 16 + 8 = 13\frac{1}{3}$

b) $\int_{0}^{4} (3x + 5)^2\,dx = \int_{0}^{4} (9x^2 + 30x + 25)\,dx = \left[3x^3 + 15x^2 + 25x\right]_{0}^{4}$

$= 192 + 240 + 100 = 532$

*c) $\int_{0}^{4} \cos x\,dx = \left[\sin x\right]_{0}^{4} = \sin 4 - \sin 0 \approx -0{,}7568$

2. a) Nullstellen: $x^2 - 2x + 2 = 0 \quad x_{1/2} = 1 \pm \sqrt{1 - 2}$ keine Nullstellen

$A = \left|\int_{0}^{4} (x^2 - 2x + 2)\,dx\right| = 13\frac{1}{3}$ (siehe Aufgabe 1.a)

b) Nullstelle bei $x = -\frac{5}{3}$ liegt nicht im Integrationsintervall.

$A = \left|\int_{0}^{4} (3x + 5)^2\,dx\right| = 532$ (siehe Aufgabe 1.b)

c) Nullstelle im Integrationsintervall $x_1 = \frac{\pi}{2}$

$$\int_{0}^{\frac{\pi}{2}} \cos x\,dx = \left[\sin x\right]_{0}^{\frac{\pi}{2}} = \sin\frac{\pi}{2} - \sin 0 = 1$$

$$\int_{\frac{\pi}{2}}^{4} \cos x\,dx = \left[\sin x\right]_{\frac{\pi}{2}}^{4} = \sin 4 - \sin\frac{\pi}{2} \approx -0{,}7568 - 1 = -1{,}7568$$

$$A = |1| + |-1{,}7568| = 2{,}7568$$

L

3. a) Schnittpunkte: $x^2 = 2x + 3 \Rightarrow x^2 - 2x - 3 = 0 \Rightarrow x_{1/2} = 1 \pm \sqrt{1+3}$

$x_{1/2} = 1 \pm 2$

$x_1 = 3 \quad x_2 = -1$

Flächeninhalt: $\left|\int_{-1}^{3} (x^2 - 2x - 3)\,dx\right| = \left|\left[\frac{x^3}{3} - x^2 - 3x\right]_{-1}^{3}\right|$

$= \left|(9 - 9 - 9) - \left(-\frac{1}{3} - 1 + 3\right)\right| = \left|(-9) - \left(1\frac{2}{3}\right)\right| = \left|-10\frac{2}{3}\right| = 10\frac{2}{3}$

b) Schnittpunkte: $x^2 - 1 = 2x^2 + x - 3 \Rightarrow x^2 + x - 2 = 0 \Rightarrow$

$x_{1/2} = -\frac{1}{2} \pm \sqrt{\frac{1}{4} + 2} = -\frac{1}{2} \pm \frac{3}{2} \quad x_1 = 1 \quad x_2 = -2$

Flächeninhalt: $\left|\int_{-2}^{1} (x^2 + x - 2)\,dx\right| = \left|\left[\frac{x^3}{3} + \frac{x^2}{2} - 2x\right]_{-2}^{1}\right|$

$= \left|\left(\frac{1}{3} + \frac{1}{2} - 2\right) - \left(-\frac{8}{3} + 2 + 4\right)\right| = \left|\left(-1\frac{1}{6}\right) - \left(3\frac{1}{3}\right)\right| = 4\frac{1}{2}$

c) Schnittpunkte: $\sin x = \cos x$

im Bereich von 0 bis $2\pi \quad x_1 = \frac{\pi}{4} \quad x_2 = \frac{5}{4}\pi$

Flächeninhalt: $\left|\int_{\frac{\pi}{4}}^{\frac{5\pi}{4}} (\sin x - \cos x)\,dx\right| = \left|\left[-\cos x - \sin x\right]_{\frac{\pi}{4}}^{\frac{5\pi}{4}}\right|$

$= \left|\left(-\cos\frac{5}{4}\pi - \sin\frac{5}{4}\pi\right) - \left(-\cos\frac{\pi}{4} - \sin\frac{\pi}{4}\right)\right|$

$\approx |2 \cdot 0{,}7071 + 2 \cdot 0{,}7071| = 2{,}8284$

*d) Schnittpunkte: $0{,}5x^3 - 4 = 1{,}5x - 3 \Rightarrow 0{,}5x^3 - 1{,}5x - 1 = 0 \Rightarrow$

$x^3 - 3x - 2 = 0$ Durch Probieren findet man $x_1 = 2$

Division $(x^3 - 3x - 2) : (x - 2) = x^2 + 2x + 1$

$x^3 - 2x^2$

$2x^2 - 3x$

$2x^2 - 4x$

$x - 2$

$x - 2$

$x^2 + 2x + 1 = 0$

$(x+1)^2 = 0$

$x_{2/3} = -1$

Integrationsintervall $[-1; 2]$

Flächeninhalt: $\left|\int_{-1}^{2}\left(\frac{1}{2}x^3 - \frac{3}{2}x - 1\right)dx\right| = \left|\left[\frac{x^4}{8} - \frac{3}{4}x^2 - x\right]_{-1}^{2}\right|$

$= \left|\left(2 - 3 - 2\right) - \left(\frac{1}{8} - \frac{3}{4} + 1\right)\right| = \left|(-3) - \left(\frac{3}{8}\right)\right| = 3\frac{3}{8}$

[e)] Schnittpunkte: $\frac{2}{3}x^3 - 9x^2 + 30x + 2 = -\frac{1}{3}x^3 + x^2 + 9x + 2$

$x^3 - 10x^2 + 21x = 0 \Rightarrow x(x^2 - 10x + 21) = 0$

$\Rightarrow x = 0 \quad \vee \quad x^2 - 10x + 21 = 0$

$\Rightarrow x_1 = 0, \quad x_{2/3} = 5 \pm \sqrt{25 - 21} \Rightarrow x_{2/3} = 5 \pm 2$

$\Rightarrow x_1 = 0 \quad x_2 = 7 \quad x_3 = 3$ Teilintervalle [0; 3], [3; 7]

Integrale $\int_{0}^{3}(x^3 - 10x^2 + 21x)\,dx = \left[\frac{x^4}{4} - \frac{10}{3}x^3 + \frac{21}{2}x^2\right]_0^3$

$= \frac{81}{4} - 90 + \frac{189}{2} = \frac{99}{4} = 24\frac{3}{4}$

$\int_{3}^{7}(x^3 - 10x^2 + 21x)\,dx = \left[\frac{x^4}{4} - \frac{10}{3}x^3 + \frac{21}{2}x^2\right]_3^7$

$= \left(\frac{7^4}{4} - \frac{10}{3}\cdot 7^3 + \frac{21}{2}\cdot 7^2\right) - 24\frac{3}{4} = -28\frac{7}{12} - 24\frac{3}{4} = -53\frac{1}{3}$

Flächeninhalt: $A = \left|24\frac{3}{4}\right| + \left|-53\frac{1}{3}\right| = 78\frac{1}{12}$

***4.** Siehe Lektion 6, Abschnitt 2

Lektion 7

Aufgaben im Text

1 $\left[4t - 0{,}1\,t^2\right]_0^{t_0} = 4\,t_0 - 0{,}1\,t_0^2$

2 $\pi\left[r^2x - \frac{1}{3}x^3\right]_{-r}^{r} = \frac{4}{3}\pi r^3$

3

t_0 in s	0	0,1	0,2	0,3	0,4	0,5
s in m (gemessen)	0	0,05	0,2	0,45	0,8	1,25
s in m (errechnet)	0	0,0491	0,196	0,441	0,785	1,226

4 $v(10) = 30\ m/s$ $\qquad$ $s(10) \approx 167\ m$

5 **Integralrechnung**
(1) Unterteilung Δx
(2) Produkt
(3) Summe
(4) Grenzwert

Differentialrechnung
(1) Intervall Δx
(2) Differenz
(3) Quotient
(4) Grenzwert

6 $O_n = \pi[f(x_2)]^2 \cdot \Delta x + \pi[f(x_3)]^2 \cdot \Delta x + \ldots\ldots + \pi[f(b)]^2 \cdot \Delta x$

7 $v(10) = 108\ km/h$

8 $\pi \frac{r^2}{h^2}\left[\frac{1}{3}x^3\right]_0^h = \frac{1}{3}\pi r^2 \cdot h$

9 $\int\limits_0^{t_0} (4\,t - 0{,}1\,t^2)\,dt = \left[2\,t^2 - \frac{0{,}1}{3}t^3\right]_0^{t_0} = 2\,t_0^2 - \frac{0{,}1}{3}t_0^3$

Lösungen der Aufgaben

7.2

1. Mit $a = 0{,}2\ m/s^2$ und $100\ km/h = \frac{100\,000}{3600}\ m/s$:

$$v(t) = 0{,}2 \cdot t = \frac{100\,000}{3600} \quad \Rightarrow \quad t = \frac{100\,000}{3600 \cdot 0{,}2} \approx 139$$

$$s(139) = \frac{1}{2} \cdot 0{,}2 \cdot (139)^2 \approx 1900$$

Nach 139 Sekunden hat der Zug 100 km/h erreicht und ist 1900 m weit gefahren.

2. $$v(10) = \int\limits_0^{10} (3 - 0{,}015\,t^2)\,dt = \left[3\,t - 0{,}005\,t^3\right]_0^{10} = 25$$

$$s(10) = \int\limits_0^{10} (3\,t - 0{,}005\,t^3)\,dt = \left[\frac{3}{2}t^2 - 0{,}00125\,t^4\right]_0^{10} = 137{,}5$$

Geschwindigkeit 25 m/s, zurückgelegter Weg 137,5 m

[3.] t_0 ist die gesuchte Beschleunigungszeit.

$$v(t_0) = \int\limits_0^{t_0} \left(4 - \frac{2}{10}\,t\right)dt = \left[4\,t - \frac{1}{10}\,t^2\right]_0^{t_0} = \underbrace{4\,t_0 - \frac{1}{10}\,t_0^2 = \frac{100\,000}{3600}}$$

$$t_0^2 - 40\,t_0 + \frac{10\,000}{36} = 0$$

$$\Rightarrow \quad t_0 = 9$$

$$s(9) = \int\limits_0^{9} \left(4\,t - \frac{1}{10}\,t^2\right)dt = \left[2\,t^2 - \frac{1}{30}\,t^3\right]_0^9 \approx 137{,}7$$

Beschleunigungsdauer 9 s, zurückgelegter Weg 137,7 m

7.3

1. a)

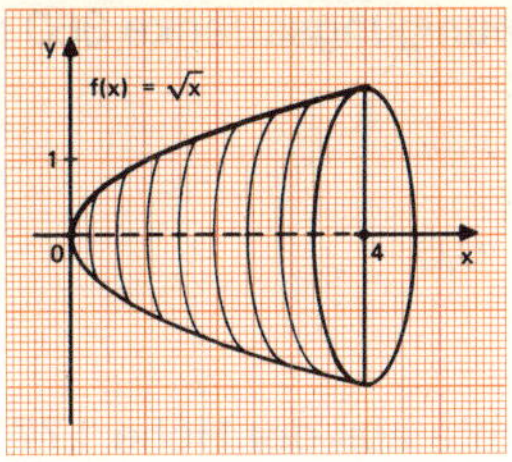

b)

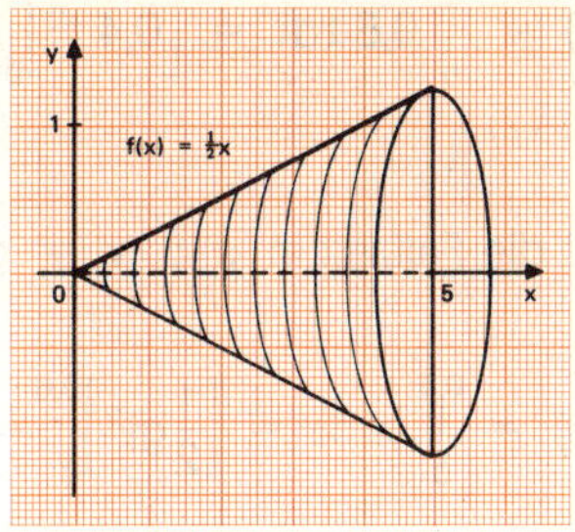

a) $V = \pi \cdot \int_0^4 (\sqrt{x})^2 dx = \pi \cdot \int_0^4 x\,dx$

$= \pi \cdot \left[\frac{1}{2}x^2\right]_0^4 = 8\pi \approx 25$

b) $V = \pi \cdot \int_0^5 \left(\frac{1}{2}x\right)^2 dx = \pi \cdot \int_0^5 \frac{x^2}{4} dx$

$= \frac{\pi}{4} \cdot \left[\frac{x^3}{3}\right]_0^5 = \frac{125}{12} \cdot \pi \approx 33$

c)

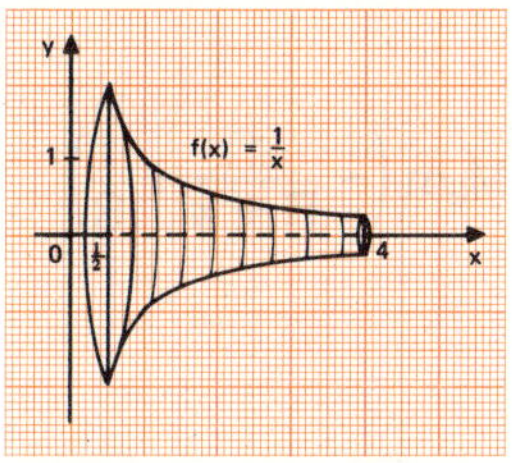

$V = \pi \cdot \int_{\frac{1}{2}}^4 \left(\frac{1}{x}\right)^2 dx = \pi \cdot \left[-\frac{1}{x}\right]_{\frac{1}{2}}^4$

$= \pi \cdot \left(-\frac{1}{4} + 2\right) = \frac{7}{4}\pi \approx 5$

2. $V = \pi \cdot \int_{-a}^{a} \left(b \cdot \sqrt{1 - \frac{x^2}{a^2}}\right)^2 dx = \pi \cdot \int_{-a}^{a} b^2\left(1 - \frac{x^2}{a^2}\right)dx = \pi b^2 \cdot \int_{-a}^{a} \left(1 - \frac{x^2}{a^2}\right)dx$

$= 2\pi b^2 \cdot \int_0^a \left(1 - \frac{x^2}{a^2}\right)dx$ aus Symmetriegründen, $(-x)^2 = x^2$

$= 2\pi b^2 \cdot \left[x - \frac{x^3}{3a^2}\right]_0^a = 2\pi b^2 \left(a - \frac{a}{3}\right) = \frac{4}{3}\pi a b^2$

(Für $a = b$ erhält man den Spezialfall des Kugelvolumens)

7.4

1. $W = \int_0^{0,4} 75x\,dx = \left[\frac{75}{2}x^2\right]_0^{0,4} = 6$ Die Arbeit beträgt 6 Nm = 6 J (Joule)

[2.] Mit $m = 1000\text{ kg} = 10^3\text{ kg}$, $h = 40000\text{ km} = 40 \cdot 10^6\text{ m}$ und $R = 6{,}4 \cdot 10^6\text{ m}$:

$W = \int_R^{R+h} F(x)\,dx = 4 \cdot 10^{14} \cdot m \cdot \int_R^{R+h} \frac{1}{x^2}dx = 4 \cdot 10^{14} \cdot m \cdot \left(\frac{1}{R} - \frac{1}{R+h}\right)$

$= 4 \cdot 10^{14} \cdot 10^3 \cdot \frac{1}{10^6}\left(\frac{1}{6{,}4} - \frac{1}{46{,}4}\right) \approx 5{,}4 \cdot 10^{10}$

Dies ist **weniger** als das Doppelte von $4{,}7 \cdot 10^{10}$ J, die für 20000 km Höhe benötigt werden.

L

Wiederholungsaufgaben

1. $s(30) = \int_0^{30} 0{,}8\,t\,dt = \left[0{,}4\,t^2\right]_0^{30} = 360$ Beschleunigungsstrecke 360 m

2. t_0 ist die Fallzeit in s ; $v = gt_0 = 6 \Rightarrow t_0 \approx 0{,}6$

$s(0{,}6) = \int_0^{0{,}6} gt\,dt = \left[\frac{1}{2}gt^2\right]_0^{0{,}6} \approx 1{,}77$ Man müßte aus der Höhe 1,77 m springen.

3. s_0 ist die Länge der Dehnung; $F = D\,s_0 = 20 \Rightarrow s_0 \approx 0{,}48$

$W = \int_0^{0{,}48} D\,s\,ds = \left[\frac{1}{2}D\,s^2\right]_0^{0{,}48} \approx 4{,}8$ Die Arbeit betrug 4,8 J.

[4.] a) $W = \gamma M_E m \int_R^{R+x} \frac{1}{s^2}ds = \gamma M_E m \left[-\frac{1}{s}\right]_R^{R+x} = \gamma M_E m \left(-\frac{1}{R+x} + \frac{1}{R}\right)$

b) $x \to \infty \Rightarrow -\frac{1}{R+x} \to 0$

$W = \gamma M_E m \cdot \frac{1}{R}$

5. a)

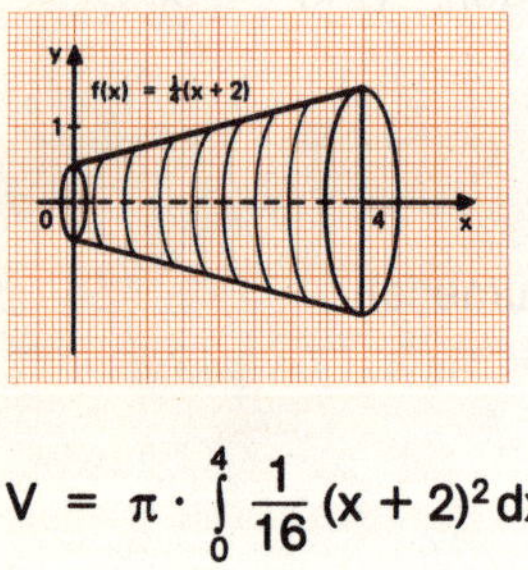

$V = \pi \cdot \int_0^4 \frac{1}{16}(x+2)^2 dx$

$= \frac{\pi}{16}\left[\frac{(x+2)^3}{3}\right]_0^4$

$= \frac{\pi}{16} \cdot \frac{1}{3}(6^3 - 2^3) \approx 14$

b)

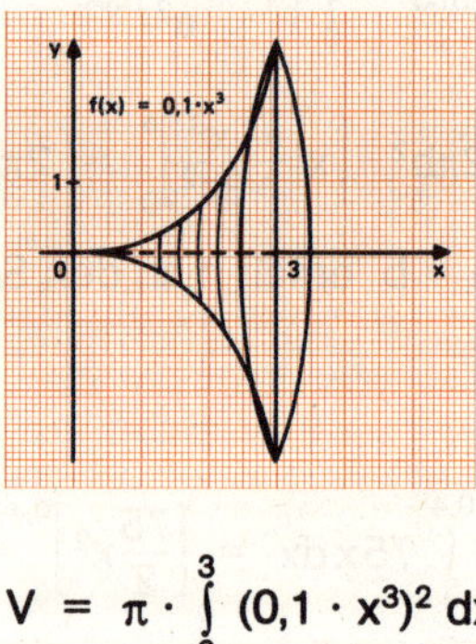

$V = \pi \cdot \int_0^3 (0{,}1 \cdot x^3)^2\,dx$

$= \pi \cdot 0{,}01 \cdot \int_0^3 x^6 dx$

$= \pi \cdot 0{,}01 \cdot \left[\frac{x^7}{7}\right]_0^3$

$= \pi \cdot 0{,}01 \cdot \frac{3^7}{7} \approx 10$

c)

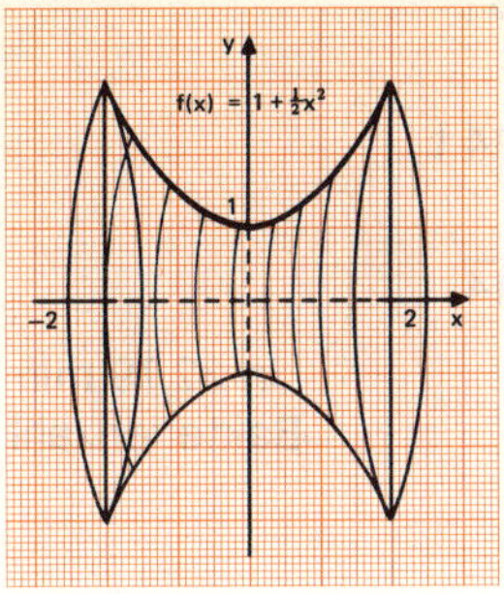

$$V = \pi \cdot \int_{-2}^{2} \left(1 + \frac{1}{2}x^2\right)^2 dx$$

$$= 2\pi \cdot \int_{0}^{2} \left(1 + \frac{1}{2}x^2\right)^2 dx \quad \text{(Symmetrie)}$$

$$= 2\pi \cdot \int_{0}^{2} \left(1 + x^2 + \frac{1}{4}x^4\right) dx$$

$$= 2\pi \cdot \left[x + \frac{x^3}{3} + \frac{x^5}{20}\right]_0^2$$

$$= 2\pi \left(2 + \frac{8}{3} + \frac{32}{20}\right) \approx 39$$

Lektion 8

Aufgaben im Text

1 $e^x \cdot e^y = e^{x+y}$ $\quad 1 : e^y = e^{-y}$

$e^x : e^y = e^{x-y}$ $\quad (e^x)^y = e^{x \cdot y}$

2 $x \cdot \ln 3 = \ln 5 \quad \Rightarrow \quad x \approx 1{,}46497$

3 $2^{-14} \approx 0{,}00006$

4

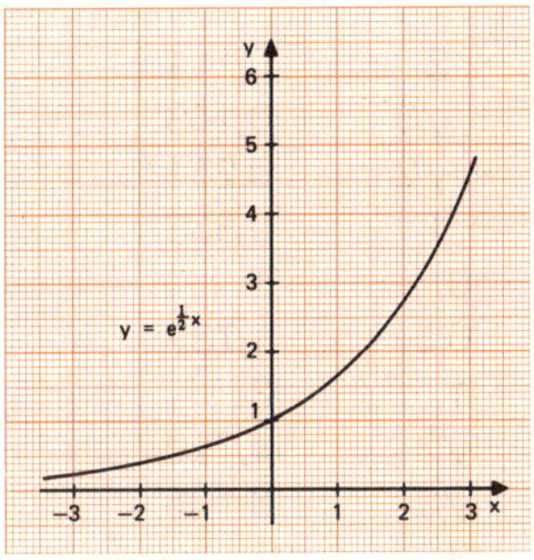

Die Eigenschaften 1 bis 7 gelten auch für die Funktion $y = e^{\frac{1}{2}x}$.

5 $a \approx 0{,}02114 \, \frac{1}{\text{min}}$

6

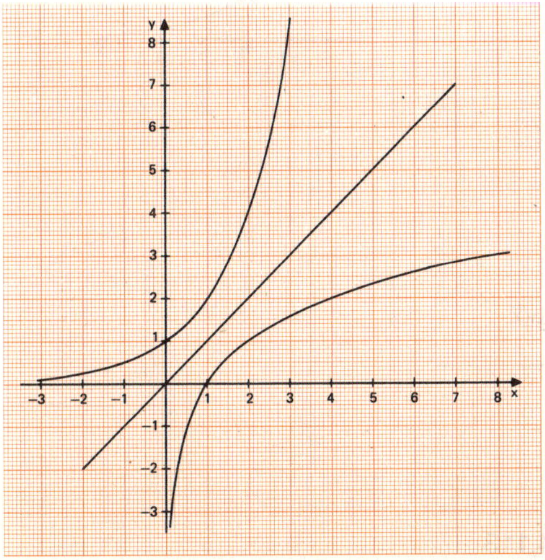

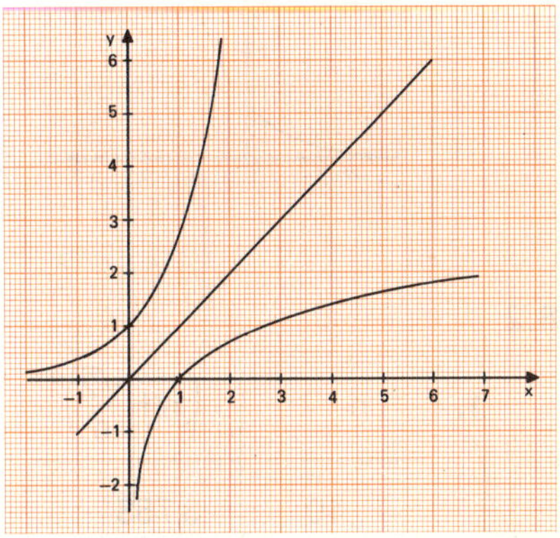

7

1	2
10	1024
100	$1{,}27 \cdot 10^{30}$
1000	–

8

$$2 = e^{0{,}02114\,t}$$

$$\ln 2 = 0{,}02114\,t$$

$$t = \frac{\ln 2}{0{,}02114}$$

$$t \approx 32{,}79$$

In 32,79 min hat sich die Bakterienzahl verdoppelt.

Lösungen der Aufgaben

8.1

1. a) 10,556 b) 0,2576 c) 3,322 d) 25,955 e) 761,951 f) 0,0185

2. a)

x	3^x
– 2	0,111
$-\sqrt{3}$	0,149
$-\sqrt{2}$	0,211
– 1	0,333
0	1
0,5	1,732
1	3
$\sqrt{2}$	4,729
$\sqrt{3}$	6,705
3	27

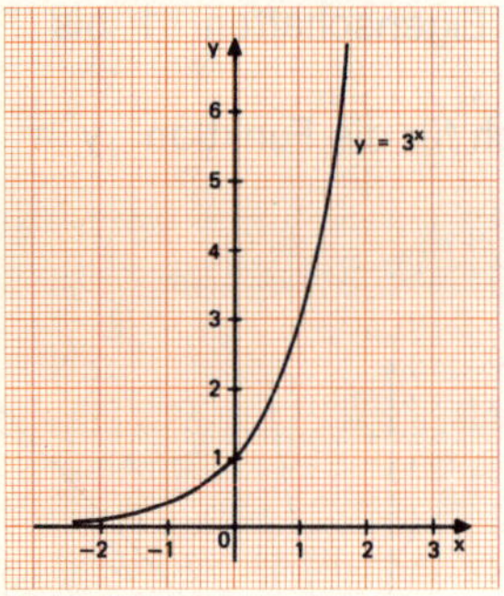

b)

x	$0{,}5^x$
– 2	4
$-\sqrt{3}$	3,322
$-\sqrt{2}$	2,665
– 1	2
0	1
0,5	0,707
1	0,5
$\sqrt{2}$	0,375
$\sqrt{3}$	0,301
3	0,125

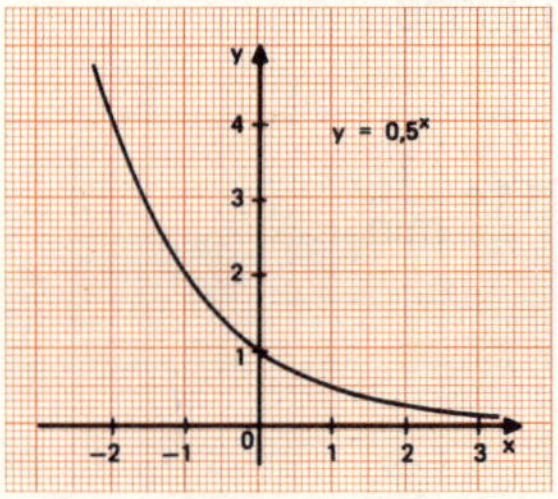

8.2

1.

n	$\left(1 + \frac{\sqrt{2}}{n}\right)^n$	$e^{\sqrt{2}}$
10	3,753	
100	4,073	
1000	4,109	
10000	4,113	
100000	4,113	4,113

2.

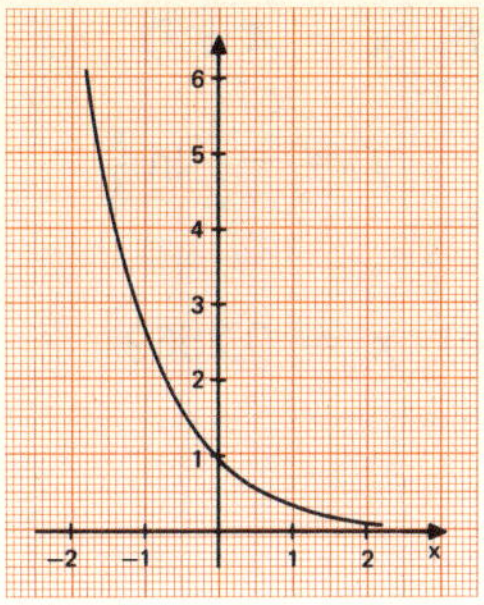

1. $e^0 = 1$

2. $\lim\limits_{x \to \infty} e^{-x} = 0$

3. $y = e^{-x}$ ist stets positiv.

4. e^{-x} ist monoton fallend.

5. e^{-x} fällt und ist nach unten beschränkt.

6. e^{-x} ist stetig.

7. $e^{-x}: \mathbb{R} \to \mathbb{R}^+$

8.3

1. a) $x = 10^y$ b) $x = \left(\frac{1}{2}\right)^y$

$y = \log_{10} x = \lg x$ $y = \log_{0,5} x$

2. a) $x = 3{,}322$ b) $x = 0{,}3010$ c) $x = 1{,}609$

3. a) $y = e^{0{,}693\,x}$ b) $y = e^{2{,}303\,x}$ *c) $y = e^{1{,}693\,x}$

$y = e^{\ln 2 \cdot x}$ $y = e^{\ln 10 \cdot x}$ $y = e^{(\ln 2 + 1)x}$

8.4

$20 = e^{12 \cdot a}$ $1000 = e^{at}$

$a = \frac{\ln 20}{12}$ $t = \frac{\ln 1000}{a}$

$a = 0{,}2496\,\frac{1}{h}$ $t = 27{,}67\ h$

Wiederholungsaufgaben

1. a) 55,90 b) 0,00781 c) 3,322 d) 3,322

2. $\left(\frac{1}{3}\right)^0 = 1$; $\lim\limits_{x \to \infty} \left(\frac{1}{3}\right)^x = 0$; $\left(\frac{1}{3}\right)^x$ ist stets positiv ; $\left(\frac{1}{3}\right)^x$ ist monoton fallend ; $\left(\frac{1}{3}\right)^x$ fällt und ist nach unten beschränkt ; $\left(\frac{1}{3}\right)^x$ ist stetig ; $\left(\frac{1}{3}\right)^x$ bildet $\mathbb{R}$ auf $\mathbb{R}^+$ ab.

3. a) $x = 2^{-y}$ b) $x = \log_3 y$ c) $x = \left(\frac{1}{4}\right)^y$

$y = -\log_2 x$ $y = 3^x$ $y = -\log_4 x$

L

d) $x = e^{5y}$ | *e) $x = 3 \ln y$ | *f) $x = 4\,e^{-2y}$

$y = \frac{1}{5} \ln x$ | $y = e^{\frac{x}{3}}$ | $y = -\frac{1}{2} \ln \frac{x}{4}$

4. a) $x = 0{,}4814$ b) $x = 0{,}7325$ *c) $x = 0{,}2569$

5.

$$y = a \cdot e^{k \cdot t}$$
$$4000 = a \cdot e^{2k}$$
$$14000 = a \cdot e^{3k}$$
$$e^k = \frac{14000}{4000}$$
$$k = \ln \frac{14000}{4000}$$
$$k = 1{,}25276$$

$$a = \frac{4000}{e^{2k}} = \frac{4000}{(\frac{14}{4})^2}$$
$$a = 326{,}53 \text{ Keime}$$

***6.**

$$\frac{1}{2} = e^{5000a}$$
$$a = \frac{\ln 0{,}5}{5000}$$
$$a = -\,0{,}0001386 \text{ pro Jahr}$$

z.B.: Von 100 g sind nach 30 Jahren
noch 99,585 g vorhanden.

$$N = 100 \cdot e^{30 \cdot a}$$

7. a) $\log_7 6 = 0{,}92078$

b) $\log_3 e = 0{,}91024$

*c) $\log_{12} 5 = 0{,}64769$

Lektion 9

Aufgaben im Text

1 $f'(10) = 0{,}0154 \cdot 350000 = 5390$

2 $f(0) = \frac{40000}{e^{0{,}002 \cdot 60}} \approx 35000$

$f'(0) \approx 0{,}002 \cdot 35000 = 70$

3 e^x wurde ausgeklammert.

4 $f(60) = 40000 = f(0) \cdot e^{a \cdot 60}$

$f'(60) = 80 = a \cdot f(0) \cdot e^{a \cdot 60}$

$\frac{f'(60)}{f(60)} = \frac{80}{40000} = a = 0{,}002$

5 $F'(x) = \frac{f'(x) \cdot e^x - f(x) \cdot e^x}{(e^x)^2} = \frac{f'(x) - f(x)}{e^x}$

6 $f(0) = b \cdot e^{a \cdot 0} = b \cdot e^0 = b \cdot 1 = b$

7 $y' = b \cdot e^x$, $y' = a \cdot e^{ax}$, $y' = e^x$
Die Bedingung $f'(x) = f(x)$ wird nur von $y = b \cdot e^x$ erfüllt.

8 $f'(t) = a \cdot f(0) \cdot e^{at}$

9 $\frac{350000}{300000} = e^{a \cdot 10}$; $10a = \ln \frac{7}{6}$; $a = 0{,}0154$

10 $e^{x+h} = e^x \cdot e^h$ nach dem Potenzgesetz $a^m \cdot a^n = a^{m+n}$ $(a \in \mathbb{R}^+ ;\ m, n \in \mathbb{R})$
(TK I, Algebra 3, Lektion 34)

11 $f(25) = 300000 \cdot e^{0{,}0154 \cdot 25} \approx 440900$

12

x	0	1	1,5	2
f(x)	1	2,7	4,5	7,4
f′(x)	1	2,7	4,5	7,4

13 $f'(t) = b \cdot a \cdot e^{at}$ (Kettenregel)

$= a \cdot (b \cdot e^{at}) = a \cdot f(t)$

14 Nach Grenzwertsatz 1 (Analysis, Folgen und Grenzwerte, Seite 59) gilt unter Voraussetzung, daß $\lim\limits_{h \to 0} \frac{e^h - 1}{h}$ existiert:

$$\lim_{h \to 0} e^x \frac{e^h - 1}{h} = \lim_{h \to 0} e^x \cdot \lim_{h \to 0} \frac{e^h - 1}{h} = e^x \cdot \lim_{h \to 0} \frac{e^h - 1}{h}$$

Lösungen der Aufgaben

9.1.

1. a) $f'(t) = 0{,}5\,t$, $f'(t_0) = 1{,}75$, Wachstumsprozeß

b) $f'(t) = 0{,}7 - 0{,}06\,t^2$, $f'(t_0) = 0{,}55$, Wachstumsprozeß

c) $f'(t) = f'(t_0) = -0{,}3$, Abnahmeprozeß

d) $f'(t) = -\frac{0{,}3}{t^2}$, $f'(t_0) = -1{,}2$, Abnahmeprozeß

2. a)

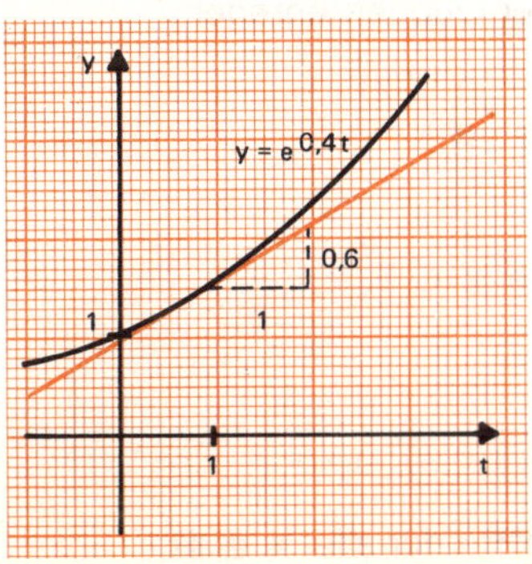

b) 0,6

L

9.2.

1. a) $(e^x)' = e^x = 1 \quad \Rightarrow \quad x = \ln 1 = 0$

b) $(e^x)' = e^x = 2 \quad \Rightarrow \quad x = \ln 2 \approx 0{,}69$

2. a) $f'(x) = -2\,e^{-2x}$ b) $f'(x) = x^2\,e^{x^3}$ c) $f'(x) = \frac{1}{\sqrt{x}}\,e^{\sqrt{x}} \quad (x > 0)$

d) $f'(x) = 2x \cdot e^{3x} + 3x^2\,e^{3x} = (2x + 3x^2)\,e^{3x}$

e) $f'(x) = -e^{-x} \cdot \sin x + e^{-x} \cdot \cos x = e^{-x}(\cos x - \sin x)$

[3.] $f(x) = a^x = e^{x \cdot \ln a} \quad \Rightarrow \quad f'(x) = \ln a \cdot e^{x \cdot \ln a} = \ln a \cdot a^x$

9.3.

1. $f(50) = 3000 \cdot e^{0{,}02 \cdot 50} = 3000 \cdot e^1 \approx 8155$

$f'(50) = 0{,}02 \cdot f(50) = 0{,}02 \cdot 8155 \approx 163$

2. $f'(12) = a \cdot f(12)$ $\qquad f(12) = f(0) \cdot e^{a \cdot 12}$

$2346 = a \cdot 69000$ $\qquad 69000 = f(0) \cdot e^{0{,}034 \cdot 12}$

$a = 0{,}034$ $\qquad f(0) = \frac{69000}{e^{0{,}034 \cdot 12}} \approx 46000$

Der Wald hat sich in den letzten 12 Jahren um 50% seines damaligen Bestandes vermehrt.

3. $p(h) = p_0 \cdot e^{ah}$ mit $p(0) = p_0 = 760$ $\qquad a = -\frac{1}{7{,}99}$

a) $p'(0) = -\frac{1}{7{,}99} \cdot 760 \approx -95$

Die Druckabnahme beträgt 95 mm Hg pro km, auf Meter umgerechnet: $\approx$ 1 mm Hg pro 10 m Höhe.

b) $p'(h) = -\frac{1}{7{,}99} \cdot 760\,e^{-\frac{h}{7{,}99}} = -10 \quad \Rightarrow \quad e^{-\frac{h}{7{,}99}} = \frac{7{,}99 \cdot 10}{760}$

$\Rightarrow \quad h = -7{,}99 \cdot \ln \frac{7{,}99 \cdot 10}{760} \approx 18$

In 18 km Höhe.

[4.] Sei $F(x) = \frac{f(x)}{b \cdot e^{ax}}$; Differenzieren mit der Quotientenregel:

$$F'(x) = \frac{f'(x) \cdot be^{ax} - f(x) \cdot b \cdot a \cdot e^{ax}}{(b \cdot e^{ax})^2} = \frac{f'(x) - a \cdot f(x)}{b \cdot e^{ax}}$$

Wegen $f'(x) = a \cdot f(x) : F'(x) = 0$

also : $F(x) = c$ für alle $x \in \mathbb{R}$

Wegen $f(0) = b$ folgt für $x = 0$:

$$c = F(0) = \frac{f(0)}{b \cdot e^0} = \frac{b}{b \cdot 1} = 1$$

Also $F(x) = 1$, das heißt $f(x) = b \cdot e^{ax}$ für alle $x \in \mathbb{R}$

Wiederholungsaufgaben

1. a) $f'(x) = 3x^2 \cdot e^{x^3-4}$ b) $f'(x) = -\frac{1}{x^2} \cdot e^{\frac{1}{x}} \quad (x \neq 0)$ c) $f'(x) = -\frac{2x}{x^2+1} \cdot e^{\frac{1}{x^2+1}}$

d) $f'(x) = \ln 3 \cdot e^{x \cdot \ln 3} = \ln 3 \cdot 3^x \quad (\text{wegen } 3^x = e^{x \cdot \ln 3})$

*e) $f'(x) = 2 \cdot \ln 3 \cdot 3^{2x+1}$ *f) $f'(x) = \ln 2 \cdot \frac{1}{2\sqrt{x}} \cdot 2^{\sqrt{x}} \quad (x > 0)$

2. a) $f(x) = \frac{1}{2}(e^x + e^{-x})$

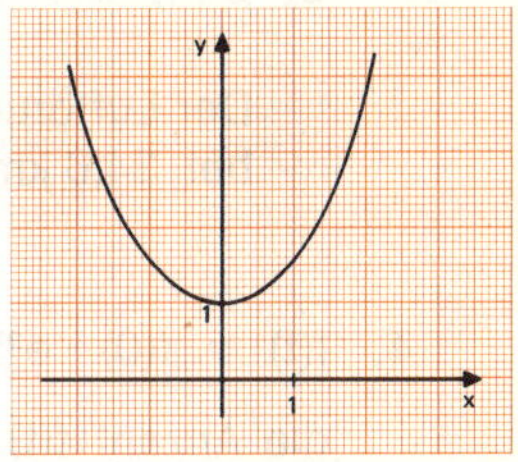

Wegen $e^y > 0$ für alle $y \in \mathbb{R}$ hat f keine Nullstelle.

$f'(x) = \frac{1}{2}(e^x - e^{-x}) = 0 \quad$ für $x_0 = 0$

$f''(x) = \frac{1}{2}(e^x + e^{-x}) = f(x)$

Wegen $f''(0) > 0$ hat f in $x_0 = 0$ ein lokales Minimum.
Weil $f''(x) > 0$ für alle $x \in \mathbb{R}$, hat f keinen Wendepunkt.

Wegen $f(-x) = \frac{1}{2}(e^{-x} + e^x) = f(x)$ ist der Graph von f symmetrisch zur y-Achse.
Der Graph von f heißt „Kettenlinie", denn in dieser Form hängt eine Kette durch, die an den beiden Enden aufgehängt ist.

b) $f(x) = e^{1-x^2} > 0 \quad$ für alle $x \in \mathbb{R}$

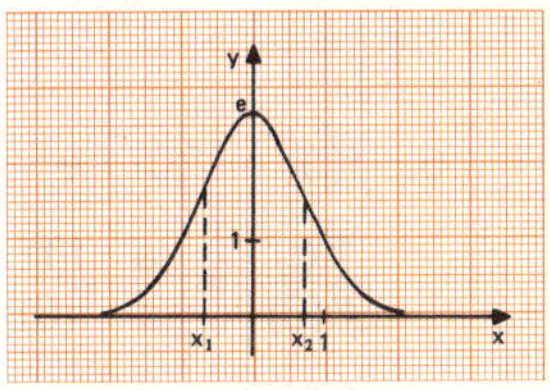

also auch keine Nullstellen

$f'(x) = -2x \cdot e^{1-x^2} = 0 \quad$ für $x_0 = 0$

$f''(x) = -2\, e^{1-x^2} + 4x^2\, e^{1-x^2} = (-2 + 4x^2)\, e^{1-x^2}$

Wegen $f''(0) < 0$ hat f in $x_0 = 0$ ein lokales Maximum.

$f''(x) = 0 \quad$ für $x_1 = -\sqrt{\frac{1}{2}}\,; \quad x_2 = \sqrt{\frac{1}{2}}$

$f'''(x) = 8x \cdot e^{1-x^2} - 2x(-2 + 4x^2)\, e^{1-x^2}$

Wegen $f'''(x_1) \neq 0$; $f'''(x_2) \neq 0$ hat f in x_1 und x_2 Wendepunkte.
Wegen $f(-x) = f(x)$ ist der Graph von f symmetrisch zur y-Achse

c) $f(x) = e^x(e^x - 4) = e^{2x} - 4e^x$

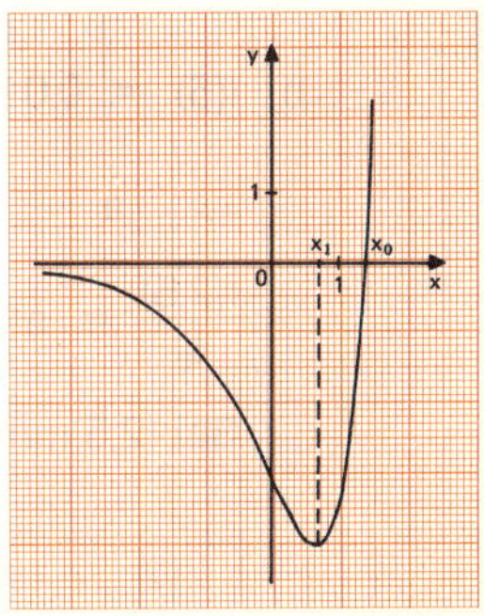

Nullstelle bei $x_0 = \ln 4 \approx 1{,}4$

$f'(x) = 2e^{2x} - 4e^x = 2e^x \cdot (e^x - 2)$

$f'(x) = 0 \quad$ für $x_1 = \ln 2 \approx 0{,}7$

$f''(x) = 4e^{2x} - 4e^x = 4e^x \cdot (e^x - 1)$

Daher $f''(x_1) < 0$: f hat in x_1 ein lokales Minimum.

$f''(x) = 0 \quad$ für $x_2 = \ln 1 = 0$

$f'''(x) = 8e^{2x} - 4e^x$; wegen $f'''(0) \neq 0$ hat f in $x_2 = 0$ einen Wendepunkt.

3. a) $p(8{,}8) = 760 \cdot e^{-\frac{8{,}8}{7{,}99}} \approx 253$

Der Luftdruck beträgt 253 Torr, etwa $\frac{1}{3}$ von 760 Torr.

b) $p(h) = 760 \cdot e^{-\frac{h}{7{,}99}} = 10 \quad \Rightarrow \quad -\frac{h}{7{,}99} = \ln\frac{10}{760} \quad \Rightarrow \quad h \approx 34{,}6$

Höhe 34,6 km

c) $p'(h) = -\frac{1}{7{,}99} \cdot p(h) \quad \Rightarrow \quad p'(8{,}8) \approx -32 \; ; \; p'(34{,}6) \approx -1{,}3$

Der Luftdruck nimmt bei 8,8 km Höhe um 32 Torr/km ab, bei 34,6 km Höhe um 1,3 Torr/km.

4. $f(t) = f(0) \cdot e^{at} \quad , \quad f'(t) = a \cdot f(0) \cdot e^{at} \quad ;$

die Anzahl f(t) wird durch die bedeckte Fläche in cm^2 gemessen. Für $t = 120$ min (≙ 2 Stunden) ist gegeben:

$f(120) = 350 = f(0) \cdot e^{a \cdot 120} \qquad f'(120) = 14 = a \cdot f(0) \cdot e^{a \cdot 120}$

$\frac{f'(120)}{f(120)} = \frac{14}{350} = a = 0{,}04 \quad \Rightarrow \quad f(120) = 350 = f(0) \cdot e^{0{,}04 \cdot 120} \quad \Rightarrow \quad f(0) \approx 2{,}9$

Die Anfangsbedeckung betrug 2,9 cm^2.

5. $f(t) = f(0) \cdot e^{at} \quad , \quad f'(t) = a \cdot f(t) \quad , \quad f'(0) = a \cdot f(0)$

$\frac{f'(t)}{f'(0)} = \frac{a \cdot f(t)}{a \cdot f(0)} = \frac{f(t)}{f(0)} = e^{at}$

$\frac{3{,}34}{6{,}68} = e^{-0{,}000121 \cdot t} \quad \Rightarrow \quad t \approx 5730$

Die Holzkohle ist 5730 Jahre alt.

[6.] a) $I'(x) = a \cdot I(x) \quad \Rightarrow \quad I(x) = I_0 \cdot e^{ax}$ $(x > 0)$ mit $a < 0$, weil es sich um eine Verminderung der Intensität handelt (negatives Wachstum)

b) $I(5) = 0{,}01\, I_0 = I_0 \cdot e^{a \cdot 5} \quad \Rightarrow \quad 0{,}01 = e^{a \cdot 5} \quad \Rightarrow \quad \ln 0{,}01 = a \cdot 5 \quad \Rightarrow$

$\Rightarrow \quad a \approx -0{,}92$

$\frac{I(2{,}5)}{I_0} = e^{-0{,}92 \cdot 2{,}5} \approx 0{,}10 \quad \Rightarrow \quad I(2{,}5) = 0{,}10\, I_0 \quad$ (≙ 10%)

Bei 2,5 mm werden 10% durchgelassen.

Lektion 10

Aufgaben im Text

1 $L\left(\frac{x}{y}\right) = L(x) - L(y)$ **2** $A \approx 109\ mm^2 = 1{,}09\ cm^2$ also $\int_1^3 \frac{1}{x}\,dx = 1{,}09$

3 Die Werte von $L'(x) = \frac{1}{x}$ werden mit wachsendem x immer kleiner, d. h. die Steigung von $L(x)$ nimmt mit wachsendem x ab.

4 $L\left(\frac{c}{d} \cdot d\right) = L\left(\frac{c}{d}\right) + L(d)$ **5** $a \approx 2{,}7$

6 $L''(x) = -\frac{1}{x^2} \neq 0$ für alle $x > 0$

7 $A \approx 69\ mm^2 = 0{,}69\ cm^2$ also $\int_1^2 \frac{1}{x}\,dx = 0{,}69$

8 $L'(x) = \frac{1}{x} > 0$ für alle $x > 0$; d.h. $L(x)$ hat überall eine positive Steigung. $L(x)$ ist also monoton wachsend für $x > 0$.

9 $L\left(\frac{c}{d}\right) = L(c) - L(d)$

Lösungen der Aufgaben

1. a) 1,6094 b) 0,9163 c) −2,0794 d) 0,6931

2. $\int_1^a \frac{1}{x}\,dx = \ln a = 2$ $a = e^2 \approx 7{,}39$

3. a) $f'(x) = \frac{1}{x}$; $f'(1) = 1 = \tan\alpha \Rightarrow \alpha = 45°$
b) $f'(2) = 0{,}5 = \tan\alpha \Rightarrow \alpha = 26{,}57°\ (26°34')$
c) $f'(5) = 0{,}2 = \tan\alpha \Rightarrow \alpha = 11{,}31°\ (11°19')$

4. a) $\tan\alpha = 0{,}1299 = \frac{1}{x} \Rightarrow x = 7{,}7 \Rightarrow P(7{,}7|2{,}04)$
b) $\tan\alpha = 0{,}7418 = \frac{1}{x} \Rightarrow x = 1{,}35 \Rightarrow P(1{,}35|0{,}30)$
c) $\tan\alpha = 1{,}3335 = \frac{1}{x} \Rightarrow x = 0{,}75 \Rightarrow P(0{,}75|-0{,}29)$
d) $\tan\alpha = 2{,}0 = \frac{1}{x} \Rightarrow x = 0{,}5 \Rightarrow P(0{,}50|-0{,}69)$

L

5. Die Gleichung der gesuchten Tangente lautet: $y = mx$

Im Berührpunkt $(x_0|y_0)$ sind Steigung der Tangente und Steigung des Graphen gleich:

$$m = \frac{1}{x_0}$$

Eingesetzt: $y_0 = \frac{1}{x_0} \cdot x_0 \Rightarrow y_0 = 1$; $y_0 = \ln x_0 \Rightarrow x_0 = e$

Der gesuchte Punkt des Graphen ist $P(e|1)$.

6. $\int_a^b \frac{1}{x}\,dx = \ln b - \ln a = \ln \frac{b}{a} = \ln \frac{b \cdot c}{a \cdot c} = \ln(b \cdot c) - \ln(a \cdot c) = \int_{ac}^{bc} \frac{1}{x}\,dx$

7. $\int_1^a \frac{1}{x}\,dx = \ln a = 10$; $a = e^{10} \approx 22026$

8. a) $y' = \frac{1}{\tan x}$ b) $y' = -\tan x$ c) $y' = \frac{1}{\cos 2x} \cdot (-\sin 2x) \cdot 2 = -2\tan 2x$

d) $y' = 1 + \ln x$ e) $y' = x^2 \cdot (1 + 3\ln x)$

f) $y' = \frac{1}{2\sqrt{x}} \cdot \ln x + \frac{\sqrt{x}}{x} = \frac{1}{\sqrt{x}} \cdot \left(\frac{1}{2}\ln x + 1\right)$

g) $y' = \frac{1 - \ln x}{x^2}$ h) $y = (\ln x)^{-1} \Rightarrow y' = -\frac{1}{x(\ln x)^2}$

i) $y' = \frac{1}{\ln x} - \frac{1}{(\ln x)^2}$ k) $y' = \frac{2\ln x}{x}$ l) $y' = \frac{1}{2x\sqrt{\ln x}}$

9. Extremwerte:

$$f'(x) = \frac{1}{\ln x} - \frac{1}{(\ln x)^2} = 0$$

$$\ln x = 1$$

$x = e$; $y = \frac{e}{\ln e} = e \Rightarrow T(e|e)$ $f''(e) > 0 \Rightarrow$ Minimum

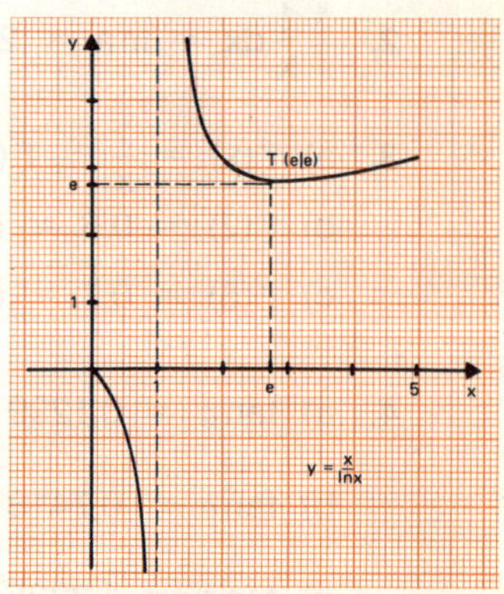

Wendepunkte:

$$f'(x) = (\ln x)^{-1} - (\ln x)^{-2}$$

$$f''(x) = -\frac{1}{x} \cdot \frac{1}{(\ln x)^2} + \frac{2}{x} \cdot \frac{1}{(\ln x)^3}$$

$$= \frac{1}{x(\ln x)^2}\left(\frac{2}{\ln x} - 1\right)$$

$$f''(x) = 0 \Rightarrow \left(\frac{2}{\ln x} - 1\right) = 0$$

$$\ln x = 2$$

$x = e^2$ $y = \frac{e^2}{\ln e^2} = \frac{e^2}{2} \Rightarrow W\left(e^2 \middle| \frac{e^2}{2}\right)$

$$f'''(x) = \frac{1}{x^2(\ln x)^2} \cdot \left(1 - \frac{6}{(\ln x)^2}\right)$$

$$f'''(e^2) \neq 0$$

10. a) Steigung der Geraden: $m = \frac{1}{3}$

$f'(x) = \frac{1}{x} = \frac{1}{3} \quad \Rightarrow \quad x = 3 \qquad P(3|1{,}1)$

b) $f'(x) = 2x + \frac{1}{x} = 3 \quad \Rightarrow \quad x_1 = 1 \qquad P_1(1|1) \quad P_2\left(\frac{1}{2}\middle|-0{,}44\right)$

$x_2 = \frac{1}{2}$

c) $f'(x) = 1 + \ln x = \tan 63°26' = 2$

$1 + \ln x = 2 \quad \Rightarrow \quad x = e \qquad P(e|e)$

11. Tangentengleichung: $y = mx + n$

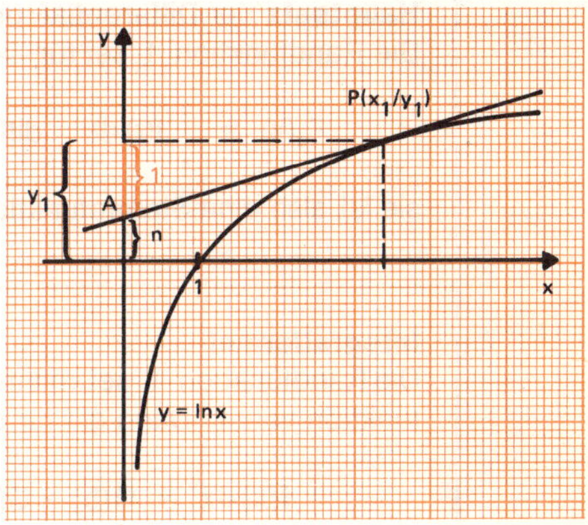

Die Tangente geht durch P :

$$y_1 = m \cdot x_1 + n$$

m ist auch die Steigung von f(x) in P :

$$f'(x_1) = \frac{1}{x_1} = m$$

Eingesetzt: $y_1 = \frac{1}{x_1} \cdot x_1 + n$

$$y_1 = 1 + n$$

[12.] Wegen der Äquivalenz von $y = \log_a x$ und $x = a^y$ ist

$$x = a^{\log_a x}$$

Logarithmieren auf beiden Seiten mit ln ergibt:

$$\ln x = \ln(a^{\log_a x})$$

Anwenden des 3. Logarithmengesetzes

$$\ln x = \log_a x \cdot \ln a$$

$$\frac{\ln x}{\ln a} = \log_a x = f(x)$$

Differenzieren auf beiden Seiten:

$$\frac{1}{x \cdot \ln a} = (\log_a x)' \quad \Rightarrow \quad f'(x) = \frac{1}{x \cdot \ln a}$$

L

Wichtige Definitionen, Formeln und Sätze

Flächeninhalt

Wenn $f(x) > 0$ für $a < x < b$, dann gibt das Integral den Flächeninhalt zwischen dem Graphen von f und der x-Achse an.

Wenn $f(x) < 0$ für $a < x < b$, dann gibt das Integral den negativen Wert des Flächeninhalts an.

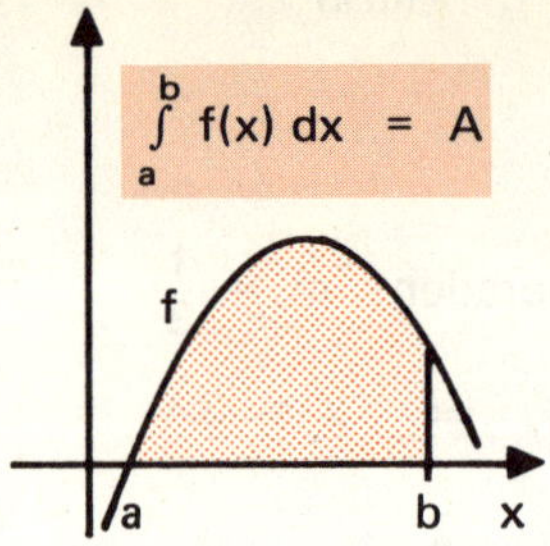

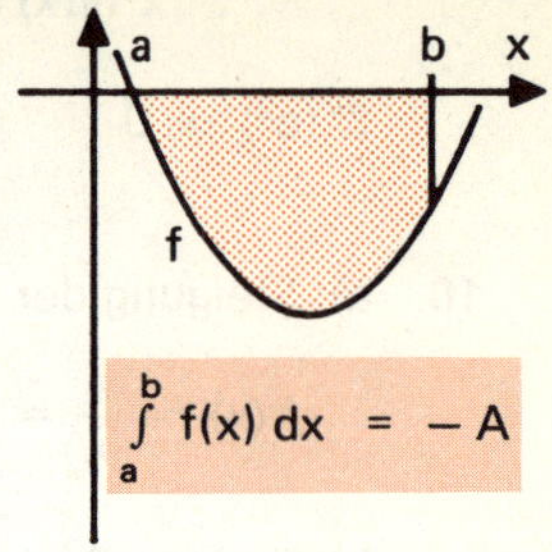

Stammfunktionen

G und f seien Funktionen mit gemeinsamem Definitionsbereich; G sei differenzierbar mit $G' = f$. Dann ist G eine **Stammfunktion** von f.

Hauptsatz der Differential- und Integralrechnung:
Die Randfunktion f sei für $x \geqq a$ stetig. Dann ist die Integralfunktion

$$F_a(x) = \int_a^x f(t)\,dt \quad \text{differenzierbar mit:} \quad F_a'(x) = f(x)\,;$$

sie ist also eine Stammfunktion von f.

Integralformel
Die Randfunktion f sei im Intervall [a; b] stetig, und G sei eine beliebige Stammfunktion von f. Dann gilt für das Integral:

$$\int_a^b \mathbf{f(x)\,dx = G(b) - G(a)}$$

Schreibweise $\int_a^b f(x)\,dx = [G(x)]_a^b = G(b) - G(a)$

Beispiele

Randfunktion	Stammfunktion
$f(x) = x^r \quad (r \neq -1)$	$G(x) = \frac{1}{r+1} x^{r+1}$
$f(x) = x^{-1} = \frac{1}{x}$	$G(x) = \ln x$
$f(x) = \sin x$	$G(x) = -\cos x$
$f(x) = \cos x$	$G(x) = \sin x$
$f(x) = e^x$	$G(x) = e^x$

Integrationsregeln

$$\int_a^b f(x)\,dx = -\int_b^a f(x)\,dx$$

$$\int_a^b f(x)\,dx + \int_b^c f(x)\,dx = \int_a^c f(x)\,dx \quad \text{(Intervalladditivität)}$$

$$\int_a^b c \cdot f(x)\,dx = c \cdot \int_a^b f(x)\,dx \quad \text{für Konstante } c$$

$$\int_a^b (f(x) \pm g(x))\,dx = \int_a^b f(x)\,dx \pm \int_a^b g(x)\,dx$$

$$\int_a^b (u \cdot v')\,dx = [u \cdot v]_a^b - \int_a^b (u' \cdot v)\,dx \quad \text{(partielle Integration)}$$

Rotationskörper

Rotationskörper entstehen dadurch, daß der Graph einer stetigen Funktion f für $a \leqq x \leqq b$ um die x-Achse rotiert.

Volumenberechnung
Die Funktion f sei im Intervall $[a; b]$ stetig. Dann gilt für das Volumen des zugehörigen Rotationskörpers:

$$V = \pi \cdot \int_a^b [f(x)]^2\,dx$$

Exponential- und Logarithmusfunktion

e-Funktion: $e^x = \lim_{n \to \infty} \left(1 + \frac{x}{n}\right)^n$ für alle $x \in \mathbb{R}$

$e \approx 2{,}718$ (Eulersche Zahl)

$f(x) = e^x$ ist für alle $x \in \mathbb{R}$ differenzierbar mit $f'(x) = e^x$

ln-Funktion: $y = \ln x$ falls $x = e^y$ $(x > 0)$

$f(x) = \ln x$ ist für alle $x > 0$ differenzierbar mit $f'(x) = \frac{1}{x}$

$\int_1^x \frac{1}{u}\,du = \ln x$ für alle $x > 0$

Für eine beliebige Basis $a > 0$ gilt:

$y = a^x = e^{x \cdot \ln a}$ $\qquad$ $y = \log_a x = \frac{\ln x}{\ln a}$

$y' = \ln a \cdot a^x$ $\qquad$ $y' = \frac{1}{x \cdot \ln a}$

Register

(Kursive Zahlen weisen auf die Formelsammlung hin.)